他的作品给了我燃烧的热情，去为自然科学的宏伟架构添砖加瓦。

——达尔文（Charles Robert Darwin），英国博物学家、进化论奠基人

人文地理学者应该像洪堡那样，掌握海量的事实，爱好自然并能感悟自然，孜孜不倦地去寻求自然的真谛。

——段义孚，华裔地理学家，被誉为"现代人文地理学之父"

真正发现南美的人是洪堡，因为他的工作对我们的人民更加有益，而并非那些征服者。

——玻利瓦尔（Simón Bolívar），拉丁美洲革命家

科学元典丛书

The Series of the Great Classics in Science

主　　编　　任定成

执行主编　　周雁翎

策　　划　　周雁翎

丛书主持　　陈　静

　　科学元典是科学史和人类文明史上划时代的丰碑，是人类文化的优秀遗产，是历经时间考验的不朽之作。它们不仅是伟大的科学创造的结晶，而且是科学精神、科学思想和科学方法的载体，具有永恒的意义和价值。

宇 宙

(第二卷)

Kosmos

[德] 亚历山大·洪堡 著

高虹 译

图书在版编目（CIP）数据

宇宙. 第二卷 /（德）亚历山大·洪堡著；高虹译. 北京：北京大学出版社，2025.9. ——（科学元典丛书）.
ISBN 978-7-301-36488-8

Ⅰ. P159.3

中国国家版本馆CIP数据核字第2025ZK1280号

KOSMOS

(Erster Band)

By Alexander von Humboldt

Stuttgart und Tübingen: J. G. Cotta'scher verlag, 1845

书　　名	宇宙（第二卷）
	YUZHOU（DI-ER JUAN）
著作责任者	［德］亚历山大·洪堡 著　高虹 译
丛书策划	周雁翎
丛书主持	陈　静
责任编辑	陈　静
标准书号	ISBN 978-7-301-36488-8
出版发行	北京大学出版社
地　　址	北京市海淀区成府路205号　100871
网　　址	http://www.pup.cn　　新浪微博：@ 北京大学出版社
微信公众号	通识书苑（微信号：sartspku）　科学元典（微信号：kexueyuandian）
电子邮箱	编辑部 jyzx@pup.cn　　总编室 zpup@pup.cn
电　　话	邮购部 010-62752015　发行部 010-62750672　编辑部 010-62707542
印刷者	北京中科印刷有限公司
经销者	新华书店
	787毫米×1092毫米　16开本　20印张　彩插8　333千字
	2025年9月第1版　2025年9月第1次印刷
定　　价	98.00元

未经许可，不得以任何方式复制或抄袭本书之部分或全部内容。
版权所有，侵权必究
举报电话：010-62752024　电子邮箱：fd@pup.cn
图书如有印装质量问题，请与出版部联系，电话：010-62756370

弁 言

• Preface to the Series of the Great Classics in Science •

  这套丛书中收入的著作，是自古希腊以来，主要是自文艺复兴时期现代科学诞生以来，经过足够长的历史检验的科学经典。为了区别于时下被广泛使用的"经典"一词，我们称之为"科学元典"。

  我们这里所说的"经典"，不同于歌迷们所说的"经典"，也不同于表演艺术家们朗诵的"科学经典名篇"。受歌迷欢迎的流行歌曲属于"当代经典"，实际上是时尚的东西，其含义与我们所说的代表传统的经典恰恰相反。表演艺术家们朗诵的"科学经典名篇"多是表现科学家们的情感和生活态度的散文，甚至反映科学家生活的话剧台词，它们可能脍炙人口，是否属于人文领域里的经典姑且不论，但基本上没有科学内容。并非著名科学大师的一切言论或者是广为流传的作品都是科学经典。

  这里所谓的科学元典，是指科学经典中最基本、最重要的著作，是在人类智识史和人类文明史上划时代的丰碑，是理性精神的载体，具有永恒的价值。

一

  科学元典或者是一场深刻的科学革命的丰碑，或者是一个严密的科学体系的构架，或者是一个生机勃勃的科学领域的基石，或者是一座传播科学文明的灯塔。它们既是昔日科学成就的创造性总结，又是未来科学探索的理性依托。

  哥白尼的《天体运行论》是人类历史上最具革命性的震撼心灵的著作，它向统治

弁 言

西方思想千余年的地心说发出了挑战,动摇了"正统宗教"学说的天文学基础。伽利略《关于托勒密和哥白尼两大世界体系的对话》以确凿的证据进一步论证了哥白尼学说,更直接地动摇了教会所庇护的托勒密学说。哈维的《心血运动论》以对人类躯体和心灵的双重关怀,满怀真挚的宗教情感,阐述了血液循环理论,推翻了同样统治西方思想千余年、被"正统宗教"所庇护的盖伦学说。笛卡儿的《几何》不仅创立了为后来诞生的微积分提供了工具的解析几何,而且折射出影响万世的思想方法论。牛顿的《自然哲学之数学原理》标志着17世纪科学革命的顶点,为后来的工业革命奠定了科学基础。分别以惠更斯的《光论》与牛顿的《光学》为代表的波动说与微粒说之间展开了长达200余年的论战。拉瓦锡在《化学基础论》中详尽论述了氧化理论,推翻了统治化学百余年之久的燃素理论,这一智识壮举被公认为历史上最自觉的科学革命。道尔顿的《化学哲学新体系》奠定了物质结构理论的基础,开创了科学中的新时代,使19世纪的化学家们有计划地向未知领域前进。傅立叶的《热的解析理论》以其对热传导问题的精湛处理,突破了牛顿的《自然哲学之数学原理》所规定的理论力学范围,开创了数学物理学的崭新领域。达尔文《物种起源》中的进化论思想不仅在生物学发展到分子水平的今天仍然是科学家们阐释的对象,而且100多年来几乎在科学、社会和人文的所有领域都在施展它有形和无形的影响。《基因论》揭示了孟德尔式遗传性状传递机理的物质基础,把生命科学推进到基因水平。爱因斯坦的《狭义与广义相对论浅说》和薛定谔的《关于波动力学的四次演讲》分别阐述了物质世界在高速和微观领域的运动规律,完全改变了自牛顿以来的世界观。魏格纳的《海陆的起源》提出了大陆漂移的猜想,为当代地球科学提供了新的发展基点。维纳的《控制论》揭示了控制系统的反馈过程,普里戈金的《从存在到演化》发现了系统可能从原来无序向新的有序态转化的机制,二者的思想在今天的影响已经远远超越了自然科学领域,影响到经济学、社会学、政治学等领域。

科学元典的永恒魅力令后人特别是后来的思想家为之倾倒。欧几里得的《几何原本》以手抄本形式流传了1800余年,又以印刷本用各种文字出了1000版以上。阿基米德写了大量的科学著作,达·芬奇把他当作偶像崇拜,热切搜求他的手稿。伽利略以他的继承人自居。莱布尼兹则说,了解他的人对后代杰出人物的成就就不会那么赞赏了。为捍卫《天体运行论》中的学说,布鲁诺被教会处以火刑。伽利略因为其《关于托勒密和哥白尼两大世界体系的对话》一书,遭教会的终身监禁,备受折磨。伽利略说吉尔伯特的《论磁》一书伟大得令人嫉妒。拉普拉斯说,牛顿的《自然哲学之数学原理》揭示了宇宙的最伟大定律,它将永远成为深邃智慧的纪念碑。拉瓦锡在他的《化学基础论》出版后5年被法国革命法庭处死,传说拉格朗日悲愤地说,砍掉这颗头颅只要一瞬间,再长出这样的头颅100年也不够。《化学哲学新体系》的作者道尔顿应邀访法,当他走进法国科学院会议厅时,院长和全体院士起立致敬,得到拿破仑未曾享有的殊荣。傅立叶在《热的解析理论》中阐述的强有力的数学工具深深影响了整个现代物理学,推动数学分析的发展达一个多世纪,麦克斯韦称赞该书是"一首美妙的诗"。当人们咒骂《物种起源》是"魔鬼的经典""禽兽的哲学"的时候,赫胥黎甘做"达尔文的斗犬",挺身捍卫进化论,撰写了《进化论与伦理学》和《人类在自然界的位置》,阐发达尔文的学说。经过严复的译述,赫胥黎的著作成为维新领袖、辛亥精英、"五四"斗士改造中国的思想武器。爱因斯坦说法拉第在《电学实验研究》中论证的磁场和电场的思想是自牛顿以来物理学基础所经历的最深刻变化。

在科学元典里,有讲述不完的传奇故事,有颠覆思想的心智波涛,有激动人心的理性思考,有万世不竭的精神甘泉。

二

按照科学计量学先驱普赖斯等人的研究,现代科学文献在多数时间里呈指数增长趋势。现代科学界,相当多的科学文献发表之后,并没有任何人引用。就是一时被引用过的科学文献,很多没过多久就被新的文献所淹没了。科学注重的是创造出新的实在知识。从这个意义上说,科学是向前看的。但是,我们也可以看到,这么多文献被淹没,也表明划时代的科学文献数量是很少的。大多数科学元典不被现代科学文献所引用,那是因为其中的知识早已成为科学中无须证明的常识了。即使这样,科学经典也会因为其中思想的恒久意义,而像人文领域里的经典一样,具有永恒的阅读价值。于是,科学经典就被一编再编、一印再印。

早期诺贝尔奖得主奥斯特瓦尔德编的物理学和化学经典丛书"精密自然科学经典"从1889年开始出版,后来以"奥斯特瓦尔德经典著作"为名一直在编辑出版,有资料说目前已经出版了250余卷。祖德霍夫编辑的"医学经典"丛书从1910年就开始陆续出版了。也是这一年,蒸馏器俱乐部编辑出版了20卷"蒸馏器俱乐部再版本"丛书,丛书中全是化学经典,这个版本甚至被化学家在20世纪的科学刊物上发表的论文所引用。一般把1789年拉瓦锡的化学革命当作现代化学诞生的标志,把1914年爆发的第一次世界大战称为化学家之战。奈特把反映这个时期化学的重大进展的文章编成一卷,把这个时期的其他9部总结性化学著作各编为一卷,辑为10卷"1789—1914年的化学发展"丛书,于1998年出版。像这样的某一科学领域的经典丛书还有很多很多。

弁 言

科学领域里的经典，与人文领域里的经典一样，是经得起反复咀嚼的。两个领域里的经典一起，就可以勾勒出人类智识的发展轨迹。正因为如此，在发达国家出版的很多经典丛书中，就包含了这两个领域的重要著作。1924年起，沃尔科特开始主编一套包括人文与科学两个领域的原始文献丛书。这个计划先后得到了美国哲学协会、美国科学促进会、美国科学史学会、美国人类学协会、美国数学协会、美国数学学会以及美国天文学学会的支持。1925年，这套丛书中的《天文学原始文献》和《数学原始文献》出版，这两本书出版后的25年内市场情况一直很好。1950年，沃尔科特把这套丛书中的科学经典部分发展成为"科学史原始文献"丛书出版。其中有《希腊科学原始文献》《中世纪科学原始文献》和《20世纪（1900—1950年）科学原始文献》，文艺复兴至19世纪则按科学学科（天文学、数学、物理学、地质学、动物生物学以及化学诸卷）编辑出版。约翰逊、米利肯和威瑟斯庞三人主编的"大师杰作丛书"中，包括了小尼德勒编的3卷"科学大师杰作"，后者于1947年初版，后来多次重印。

在综合性的经典丛书中，影响最为广泛的当推哈钦斯和艾德勒1943年开始主持编译的"西方世界伟大著作丛书"。这套书耗资200万美元，于1952年完成。丛书根据独创性、文献价值、历史地位和现存意义等标准，选择出74位西方历史文化巨人的443部作品，加上丛书导言和综合索引，辑为54卷，篇幅2500万单词，共32000页。丛书中收入不少科学著作。购买丛书的不仅有"大款"和学者，而且还有屠夫、面包师和烛台匠。迄1965年，丛书已重印30次左右，此后还多次重印，任何国家稍微像样的大学图书馆都将其列入必藏图书之列。这套丛书是20世纪上半叶在美国大学兴起而后扩展到全社会的经典著作研读运动的产物。这个时期，美国一些大学的寓所、校园和酒吧里都能听到学生讨论古典佳作的声音。有的大学要求学生必须深研100多部名著，甚至在教学中不得使用最新的实验设备，而是借助历史上的科学大师所使用的方法和仪器复制品去再现划时代的著名实验。至20世纪40年代末，美国举办古典名著学习班的城市达300个，学员50000余众。

相比之下，国人眼中的经典，往往多指人文而少有科学。一部公元前300年左右古希腊人写就的《几何原本》，从1592年到1605年的13年间先后3次汉译而未果，经17世纪初和19世纪50年代的两次努力才分别译刊出全书来。近几百年来移译的西学典籍中，成系统者甚多，但皆系人文领域。汉译科学著作，多为应景之需，所见典籍寥若晨星。借20世纪70年代末举国欢庆"科学春天"到来之良机，有好尚者发出组译出版"自然科学世界名著丛书"的呼声，但最终结果却是好尚者抱憾而终。20世纪90年代初出版的"科学名著文库"，虽使科学元典的汉译初见系统，但以10卷之小的容量投放于偌大的中国读书界，与具有悠久文化传统的泱泱大国实不相称。

我们不得不问：一个民族只重视人文经典而忽视科学经典，何以自立于当代世界民族之林呢？

三

科学元典是科学进一步发展的灯塔和坐标。它们标识的重大突破，往往导致的是常规科学的快速发展。在常规科学时期，人们发现的多数现象和提出的多数理论，都要用科学元典中的思想来解释。而在常规科学中发现的旧范型中看似不能得到解释的现象，其重要性往往也要通过与科学元典中的思想的比较显示出来。

在常规科学时期，不仅有专注于狭窄领域常规研究的科学家，也有一些从事着常规研究但又关注着科学基础、科学思想以及科学划时代变化的科学家。随着科学发展中发现的新现象，这些科学家的头脑里自然而然地就会浮现历史上相应的划时代成就。他们会对科学元典中的相应思想，重新加以诠释，以期从中得出对新现象的说明，并有可能产生新的理念。百余年来，达尔文在《物种起源》中提出的思想，被不同的人解读出不同的信息。古脊椎动物学、古人类学、进化生物学、遗传学、动物行为学、社会生物学等领域的几乎所有重大发现，都要拿出来与《物种起源》中的思想进行比较和说明。玻尔在揭示氢光谱的结构时，提出的原子结构就类似于哥白尼等人的太阳系模型。现代量子力学揭示的微观物质的波粒二象性，就是对光的波粒二象性的拓展，而爱因斯坦揭示的光的波粒二象性就是在光的波动说和微粒说的基础上，针对光电效应，提出的全新理论。而正是与光的波动说和微粒说二者的困难的比较，我们才可以看出光的波粒二象性学说的意义。可以说，科学元典是时读时新的。

除了具体的科学思想之外，科学元典还以其方法学上的创造性而彪炳史册。这些方法学思想，永远值得后人学习和研究。当代诸多研究人的创造性的前沿领域，如认知心理学、科学哲学、人工智能、认知科学等，都涉及对科学大师的研究方法的研究。一些科学史学家以科学元典为基点，把触角延伸到科学家的信件、实验室记录、所属机构的档案等原始材料中去，揭示出许多新的历史现象。20世纪后期兴起的机器发现，首先就是对科学史学家提供的材料，编制程序，在机器中重新做出历史上的伟大发现。借助于人工智能手段，人们已经在机器上重新发现了波义耳定律、开普勒行星运动第三定律，提出了燃素理论。萨伽德甚至用机器研究科学理论的竞争与接受，系统研究了拉瓦锡氧化理论、达尔文进化学说、魏格纳大陆漂移说、哥白尼日心说、牛顿力学、爱因斯坦相对论、量子论以及心理学中的行为主义和认知主义形成的革命过程和接受过程。

弁 言

除了这些对于科学元典标识的重大科学成就中的创造力的研究之外，人们还曾经大规模地把这些成就的创造过程运用于基础教育之中。美国几十年前兴起的发现法教学，就是在这方面的尝试。20世纪后期全球兴起的基础教育改革浪潮，其目标就是提高学生的科学素养，改变片面灌输科学知识的状况。其中的一个重要举措，就是在教学中加强科学探究过程的理解和训练。因为，单就科学本身而言，它不仅外化为工艺、流程、技术及其产物等器物形态，直接表现为概念、定律和理论等知识形态，更深蕴于其特有的思想、观念和方法等精神形态之中。没有人怀疑，我们通过阅读今天的教科书就可以方便地学到科学元典著作中的科学知识，而且由于科学的进步，我们从现代教科书上所学的知识甚至比经典著作中的更完善。但是，教科书所提供的只是结晶状态的凝固知识，而科学本是历史的、创造的、流动的，在这历史、创造和流动过程之中，一些东西蒸发了，另一些东西积淀了，只有科学思想、科学观念和科学方法保持着永恒的活力。

然而，遗憾的是，我们的基础教育课本和科普读物中讲的许多科学史故事不少都是误讹相传的东西。比如，把血液循环的发现归于哈维，指责道尔顿提出二元化合物的元素原子数最简比是当时的错误，讲伽利略在比萨斜塔上做过落体实验，宣称牛顿提出了牛顿定律的诸数学表达式，等等。好像科学史就像网络上传播的八卦那样简单和耸人听闻。为避免这样的误讹，我们不妨读一读科学元典，看看历史上的伟人当时到底是如何思考的。

现在，我们的大学正处在席卷全球的通识教育浪潮之中。就我的理解，通识教育固然要对理工农医专业的学生开设一些人文社会科学的导论性课程，要对人文社会科学专业的学生开设一些理工农医的导论性课程，但是，我们也可以考虑适当跳出专与博、文与理的关系的思考路数，对所有专业的学生开设一些真正通而识之的综合性课程，或者倡导这样的阅读活动、讨论活动、交流活动甚至跨学科的研究活动，发掘文化遗产、分享古典智慧、继承高雅传统，把经典与前沿、传统与现代、创造与继承、现实与永恒等事关全民素质、民族命运和世界使命的问题联合起来进行思索。

我们面对不朽的理性群碑，也就是面对永恒的科学灵魂。在这些灵魂面前，我们不是要顶礼膜拜，而是要认真研习解读，读出历史的价值，读出时代的精神，把握科学的灵魂。我们要不断吸取深蕴其中的科学精神、科学思想和科学方法，并使之成为推动我们前进的伟大精神力量。

任定成
2005年8月6日
北京大学承泽园迪吉轩

亚历山大·洪堡(Alexander von Humboldt,1769—1859)

洪堡父母的画像，由约翰·施密特（Johann Heinrich Schmidt）创作于1775年，现收藏于柏林城市博物馆。

▲ 洪堡的父亲亚历山大·格奥尔格·洪堡（Alexander Georg von Humboldt）曾任普鲁士军官，具有启蒙思想，引导洪堡关注社会与自然的关系。

▲ 洪堡的母亲玛丽·伊丽莎白（Marie Elisabeth von Humboldt）严谨务实，管理家族庄园与财务，使洪堡从小养成系统化的工作习惯，这对后来他处理庞杂的科学记录与整理工作至关重要。洪堡从母亲这里继承的财产为他提供了经济保障，使他能自费完成美洲探险（1799—1804）。

◀ 洪堡的哥哥威廉·洪堡（William von Humboldt，1767—1835），哲学家、语言学家、教育家，也是柏林洪堡大学的创始人（该大学以他的名字命名）。[该油画由托马斯·劳伦斯（Thomas Lawrence）绘制]

▲ 泰格尔宫（Schloss Tegel，又称 Tegel Castle）位于柏林西北部，最初是一座文艺复兴风格的庄园。19 世纪初，威廉·洪堡对宫殿进行了新古典主义风格的改造，并增设了家族墓园，洪堡兄弟及其父母均安葬于此。如今，洪堡家族后裔仍居住于此，但有些区域（如花园、墓园和部分建筑）对公众开放，宫殿内部保留了洪堡兄弟的图书馆、科学仪器和个人物品，展示他们的学术遗产。（高虹 摄）

▲ 泰格尔宫周围的花园环境优美，适合散步。作为柏林重要的历史建筑，泰格尔宫吸引了很多历史、文化和科学爱好者，尤其是对洪堡兄弟感兴趣的人士。（高虹 摄）

▶ 亚历山大·洪堡的墓碑。（高虹 摄）

◀ 戈特洛布·昆特（Gottlob Johann Christian Kunth，1757—1829），德国政治家和教育家，以洪堡兄弟导师的身份而闻名。他原是洪堡父亲的好友，在洪堡父亲去世后承担起管理洪堡家族资产的责任，并负责规划洪堡兄弟二人的教育。此外，他还负责泰格尔宫的园区建设。

▲ 戈特洛布·昆特去世之后被埋葬在泰格尔宫的洪堡家族墓园附近，1993年，纪念戈特洛布·昆特的牌匾被放置在泰格尔宫的入口处。

▲ 卡尔·昆特（Karl Sigismund Kunth，1788—1850）是戈特洛布·昆特的侄子。1813年，25岁的卡尔·昆特被叔叔推荐到巴黎，研究洪堡和邦普兰（Aimé Bonpland）从南美洲带回的大量植物标本。此后，他职业生涯的大部分时间都致力于此。

▶ 如今，洪堡和邦普兰从美洲带回的植物标本主要收藏在巴黎国家自然历史博物馆和柏林－达勒姆植物园博物馆。

巴黎国家自然历史博物馆及其收藏的由洪堡和邦普兰从美洲带回来的植物标本。

柏林－达勒姆植物园博物馆及其收藏的由洪堡和邦普兰从美洲带回来的植物标本。

▲ 幼年时期

▲ 少年时期

这五幅画像依次展现了亚历山大·洪堡从幼年到老年的容貌变化。童年的画像中，洪堡眼神灵动，展现出早慧的天性；青年的画像已显露出学者的气质；中年的画像最具标志性，此时正是他事业的黄金时期；晚年的画像中，洪堡虽已白发苍苍，却仍然目光深邃。

▲ 1804年，35岁（访问美国期间）

▲ 中年时期

▲ 1831年，88岁（W. Pickersgill 绘）

▲ 洪堡晚年住在柏林 Oranienburger 街道 67 号,如今这里是一家酒店,其外墙上还挂着纪念洪堡的牌匾。(高虹 摄)

▼《宇宙》手稿第一页。

▲ 这幅画展现了洪堡在柏林的工作室。洪堡生命的最后 25 年在此居住,主要忙于创作五卷本《宇宙》(Kosmos)一书。

▲ 洪堡手绘钦博拉索山（Chimborazo）。

▲ 洪堡手绘安第斯神鹰。

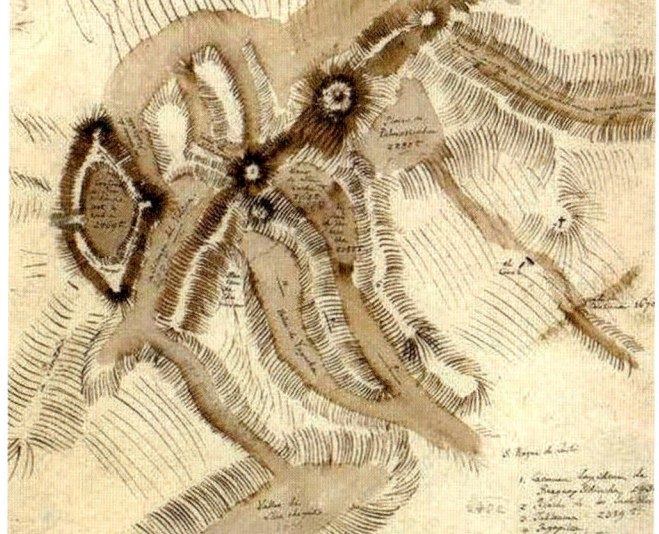
◀ 洪堡手绘皮钦查火山（Pichincha）地貌图。

▲ 洪堡在俄罗斯乌拉尔收集的蛭石，现存于西班牙国家自然科学博物馆。

▶ 为了保护植物标本，使其在旅途中不腐烂，洪堡用墨水涂抹它们，并将它们压在纸上。

洪堡的美洲考察随行带着50件当时最先进的科学仪器，这个数量比以前的任何探险家都多。这些仪器包括六分仪、象限仪、望远镜、航海天文钟、气压计、倾角仪、下降仪、蓝调计、比重计和湿度计等，有的用于测量空间位置，有的用于测量物理量。这些仪器构成了一个名副其实的移动实验室，伴随洪堡和邦普兰伟大的美洲之旅，走过著名的奥里诺科河和安第斯山脉。

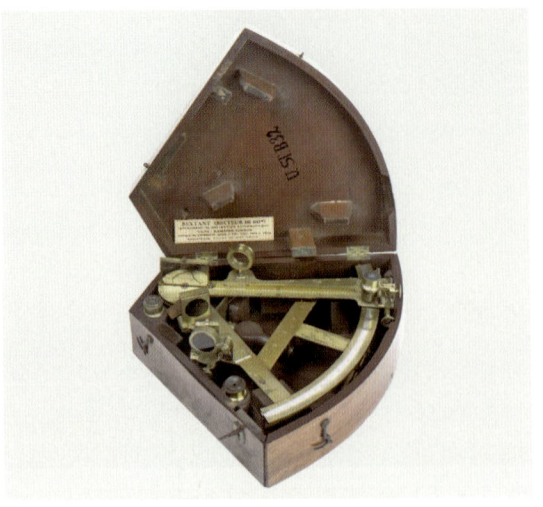

▲ 洪堡使用过的六分仪。在海上航行时，它用于测量仰角，便于定位。该六分仪现存于德国自然历史博物馆。

▲ 洪堡的工具收纳箱。它具有木质外壳和天鹅绒内衬，内装有骨头、象牙、瓷器、玻璃、蜡、金属（铅）等。

▲ 洪堡用于私人信件的封印。

▲ 这张桦木桌洪堡使用了30年，现存于德国自然历史博物馆。

▲ 洪堡用来存放信件的盒子，现存于德国国家文学档案馆。这两个盒子与他柏林故居图书馆中展示的装有他旅行日记的盒子非常相似。

目 录

弁　言 / i

导读（一）/ 1

导读（二）/ 11

上　篇　自然文学、风景画、异域植物 / 1

绪　言 / 3

第一章　自然文学——人类对自然的情感因时代和种族而异 / 7

第二章　风景画对自然研究的推动作用 / 55

第三章　热带植物的栽培种植 / 71

下　篇　宇宙观历史 / 79

绪　言 / 81

第一章　作为起点的地中海 / 93

第二章　马其顿亚历山大大帝东征 / 115

目录

第三章　托勒密王朝时代的宇宙观 / 129

第四章　罗马帝国时代 / 139

第五章　阿拉伯人的侵入 / 155

第六章　大航海时代 / 175

第七章　太空大发现与天文、数学的辉煌时代 / 221

第八章　回顾与总结 / 255

附　录 / 261

人名译名对照表 / 263

地名译名对照表 / 276

导读（一）

苗德岁
（美国堪萨斯大学自然历史博物馆暨生物多样性研究所 研究员）

· Introduction to Chinese Version ·

> 倘若理想化一点的话，人文地理学者应该像洪堡那样，掌握海量的事实，爱好自然并能感悟自然，孜孜不倦地去寻求自然的真谛。
>
> ——段义孚（美籍华裔地理学家）

导读（一）

一

  侯仁之先生为《宇宙》（第一卷）中译本①所写的导读，对亚历山大·洪堡的生平与贡献已给予简略却精彩的介绍，对于 19 世纪的博物学者以及公众来说，洪堡简直就是"神一样的存在"。正如歌德（J. W. von Goethe）指出的那样，洪堡自身就是"一座学府"：他的知识范围如此之广，完全不愧为"文艺复兴式"的学者（即博学怪才）。如果我们觉得眼下的"饭圈文化"有点儿走火入魔的话，那么请看伦敦地质学会的创始人之一、著名地质学家默奇森爵士（Sir Roderick Murchison）回忆洪堡时所记述的一则趣闻吧！

  洪堡晚年在给默奇森的信中曾提及，他深为一大帮虔诚（并接近于疯狂）的年轻女粉丝们所困扰，她们在写给他的"粉丝信"中竟然恳求："在您去世的时候，我们希望能够得到帮您合上眼睛的荣幸！"在这种近乎怪异的狂热表象之下，凸显了当时博物学的热度以及洪堡"如日中天"的巨大声望。无怪乎，至少在欧美科学史上，19 世纪被冠以"博物学的黄金时代"的形容，而洪堡无疑是那个时代最为出类拔萃的风云人物。

  毫不夸张地说，我们现在有多么崇拜达尔文（Charles Robert Darwin），维多利亚时代的人就有多么崇拜洪堡——而达尔文便是其中的代表人物之一。早在他于剑桥大学读书的最后一年，达尔文就迷上了洪堡的著作，尤其为洪堡笔下的美洲自然景观与美丽风光所吸引，并曾计划组织同学一起去自费考察。但直到 1831 年底，他才得以随英国皇家"小猎犬号"战舰开始了为期 5 年的环球科考，终于如愿以偿。在能够随舰携带的、极为有限的行囊中，达尔文还带着洪堡的一些著作抽暇阅读，以便追随洪堡的足迹亲临其境。后来，当他的《小猎犬号环球航行记》大获成功之后，他收到了洪堡的一封亲笔信，称赞其为"一本激动人心、令人称羡的书——你的前程无量！"对于他偶像

◀ 亚历山大·洪堡（Alexander von Humboldt, 1769—1859）。

---

① 第一卷的中译本已由北京大学出版社在 2023 年 10 月出版。

导读（一）

的这一盛赞，一向谦逊甚至于略显矜持的达尔文，这一次竟一反常态，喜出望外，兴奋不已。

像很多普通人一样，达尔文心中也有自己的"追星梦"，他梦想有朝一日能够见到自己心目中的偶像——洪堡，并能向他当面请教乃至于借机交换一些自己的想法。这一机遇终于等来了！1842年初，洪堡在随德皇威廉四世（Friedrich Wilhem Ⅳ）访英期间，在繁忙的外事活动中，推辞了不少邀约，却抽暇安排了与他的粉丝达尔文见面。安排这次见面的正是伦敦科学界的名人，洪堡的好友——地质学家默奇森。

这次见面颇具戏剧色彩，当时达尔文还只有33岁，洪堡却刚好长他40岁，是一位73岁的老者。前者才初露头角，而后者早已是功成名就、享誉全球的科学巨匠了。因而，在见面之前，达尔文的心情既兴奋又紧张。他早早地就从家里出发，充满期待地前往默奇森的住所，等待被引荐给他的偶像。一路上，他脑子里还像过电影一样，把想当面求教的问题又过了一遍。因为此时达尔文正在构思那本有关物种起源的大书（即后来的《物种起源》），并正在搜集植物分布方面的证据，而洪堡正是植物地理学的开山鼻祖！达尔文有很多有关植物地理分布的问题需要当面向这位大师请教。

达尔文迈入默奇森家门时，便见一位身着黑色燕尾服的老者在客厅里缓慢但优雅地漫步，口中还在滔滔不绝地频发高论，大家都像信众聆听布道一样在聚精会神地倾听。其间，若是有一位听众提出哪怕是简短的问题或评论，都会引来他一番又一番的引经据典、妙语连珠的长篇大论。

达尔文被主人默奇森介绍给洪堡之后，老者对这位年轻人不吝慷慨赞许之词，令达尔文既面带羞涩又心生窃喜。然而，随着时间的推移，达尔文慢慢地意识到，这里根本不是他的置喙之地，自然也根本没有机会向老者提问了……然而，他心中虽有所失，但毕竟能有机会一睹大师的风采，还是很高兴的。尤其是他从洪堡的演讲中捕捉到了一条十分重要的信息：西伯利亚（Siberia）一条河流的两岸植被类型"截然不同"——一边带有强烈的亚洲物种色彩，而另一边则多为欧洲的物种类型！这不正是他在苦苦寻找的证据吗？他赶快在笔记本上匆匆地记录了下来。

3年以后，恰好达尔文的好友及其理论支持者、植物学家胡克（Joseph

Dalton Hooker）要去巴黎访问，彼时洪堡恰好也在巴黎。达尔文便郑重委托胡克代他向洪堡请教西伯利亚那条河流两岸植被类型迥异的问题。胡克回来后向达尔文转述了洪堡给予他这一问题的答复；胡克还说，虽然距离那次在西伯利亚的考察业已过去十多年之久，洪堡对此宛如发生在昨天的事情一样记忆犹新；同时胡克也向达尔文描述了他亲眼所见的洪堡的滔滔不绝与高谈阔论。说到这里，两人不禁都对这位76岁老人超群的记忆力与敏捷的思维，羡慕至极、感叹不已……而洪堡的思想恰好跟达尔文的理论不谋而合，更给了达尔文极大的鼓舞和信心。

二

洪堡的滔滔不绝与高谈阔论，在《宇宙》一书中也得到了进一步的呈现与发挥。如果说《宇宙》的第一卷主要是他的野外考察纪实的话，那么第二卷则主要是他对内在精神世界方面的"务虚"。正如洪堡在该卷上篇的绪言里开宗明义地指出的那样：

> 现在，让我们从客观的外在世界中抽身出来，进而潜身进入情绪和感受的世界。我们在这本著作的第一卷中，以自然画卷的形式，密集描述了通过观察自然得到的主要结论。这些结论不是来自想象，而是都属于客观的科学描述的范畴。而那些通过感官感受到的自然画面又是如何影响到人类的情感和充满诗意的想象力的呢？——这是我们现在要观照的主题。

换言之，洪堡在第二卷中要聚焦于外在的自然界给人类内心世界所带来的触动：在人类情感上投下的印象、对人心产生的震慑，以及由此带来的潜移默化的影响……

在本卷的上篇里，作者首先讨论了"可以激发人们研究自然"的三种方式：①自然文学——"对自然情境进行美学性的叙述，对动植物世界予以生动的描绘"；②风景画的创作——"展现大地上的风物与生命"，尤其是"表现植物的样貌""当对自然景致的精深领悟和内心的精神感受融为一体时,画家才能创作出风格宏伟壮阔的风景画";③推广异域植物——"真实树木对于情绪及想象力的震撼还是强过最完美的绘画。真实事物带给人的感受就是如此强烈,外部世界始终作用于人类的内心世界、精神活动和感受方式。"

洪堡在书中讲述的当然是古典自然文学——从古希腊、波斯诗人们咏叹自然风景的诗歌,到荷马史诗、骑士诗人与游吟诗人的诗作,他都能信手拈来、谈论自如,其阅读涉猎之广泛、博闻强记之功力,皆跃然纸上,让人读来唇齿生香、爱不释手;而洪堡一泻千里、滔滔不绝的写作风格,也让读者如闻其声、如见其人。19世纪下半叶及至20世纪以来,受洪堡的深刻影响,以梭罗(Henry David Thoreau)的《瓦尔登湖》为代表的美国自然文学的兴起和发展,完全继承了洪堡在《宇宙》中所倡导的传统,彰显了外部世界对内心世界修行的影响,于今蔚然成为现代文学的一个重要分支。

洪堡在本卷中侃侃而谈美术与园艺、农业与政治以及人类的自然情怀时还指出:"风景画或多或少都是歌咏自然的诗意表达,风景画的伟大恰恰要归功于这种创造性的精神力量。精神力量的伟大之处就在于它并不被画面上所呈现的土地牢牢牵绊,而是超然于其上,意蕴无穷,就像是被赋予了想象力的人类。"字里行间,充分显示出他对视觉艺术的深刻感悟,远非一般科学家或博物学家所能望其项背的。

无论是天文学还是地理学研究,洪堡都深信第一手观察的重要性,正所谓亲眼所见方能"愉悦感官、启迪心灵"。他关于推广异域植物栽培的论述,无疑推动了世界上的植物园与园林建设。同时,作为著名的探险家,他深知了解异域自然风貌的重要性以及个中所要经历的艰辛旅程。因此,他指出,尽管单个生物在演化时具有一定的随意性,但是自然整体的秩序具有一种原始的力量——请记住,在洪堡时代,科学家们大多是相信自然秩序的。他还认为,这种自然秩序决定了每一地区都具有独特的自然形态。

在洪堡看来,通过推广异域植物的栽培,人们在渴望远方而感到内心隐隐作痛的时候,便可以走出门去观看人工培育的异域植物,或是欣赏风景画描绘的异域风光,抑或阅读激情澎湃的文字以领略异域的自然风情……他指出:"这些全都是欧洲各民族文明发展结出的瑰丽硕果。倘若没有这些艺术成果，要想感受他乡的自然景致，就必须踏上遥远的旅途，经受重重危险，并且深入到另一个大陆的内部。"

三

在《宇宙》第二卷的下篇里，洪堡主要讨论了他所谓的"宇宙观历史"。他在这里把宇宙观历史定义为人类对宇宙自然整体的认知史，亦即关于自然一体性以及宇宙力量共同作用的思想史。因而，它不同于一般的自然科学史，而是人类思想史的一个组成部分。换言之，"宇宙观历史就是人类对自然作为统一整体的认知历史，宇宙观历史展示的是人类在试图理解地球和太空中各种力量共同运作的过程中走过的漫漫长路……"

洪堡一向认为，自然界是一个巨大的整体，各种自然现象都是相互联系的，并且依其内部力量不断运动发展——自然一直处在变化之中。他认为任何一种自然现象都不会孤立、偶然地产生，而是都有着一定规律可循的。实质上，这跟达尔文的演化论思想委实有着异曲同工之妙，甚至可以被视为后者的"先声"；无怪乎曾有人称洪堡为"前达尔文时代的达尔文主义者"。

在第二卷余下的篇章中，洪堡从三个方面对宇宙观历史展开讨论："①人类的理性一直在自主追求对自然法则的认知，即对自然现象的思索；②重大事件的发生突然扩展了人类的观察范围；③人类发明了感知的新途径、新工具，它们不仅让人们观察到地球上更多的自然现象，也让人们挺进更遥远的太空，对自然的观察由此而变得更加敏锐多样。"这里洪堡又一次显露了他百科全书般的知识积累，从古希腊、波斯等先哲们对自然的认知谈起，诗意般地描述了人类在认识宇宙和自然的过程中，全球不同地域的历代先贤对其不断探索与发现的历史。这既是一幅波澜壮阔的人类思想史画卷，也是引领读者一览从古代文明向现代文明（包括语言文字）演进过程的一次盛大的导游活动。

洪堡选择把这一纵观其宇宙观历史的旅程起点设于地中海地区，因为他认为："希腊的发展之势从地理空间上看几乎是辽阔无边的，此外它还斩获了

导读（一）

一种深刻的道德文化的高度，因为希腊统治者不懈地追求各民族的融合，追求建立一个世界共同体。"他历数灿烂的古希腊文明，并指出希腊为建立一个有机的一体世界制定了蓝图。洪堡为希腊文化拥有的持久力和神奇的沟通能力而感到惊叹不已。他特别强调，希腊文化融入了阿拉伯人、新波斯人和印度人的文化，持续且强劲地发挥着影响，一直到中世纪。

同样，洪堡对托勒密王朝的诸多建树，也是赞赏有加的。他指出："不论是在商业方面还是在科学方面，托勒密王朝都建立了大量相关设施并且采取了众多行动。所有这些行为之所以能够发生，都源于一种势不可挡的精神追求，即追求了解世界整体和远方，追求与外界的联结和统一，追求整合大量的知识和观点。"

洪堡把这些成就归结于古希腊精神，并指出："希腊精神世界彰显出的这种特质长期以来都处在默默孕育之中，通过亚历山大大帝东征，通过亚历山大大帝试图融合西方与东方的努力，这种特质终于带来了累累硕果，显现为伟大的现实。托勒密王朝是希腊文化大幅扩展的时代，而其时代特征就是扩张、交流与融合。此处我描绘的就是这样一个时代的画卷，在认识宇宙整体方面，这是一个可以被视为取得了重要进步的时代。"

西方（欧洲）文明传统植根于地中海沿岸人民的文化之中，除了古希腊文化之外，当数古罗马文化。接下来，洪堡在下篇的第四章里，便讨论了古罗马文明。他开宗明义地指出："如果我们追随人类文明发展的脚步，回顾宇宙知识逐渐增长的进程，那么罗马帝国时代就是这一领域最重要的时代之一。" 在希腊和罗马文化的滔滔洪流中，各种异域文化也以多种多样的方式，从尼罗河河谷、腓尼基、幼发拉底河以及印度进入了地中海，并被接受和保存了下来。

紧接着，洪堡转而讨论阿拉伯文化及其重要的影响。他指出："阿拉伯文化是欧洲文化中的一个异类元素，它影响了六七百年以后葡萄牙和西班牙的航海大发现，促进了物理学和数学的发展，扩展了有关地球和太空的知识，实现了通过测量确定地球形状的壮举，并且识别了物质的多相性以及物质蕴含的内在力量。"洪堡在书中充分地肯定了阿拉伯人在罗马帝国消亡之后所起的重要作用，认为他们"把欧洲带回到希腊哲学这一永恒的源头，他们不仅为保存科学成果作出了贡献，而且还大力扩展了自然知识的储备，并为科学研究创造了新的道路"。

大航海时代，段义孚先生称之为"浪漫地理学"的黄金时代，涌现出哥伦布（Cristoforo Colombo）、卡伯特（Sebastian Cabot）、达·伽马（Vasco da Gama）等风云人物。洪堡称赞他们"一致的追求、卓越的成就和欧洲民族的行动力量赋予了这一时代永久的辉煌。

四

至此，洪堡给我们当导游的宇宙观历史旅程，正逐渐接近现代。在地理大发现时代之后，紧接着到来的就是探索太空的时代——望远镜的发明使其成为可能。望远镜（尤其是天文望远镜）是一种崭新的工具，它具有穿透太空的力量，人类可以通过它窥探无垠的太空领域。

正如洪堡所指出的，望远镜的使用引发了思想新世界的诞生。天文学和数学的辉煌时代由此展开序幕，一系列具有深刻思想的数学家应运而生。"这些数学思想产生于人类精神自身的内在力量，而不是来自外界事件的影响。此间人们认识到了物体自由落体定律和行星运动定律，并开始着手研究气压、光的传播与折射以及偏振现象，而且还创造了以数学为基础的建立在坚实根基上的自然科学。微积分学的发明标志着此前时代的结束，人类的智慧因此得以提升，从而在接下来的150年里有了顺利解决一系列问题的底气"。

十分可惜，万分遗憾，洪堡没能够活到今天，以亲眼看看19世纪以来，直到目前的众多科学进展——物理学革命、地学革命、生物学革命相继发生，我们现在有了人工智能、基因工程等科学技术。他预言将会实现的那些科学进步，其中许多业已完成。

洪堡在本书中根据时代、地域、民族和文化的不同，浓墨重彩地刻画出了人类深刻又鲜活的自然情怀，描绘了人们所体悟到的奇妙丰盛的自然细节，这些转而又激发了人类更加细致地去观察自然现象，并认真探索它们之间在宇宙层面的相互关联……

导读（一）

　　最后，我不能不提及洪堡在本书中的这些论述对"现代人文地理学之父"——段义孚先生的深刻影响。近年来，段先生的著作陆续被翻译引进到国内来；如果我们将其与洪堡的《宇宙》（尤其是本卷）做些比较的话，便能很容易地发现他受洪堡的影响是多么深广。段先生曾坦承，洪堡既给我们描绘了如诗如画的自然史，又为我们提供了人文地理学的知识。此外，段先生的治学风格也与洪堡如出一辙，他也是腹笥丰盈、博学多识的鸿儒，属于当代屈指可数的百科全书型学者之一。我记得，段先生曾谆谆告诫后学："倘若理想化一点的话，人文地理学者应该像洪堡那样，掌握海量的事实，爱好自然并能感悟自然，孜孜不倦地去寻求自然的真谛。"

导读（二）

高　虹
（旅德学者、翻译家）

> 洪堡在《宇宙》的第二卷集中讲述了一个问题，那就是人类与宇宙的关系，具体来说即自然宇宙对于人类的影响与作用。这种影响有两个层面，一个层面是自然对人类感性觉受的影响，另一个层面是自然对人类理性精神的影响。
>
> ——高虹

导读（二）

  从太空的深处望向地球，那是一个黯淡的蓝点，旋转在无数的星辰中，星辰的海洋无边无际，扩展到不可知的远方。这些星辰看似比邻，却彼此难以企及，孤零零散落在无尽的虚空之中。当目光掠过太阳系的荟萃群星，落在了地球之上，看过了地球上的高山、大海、陆地、岛屿、洋流、云层、动植物之后，随即锁定在了人类身上，这是一道来自宇宙的慧眼之光。千帆望尽，它知道人类是多么渺小，知道人类永世囚禁于地球之上，也知道人类最终的宿命。然而此刻，人类也正在望向太空，惊叹宇宙的浩瀚与不可知，当然他们无从觉察那道来自宇宙的正在凝视自己的目光。人类对宇宙的探索，每一步都显得惊心动魄；而从宇宙的角度来看，地球上发生的一切都微不足道，那不过是这个黯淡蓝点表层上的一丝躁动，这个蓝点旋转着，终将消亡在太虚之中。

  翻译完《宇宙》第二卷，仿佛亲自走过了此番历时几千年的文明历程，人类在最初面对宇宙洪荒时满怀敬畏，那时候人们会祭拜天地，以祈请自身的平安，后来逐渐萌生勇气，不断挺进未知的空间，人类经历了懵懂胆怯的孩童时期之后，在征服自然的道路上一路狂飙。这是一段荡气回肠的旅程，通篇读来，会被人类自身的求索深深震撼。掩卷沉思，遂有一条清晰的脉络浮现在眼前——洪堡在《宇宙》的第二卷集中讲述了一个问题，那就是人类与宇宙的关系，具体来说即自然宇宙对于人类的影响与作用。

  这种影响有两个层面，一个层面是自然对人类感性觉受的影响，在与自然的对望中，人类写下了歌咏自然的文字，创造了反映自然景观的风景画，建立了再现自然的人工园林，这是人类因为感受到自然之美从而希望亲手创造自然的尝试。另一个层面是自然对人类理性精神的影响，理性一开始就被植入人类的基因，在此精神的引领下，人类从未停止过对外界的探索，从对日月星辰的初步观察，到发明望远镜挺进太空，从在地中海边缘的徘徊，到远洋航海发现新大陆，每一次由几代人才能完成的跨越都把人类的探索引入

◀ 亚历山大·洪堡与邦普兰在厄瓜多尔的钦博拉索山（Chimborazo Volcano）附近考察。（F. G. Weitsch 画于 1810 年）

导读（二）

更深的地方。感性与理性是人性的一体两面，自然施加于人类的影响作为主题，就沿着这两条线索展开，这是一幅展现人类精神历程的恢宏画卷，这也是一场对人类文明发展史的解密。

人类最初零星散落在地球的不同地带，在黄河流域、两河流域、印度河与恒河流域、尼罗河流域和地中海沿岸出现文明的萌芽。人类不同的族群被赋予了不同的秉性以及精神特质，面对同样的日月星辰，人类的民族建立起迥然有异的相关情感世界，它们以独特的面貌呈现在各族的文学创作中，反映出丰富多样的人与自然的关系。在本卷中，洪堡刻画了各民族看待自然时的内心境界，以及由此反映出的文化心理和行为逻辑。一个民族如何对待自然，在很大程度上诠释了其文化发展的来龙去脉，也是理解世界历史进程的关键所在。而比较这些族群独有的特质，则让我们深刻领悟到世界文明发展史为什么会呈现出如其所是的面貌，所有的发生都有其内在的秩序。每一个民族都于无形中发展出了对宇宙自然的特定理解，也以此在无意识中塑造了各自的民族命运。

我们可以想象，当黄河流域的人们在厚重的黄土地上种植出了赖以生存的庄稼，脚下绵延的土地就变成了承载生命的母亲，成为寄托情感、受到崇拜与祭祀的圣物。人们生于斯、长于斯、死于斯，那是一种深厚浓重的乡土情怀，每一次离开故土的远行都是一次悲情的离别，离乡的人会带上一捧故乡的泥土聊以慰藉，在亲人的泪水中踏上征途。倘若在他乡感到不适，便会被认为是"水土不服"，需要服下故乡的泥土予以调治，让泥土进入身体，融入血液，这是何等强烈的对故乡土地的眷恋！然而身处地中海的希腊人在晴朗的天空下，看到的是波涛荡漾的大海，这片海域是如此湛蓝，那是比天空更为深重的蓝色，在眼前一望无垠地展开，像天空一样奇幻，激起了人们无限的遐想。彼时天空尚难以企及，而大海却可以涉足，远方的海洋不断诱惑，仿佛是海妖发出了音乐声，鼓舞水手们一次又一次航行到更远的地方。他们没有对土地的依恋，驱使他们出海的是探索和征服远方的欲望。

在古希腊人的世界中，人是自然万物的主宰，万物皆服务于人，人与自然是对立的，自然是有待人类征服的对象。古希腊的文学创作中少有对自然景观的描写和情感表达，相关的文字表述在整体创作中占比很少。洪堡在本卷写道："当时的文学旨在用诗意的创作来展现人类自身的激情，它们全都是以人类为中心、围绕着人类展开的。"人是宇宙的中心，就连希腊神话中掌管宇宙万物的众神都显示出人性的特点，他们并没有闪耀出高不可攀的神性，而是跟人类一样深陷于欲望与杀戮的折磨。"希腊人很少有用语言文字来表达自然之美的心理需求。他们更愿意咏唱生活的洪流和内心情感世界随时涌起的激荡，而不太愿意关注看似没有波澜起伏的自然世界。"在希腊人看来，自然只是人类活动的舞台背景，无足轻重，无论是风花雪月，还是山川河流，都无法影响人类自身激情的宣泄。在希腊神话中，无论是众神，是英雄，还是囚徒，都会叱咤风云，直到尽情挥洒出最后一丝力气，在山海的映衬下，完成各自彪悍的人世剧本。"古希腊人是一个活泼张扬的民族，喜欢聚集在公众场合，他们拒绝沉浸于自然，不会深陷在观察自然静谧运作时心生的恍惚之中。"而这样的一种天性则成就了希腊人在文明史上征服者的角色。

地中海尽享天时地利，注定成为西方文明的发源地。居住在地中海边缘的族群禁不住大海的呼唤，在出海的路上越走越远，埃及人、腓尼基人、伊特鲁里亚人和希腊人在这里的海上霸权交替更迭，他们向西冲出了直布罗陀海峡，向东扩张到了两河流域，亚历山大大帝甚至东征到了印度，后来航海家哥伦布发现了新大陆，又有很多探险家一次次踏上环球航行。这是一部探索、扩张和征服地理空间的历史。然而地球上的空间并没有满足地中海民族的探索欲，从古希腊开始，天文学家就把目光投向了遥远的星辰，他们发现地球绕日运行，计算出月球的大小、地球的周长，掌握了天象计算，迈出了走向太空的步伐。然而这些都还远远不够，天文学家希望亲自看到日月星辰的原本面貌，于是他们发明了望远镜，看到了褪去神秘面纱的星辰，这一次人类真正挺进了宇宙空间。

希伯来人在面对自然时，选择的是一种凝视的态度，在凝视自然万物的过程中，希伯来人看到了上帝，正因为风雨雷电、山川大河、飞禽走兽一切都是那么圆满、那么美好，所以自然万物必定为上帝所造。《圣经》中对自然的描绘处处体现出对上帝的赞誉。洪堡写道："希伯来人赞颂自然的诗歌有一个鲜明的标志，就是它始终涵盖宇宙整体，无论是地球上的生命，还是星辰闪烁的太空，都被视为一体，这是一神教教义的体现。它较少驻足观察单个

导读（二）

的自然现象，而是欣然专注于自然整体。自然不会被描绘成独立存在的、因为美丽而被颂扬的对象。在希伯来诗人眼中，自然总是与一个更高层次的精神统治力量一道出现；是一种被创造和被安排好的存在；是上帝无所不在的体现，因为毕竟感官世界中的所有杰作都是上帝创造的。"对希伯来人而言，自然只是用来见证上帝的存在，"上帝之力既可以让大地青葱苍翠、生机勃发，也可以让大地毁于一旦。"所以生活在自然中的人们只有一件事要做，那就是赞颂上帝，服从上帝，毕竟上帝也可以让人类在顷刻间灰飞烟灭。在罗马帝国日渐衰落的时候，基督教传到欧洲，具有绝对权力的上帝逐渐统领了欧洲人的精神世界。希伯来人对以色列的凝望、对当地自然环境的感受，全都注入了一部《旧约》，跟随基督教走到了世界各地，强烈影响到后世的风云变幻。

南亚次大陆地形复杂，这里有世界上最高大巍峨、难以企及的山脉，有丰沛密集的水域，有深邃茂密的森林，有绵长的海岸线，有肥沃的平原，也有零散的沙漠。在这片土地上，人们没有把目光停留在大地孕育的累累果实之上，而是抬首望向天空，期待在与宇宙的对视中获得大智慧，得以解脱。古印度人擅长观察自然，思考生死。他们探索宇宙的起源、结构和演化，人类在宇宙中的地位和目的，以及人与自然宇宙的关系。

洪堡在本卷援引了东方学研究者拉森在《印度古代文化研究》中的一段叙述："我们可以设想一下，印度雅利安人的一支部落从原有的位于西北部的住地迁移至印度，他们突然间置身于一个崭新的无限丰饶的自然环境中。这里气候温暖，土地肥沃，物产肥美又极为丰厚，这一切都给他们的新生活涂上了明媚的色彩。雅利安民族原本就具有一种美好的天资，他们的精神处于更高的境界，印度人高贵伟大的精神特质就如同萌芽一般深深地根植其中。从印度人对外部世界的观照来看，他们很早就开始深刻思索自然的力量。这种思索是沉思冥想的基础，我们可以清楚看到，最古老的印度诗歌与这种沉思冥想水乳交融般地合为一体。大自然让这个民族意识到：自然是万物的主宰。这一精神最明显地体现在他们的基本教义中，也就是，在自然当中即可证悟到神的存在。"

古希腊人认为人是自然万物的主宰，他们恣意挥洒着对外界的征服欲，所向披靡。而古印度人则截然相反，他们栖息在静谧的森林，安享着树木的庇护，静心冥想，与自然万物神交。在他们心中，万物皆有灵，万物都是宇宙整体的具体呈现。在与自然的直觉交流中，古印度人感悟到自然是主宰，主张"梵我同一"，也就是追求人与自然的和谐统一。他们认为，人自身即为一个小宇宙，与外在的宇宙息息相关，也一一对应。他们更注重征服这个内在的宇宙，当一个人征服了肉身和欲望的束缚，内在的"梵性"就会升起，就会与宇宙合一，从而达到至乐的境界。受到大自然启发的古印度智慧就像世间的另一种锚，给予世人内心定力，抗衡着这个一切求于外的世界。

在中国的这片土地上，人们对自然山水自古以来都怀有一种深情，自然供养生命，是栖身的所在，是给人以慰藉的所在。中国人所说的"天"代表天地，代表自然，代表宇宙间的最高秩序。人是自然的产物，所以天人是合一的。这片土地上的人们从未想过要征服自然，成为自然的主宰者。人何以主宰自然？在这里，自然山水从来都不只是自然山水，风花雪月也从来都不只是风花雪月，它们还是寄情之所在，感时花溅泪，恨别鸟惊心。大江东去，抒发的是万丈豪情；小桥流水，流露的是婉约细腻；轻舟已过万重山，表达的是看尽人生之后的豁达；杨柳岸晓风残月，讲述的是离愁别绪的凄楚。当明月照在松间，当清泉从石上流过，我们看到的不只是一幅静美的画面，我们更能感受到一种"无我"的境界，作为主体的身在景中的"人"消失了，他与明月清泉融为一体，化作自然的一部分，也只有当"我"消散的时候，一种强烈的欣喜才会升起。这与古希腊的情形截然相反，在古希腊的诗作中，众神与各路英雄在山林中、在大海上宣泄激情，在咆哮的情绪中上下沉浮，当作为主体的人被无限放大时，自然就会被逼退到边缘，消失殆尽，"人"似乎就变成了自然的主宰者。

山林承载着中国人自古以来的一个梦想，那是远离江湖、远离社会的清净之地，在山水中"仰观宇宙之大，俯察品类之盛"，隐逸其中，与天地神通。无论是仕途得意还是失意，士大夫都可以在山林中找到心灵的安慰。当人们在世间感到徒劳，心生无奈的时候，还可以归去来兮，种菊于南山之下；走投无路之时，至少还能够回乡种地。土地、田园、山林给予了中国人物质生存与精神生存的基础，对于它们，中国人会生出浓厚的恩情。

导读(二)

从未有过一个民族像中国人这样,对月亮怀有万般深情。纵览世界各地的自然文学,只有在中国能够找到不计其数的歌咏月亮的诗作。例如德国文学中有关月亮的文字就寥寥无几。有一首在德国尽人皆知的摇篮曲,由18世纪的诗人马蒂亚斯·克劳迪乌斯(Matthias Claudius)作词,提到月亮时只有一句,那就是"月亮升起来了"。当月亮的光辉洒满大地,沐浴在月光下的人儿会感受到一种普世的照耀与连接:"人有悲欢离合,月有阴晴圆缺,此事古难全。但愿人长久,千里共婵娟。"纵有离愁别绪,却仍然体会到"海上生明月,天涯共此时";孤独寂寞、饱受相思之苦时,"唯应待明月,千里与君同"。

月亮目睹了人间无数的悲欢离合,默默陪伴着踽踽独行的人,孤独中举头望月,永远会得到抚慰。月亮是可以共饮的友人:"花间一壶酒,独酌无相亲。举杯邀明月,对影成三人。"月亮是倾诉愁肠的对象:"杨花落尽子规啼,闻道龙标过五溪。我寄愁心与明月,随风直到夜郎西。"月亮是共舞的伙伴:"月既不解饮,影徒随我身。暂伴月将影,行乐须及春。我歌月徘徊,我舞影零乱。醒时同交欢,醉后各分散。"如此奇思成就了千古绝唱,李白与月亮,创造出一段世间奇缘。

一曲《春江花月夜》写尽了月亮的美丽与哀愁,这是中国古代诗人的"天问",是关于宇宙与无限时空的哲思。月亮岂止是月亮?那是一个几千年来承载了中国人情感的自然圣物,如水的月华照耀着天下所有的人,倾泻到所有人的心田,不离不弃。中国人天然地把内心的丰富投射于月亮,这是何其浪漫。一轮明月,滋养着祖祖辈辈在这片土地上过活的温厚的人们。

一方水土孕育一方人,一方水土赋予一方人特定的秉性,生活于其中的人们似乎被自动植入了某种特定的基因与程序。世世代代以来,这些文化基因就在各个民族的血脉中传承了下来,每一个民族都在与自然的相处中,在文化与自然科学方面取得了独特的成就。而各民族之间的文化交流也从未停止过,从地中海人最初走出地中海,深入亚非大陆,到阿拉伯人传播东西方文化,再到美洲的发现,人类各族的文化始终都在相互交织,彼此影响。这是人类共同创造的文明,一部文明史就是一部民族融合与文化融合的历史。

在对外探索的道路上,人类已经实现了进入太空的梦想,我们有足够的理由为自己喝彩。然而，我们在向内探索、审视自我的时候，却发现无明就如魔咒一般，数千年来依然坚如磐石，遮蔽了人类的智慧，阻碍了人类的福祉。人类在征服内在宇宙、探索内心世界的道路上仍旧处于蛮荒的阶段。洪堡在他的《自然的风景》一书中写道："无论是处在野蛮的、动物般的人类文明的最下端，还是位于人类较高等文明的表面光环之中，人无时不在为自己制造一种艰难的生活。漫游者翻山越岭、漂洋过海、跨越遥远的地带，可是一路跟随他的依然是人类族群永不停息的宿怨征战，这幅征战的图景悲哀而又如此面目一致，就像历史学者回顾以往所有的历史，他重温到的也全都是人类无休无止的械斗。在民族之间无法调和的斗争过程中，那个想要追寻精神安宁的人，会把目光投向寂静的植物世界，在大自然神圣的力量中安抚内心；或者，他会委身跟随几千年来在人类胸膛中熊熊燃烧的天赋的渴望，他举头仰望星空，满怀敬畏，内心明了，看日月星辰笃定地沿着古老又永恒的轨迹协调流转。"

当我们望向天空，领悟到时空的无限，领悟到我们赖以生存的这颗黯淡蓝点终将化作虚空的宿命；当我们真正理解了人类的全部历史只是地球上的一个小小瞬间，宛若电影中瞬间闪过就再也无处可寻的一幕；当我们把意识提升至宇宙中更高的维度，再转过头来回望地球上的三维时空，但愿能有一丝慈悲从我们心底升起——对自然万物的慈悲，以及对我们自己的慈悲。

除了科学贡献，洪堡给我们最大的馈赠可能是他身上经久不衰的鼓舞力量。历史上许多著名人物都曾佐证了洪堡的精神力量，歌德、席勒、柯勒律治、梭罗、惠特曼、海克尔等曾受到洪堡思想的影响。

歌德（J. W. von Goethe，1749—1832），德国思想家、作家、科学家

席勒（J. C. F. von Schille，1759—1805），德国诗人、哲学家

柯勒律治（S. T. Coleridge，1772—1834），英国诗人

梭罗（H. D. Thoreau，1817—1862），美国作家

惠特曼（W. Whitman，1819—1892），美国诗人

海克尔（E. H. P. A. Haeckel, 1834—1919），德国生物学家

上 篇
自然文学、风景画、异域植物

Anregungsmittel zum Naturstudium

有三种方式可以激发人们研究自然的兴趣：对自然情境进行美学性的叙述，对动植物世界予以生动的描绘，这是文学中非常具有现代性的分支；风景画的创作，尤其是当它开始着力表现植物的样貌时；推广种植热带植物，并把不同风貌的异域植物种植在一起。

席勒、威廉·洪堡、亚历山大·洪堡和歌德在耶拿聚会。

绪　言

Einleitung

　　现在，让我们从客观的外在世界中抽身出来，进而潜身进入情绪和感受的世界。我们在这本著作的第一卷中，以自然画卷的形式，密集描述了通过观察自然得到的主要结论。这些结论不是来自想象，而是都属于客观的科学描述的范畴。而那些通过感官感受到的自然画面又是如何影响到人类的情感和充满诗意的想象力的呢？——这是我们现在要观照的主题。

绪 言

现在，让我们从客观的外在世界中抽身出来，进而潜身进入情绪和感受的世界。我们在《宇宙》这本著作的第一卷中，以自然画卷的形式，密集描述了通过观察自然得到的主要结论。这些结论不是来自想象，而是都属于客观的科学描述的范畴。而那些通过感官感受到的自然画面又是如何影响到人类的情感和充满诗意的想象力的呢？——这是我们现在要观照的主题。一个内在的世界就此在我们面前展开。我们探索这个内在世界，并不是想要在这部关于自然的著作中考察以下问题，即在大自然带来的那些美学影响中，有哪些出自人类情感力量的本性、出自人的精神活动——这是艺术哲学研究的话题。我们的目的则在于描述我们看到的鲜活的自然源头，把这个过程当作是对纯粹的本能情感的升华；在于探个究竟，看看到底是哪些因素通过激发想象力让人们如此热衷于研究自然并且迷恋远游，尤其是在近代。

我们在本书的第一卷第二章就已经提到过，有三种方式可以激发人们研究自然的兴趣：对自然情境进行美学性的叙述，对动植物世界予以生动的描绘，这是文学中非常具有现代性的分支；风景画的创作，尤其是当它开始着力表现植物的样貌时；推广种植热带植物，并把不同风貌的异域植物种植在一起。仅从历史渊源来看，以上描述的每一种方式都可以是长篇论文诠释的对象。但是依照本部著作的创作精神和写作目标，我认为在此完成另外几项任务更为合适：诸如发展出主导的精神脉络；在不同的时代以及在不同的族群当中，外部的自然世界对人的思想感受造成了迥异的影响；在一般的文化环境中，严肃的知识和微妙的想象力之间也是彼此相互渗透的。以上这些都是我想要展现的内容。想要全面展现自然的高贵与伟大，我们不能仅仅驻留在对外部自然现象的描述当中，我们还要从另外一个角度展示自然——自然映照在人类的内心世界，对人心产生震慑，正因为这份潜移默化的影响，自然神话这片朦胧的领域上孕育出了许多美丽的形象，高贵的绘画艺术也因此而萌芽生长。

在这一卷里，我们将集中观照能够激励人们研究自然的三种方式。我们

◀ 洪堡和邦普兰泛舟在南美洲奥里诺科河上。

都有过一种人生中可能会多次出现的经验，也就是在一个人年少的时候，某些深刻的感性体验或是某些特定的情境会决定一个人一生的方向。

小的时候，看到地图上蜿蜒曲折的大陆，看到环绕陆地的海洋，会心生喜悦；看到南半球夜幕的星空图，会痴迷神往，那是我们北半球没有的星辰；看到圣经绘本中的棕榈树和雪松，会心向往之——这些都在我幼小的心灵中诱发出想要远行的渴望。

如果允许我在此唤醒记忆，叩问心灵，那么我会想起三幅影响我一生的图景：格奥尔格·福斯特（Georg Forster）对南太平洋群岛的描绘，威廉·霍奇斯（William Hodges）画笔下的恒河岸图——这幅画悬挂在沃伦·黑斯廷斯（Warren Hastings）伦敦的家中，以及柏林植物园一座古塔边的巨大龙血树。这里列举的画面都属于我们之前提到过的激发人们研究自然的三种方式：对自然的描述——这种描述是从关注大地时内心升起的激荡中源源流出的，绘画中的风景画艺术，对典型自然形态的直接观察。

第一章

自然文学

——人类对自然的情感因时代和种族而异

· *Dichterische Naturbeschreibung — Naturgefühl nach Verschiedenheit der Zeiten und der Völkerstämme* ·

> 一个人所处的自然环境，无论是令人心旷神怡，还是平淡无奇，都会被投射到内心深处，这种影响会深深扎根在一个人的固有天性之中，和内在的精神力量不知不觉融为一体。
>
> 特定的时代有特定的事件发生，它们势不可挡地塑造了政府制度、社会习俗以及宗教观念，但是能够让人类情感世界产生强烈变化和反差的，并不只是时代这个因素。人类分为不同的族群，每一个族群都有其各自的精神特质，这些差异对情感世界产生的影响更加明显。

PLINIVS secundus nouocomensis equestribus militiis industrię functus: procurationes quoq; splendidissimas atq; continuas summa integritate administrauit. Et tamen liberalibus studiis tantam operam dedit: ut non temere qs plura inotio scripserit. Itaq; bella omnia quę undiq; cum romanis gesta sunt. xxxvii. uoluibus comprehendit. Ite naturalis historię. xxxvii. libros absoluit. Periit gadis campanię. Nam cum misenēsi classi pręesset & flagrante Vesuuo: ad explorandas propius causas liburnicas pretendisset: neq; aduersantibus uentis remeare posset: ui pulueris ac fauillę oppressus est: uel ut quidam existimant a seruo suo occisus: quę deficiens ęstu ut necem sibi maturaret orauerat hic in his libris. xx. milia rerū dignarū ex lectione uoluminū circiter duum milium cōplexus est. Primus aūt liber quasi index. xxxvi. librorū sequentium consumationem totius operis & species continet tituloū.

CAIVS·PLINIVS·SECVNDVS·DOMICIANO·IMPERATORI·SALVTEM·PLVRIMAM·DICIT:

LIBROS NATVRALIS HISTORIAE nouitiū camęnis qritiū tuorū opus natū apud me proxima fętura licentiore epistola narrare cōstitui tibi iocūdissime imperator. Sit enim hęc tui pręfatio uerissima: dum maxime consenescit i patre. Namq; tu solebas putare esse aliqd meas nugas: ut obicere moliar Catullum conterraneū meum agnoscis & hoc castrēse uerbum: ille enim ut scis pmutatis prioribus syllabis duriusculum se fecit q uolebat existimari a uernaculis tuis & famulis. Simul ut hac mea petulantia fiat q proxime non fieri questuses in alia procaci epistola nostra ut in quędam acta exeant. Sciantq; omnes qm ex ęquo tecum uiuat iperium triumphalis & censorius tu sexiesq; cōsul ac tribunitię potestatis particeps: et q iis nobilius fecisti: dū illud patri pariter & equestri ordini pręstas pręfectus prętorii eius omniaq; hęc rei publicę: et nobis quidē qualis incastrēsi contubernio. Nec qcq mutauit ite fortunę amplitudo in his: nisi ut prodesse tantundē posses ut uelles. Itaq; cū cęteris iuenerationē tui pateant omnia illa: nobis adcolēdium te familiarius audatia sola supest. Hanc igit tibi imputabis: et in nostra culpa tibi ignosces. Perfricui faciē: nec tamē profeci quoniam alia uia occurris: igens & longius etiam summoues igētibus fascibus fulgorat in nullo unq uerius dicta uis ęloquētię tribunitię potestatis facundię: q̄to tu ore patris laudes tonas: q̄to fratris amas: q̄tus ipoetica es. O magna fęcunditas animi quęadmodum frēm quoq; imitareris excogitasti: sed hęc quis posset itrepidus extimare subiturus igenii tui iuditiū presertim lacessitum. Neq; eim similis ē conditio publicantium & noiatim tibi dicantiū. Tum possem dicere qd ista legis iperator humili uulgo scripta sunt agricolarū opificum turbę deniq; studiorū ociosis quid te iudicē facis: quia hanc operam cum dicerē nō eras in hoc albo: maiorem te sciebam quam ut descensurum huc putarem. Pręterea est quędam publica etiam eruditorū reiectio: utitur illa: et M. Tullius extra oēm ingēs italiam positus etq̄ miremur per aduocatum defendit nec doctissimum ōnium Persium hoc legere uolo Lelium Congium uolo. Q̄ si hoc Lucilius qui primus condidit stili nasum legerit quasi abusionem & uituperationē reputabit: primus enim satyricum carmen conscripsit i quo utiq; uituperatio uniuscuiusq; continet. Nasum autē dixit quasi uituperationis signū uel maxime naso declarandum dicendumq; ē: si aduocatum sibi putauit Cicero mutuandum presertim cum de re publica scriberet quanto nos cautius ab aliquo iudice defendimur.

第一章　自然文学——人类对自然的情感因时代和种族而异

古希腊人笔下的自然[①]

常听人这样说：在古典时代，即使人们可以感受到自然带来的喜悦，但是和近代相比，他们当时的那种情感表达要淡薄得多，远不如今人的情感鲜活。席勒（J. C. F. von Schiller）在他的《论朴素的诗与感伤的诗》中写道："古希腊坐拥自然美景，受到上天眷顾，希腊人可以亲密地与自然相处，他们想象和感受的方式以及他们的习俗都更加接近朴素的大自然，古希腊留下的诗歌创作印证了这一点。所以当我们想到这些时，就会对一种发现感到诧异，那就是我们很少看到古希腊人对自然表现出一种伤感的情绪，而我们今人总会向自然场景和自然风物投射出这种伤感之情。古希腊人对自然景物的描述精确、真实、烦琐，但这些描述就像他们讲到长袍、盾牌和铠甲时一样冷静。大自然好像更加吸引古希腊人的理性，而不是情感。他们并不像我们今人那样充满深情和伤感地迷恋自然。"席勒的以上表述在某些方面的确非常正确和精彩，但它绝不适用于整个古典时代。而且把"古典时代"单纯理解为古希腊和古罗马的看法也相当具有局限性，即使这里是把古典时代与近现代作对照。希伯来人和印度人最早的诗歌中都表现出了对自然非常深厚的情感，这是两个截然不同的种族，一个是闪米特人，一个是印欧人。

这些民族流传于世的文学遗作都显露出了人们对自然的深情，我们只能通过现存的文字片段去揣摩这些古老民族的情感方式。所以当我们面对此类表述的时候，更要细致地体悟，作评判的时候也要格外小心，因为在诗歌或者叙事诗的宏大结构中，有关自然的情感表达在整体创作中比重很少。古希腊是人类文明之花盛开绽放的时代，当时的文学旨在用诗意的创作来展现人

◀ 在17世纪以前的欧洲，老普林尼的《博物志》（Historia Naturalis）是自然知识方面最权威的著作，流传下来近200份该书的古代抄本就说明了它的传播和受重视程度。图为1649年在威尼斯复制的《博物志》。

[①] 各章里的小标题为译者根据内容提炼得来，目的是便于读者更好地掌握文本的主题和阅读节奏。——译者注

类自身的激情，这是一种发源于传奇故事的创作，我们在其中依稀发现了一丝关于自然之情的流露。不过这些作品中对自然所做的描绘只是一个小小的饰品，因为希腊的艺术创作全都是以人类为中心、围绕着人类展开的。

古希腊人不会去描写自然千变万化的形态，对于作为文学分支的自然文学他们一无所知。在绘画艺术上也是如此，风景只是作为画面的背景出现，而人物则驰骋在风景的前方。古希腊人精力充沛、生龙活虎，肆意的激情好像只是牢牢地抓住了他们的感官。这是一个活泼张扬的民族，喜欢聚集在公众场合，他们拒绝沉浸于自然，不会深陷在观察自然静谧运作时心生的恍惚之中。古希腊的文学总是在自然景物和人物之间创造一种关联，无论是在两者的外部形态上，还是在人的内在驱动力方面。好像只有存在这样的关联时自然描写才值得出现，自然描写以一种"寓言"的形式，作为一幅单独的表现客观景物的精小画面，出现在诗歌创作的整体"建筑"中。

古希腊人在德尔斐高唱《春之赞歌》，很可能是为了表达人们熬过贫瘠严冬后的喜悦。赫西俄德（Hesiodus）在长诗《工作与时日》中织入了关于冬季景色的描写，抑或是出自其后的一位不知名的伊奥尼亚吟诵诗人之手？这首长诗朴素高贵，以教谕诗简朴的形式，教导世人如何耕种，向世人传授手工业的行业规定，劝告人们遵从伦理端正行为。同样的，只有当歌唱者在对人类的悲哀疾苦或是对关于厄庇墨透斯（Epimetheus）的美丽神话进行拟人化处理时，诗歌咏唱才爆发出更多的诗意和韵味。赫西俄德的《神谱》包含很多非常迥异的原始元素，例如在列举海仙女的时候，诗中有对于罗马水神尼普顿掌管的海域的描写，这些有关自然的描述掩藏在重要的神话人物的名称之中。当希腊维奥蒂亚州（Boiotien）的歌唱者开始咏叹风景，当古老的诗歌艺术着手描绘外部景象，要知道这都是为了给自然景物赋予拟人的色彩。

如果说有关自然的描写——无论是形象地刻画热带植物的繁盛，还是鲜活地讲述动物的灵动——在现代才成为文学的一个单独分支，那么鲜有描写自然的现象并不意味着古希腊人对于自然之美缺乏感受能力，事实上他们丰沛的感性随时就在空气中飘荡；也并不意味着古希腊人不具备观照自然以及生动再现自然的诗人本性，希腊人在诗歌和雕刻艺术方面留下的不可复制的作品都印证了他们卓越的创造力。如果说我们按照现代人的感受方式在希腊

第一章 自然文学——人类对自然的情感因时代和种族而异

的古典世界寻找有关自然的描述却又无甚收获，那么这并不表明他们感受力匮乏，而是更多地说明他们很少有用语言文字来表达自然之美的心理需求。他们更意愿咏唱生活的洪流和内心情感世界随时涌起的激荡，而不太愿意关注看似没有波澜起伏的自然世界。诗歌创作中最早的也是最高贵的流派都是叙事的，抒情的。在这样的创作形式中，有关自然的描写就好像只是偶然揉入其中，它们不是想象力的特别产物。当古典世界的影响越来越减弱，当昔日的文明之花越来越枯萎，雄辩术随即涌入了诗歌创作，无论是描述性的、训诫性的还是教育性的诗歌都受之影响。此前的诗歌严肃、伟大、质朴无华，具有最初始的哲学形式，也颇与布道相像，例如恩培多克勒（Empedocles）的长诗《论自然》。但是后来的诗歌由于受到雄辩术的影响而逐渐失去了原有的质朴与早期的尊严。

请允许我们在此稍事停留，举例说明以上的论述。在荷马史诗中，关于自然景物的优美描写只是诗中的饰品而已，这是叙事诗的本性使然。荷马（Homer）在史诗《伊利亚特》中写道："夜的风停息了，空气澄明洁净，夜空星辰闪烁，牧羊人心旌荡漾。他听到远处涛声怒吼，那是林中河流突然上涨的洪水，咆哮着，拔起成群的橡树，冲走浑浊的泥泞。"史诗《奥德赛》也有关于风景的描写：帕纳塞斯山（Parnassus）上的森林深邃寂静，岩石峡谷中也遍布树木，繁茂的枝叶遮挡住阳光，谷地幽暗荫翳；夏里亚岛长满杨树林，林中泉水潺潺，一派明媚的景象；而独眼巨人库克洛普斯的故乡又是另一种模样——"河谷的草地环绕着长满了野葡萄藤的山丘，青翠欲滴的绿草成片铺开，随着风像波涛一样翻滚"。荷马笔下的这些风景对比鲜明，迥然不同。古希腊抒情诗人品达（Pindaros）在一首于雅典上演的春之赞歌中写道："当奈迈阿的棕榈树开始发出第一棵枝芽，春天就向人们发出了第一声呼唤，空气馨香，娇艳的花朵开满大地。"他歌唱埃特纳火山，赞誉它是"苍天的支柱，是永久积雪的源头"，但是诗人在这里急速地笔锋一转，离开了没有人烟的死寂自然，抖落了自然带给人的战栗之感，转而奔向叙拉古（Syrakus）的英雄们，庆祝英雄凯旋，庆祝希腊人一再战胜强大的波斯民族。

我们不要忘记，希腊的风景有一种独特的魅力，与其他地区相比，它把陆地与海洋更加紧密地融合为一体，海岸或是长满苍绿的树林，或是裸露出嶙峋的岩石，延绵悠长，化作蓝天中的一线。海水掀起波涛，折射出粼粼波光，浪涛声起起落落持续不绝。对于其他民族而言，大海和陆地就好像是相互隔绝的两种自然景象，然而对于希腊人来说——既包括海岛的居民，而且也包括居住在大陆南部的各民族——几乎随处都可以看到山海相融的景象。大地与海洋两相对照，彼此映衬，赋予了自然风景无尽的丰富性，蓝天下的青山碧海散发出高贵之感，也散发出会当凌绝顶的雄浑。地中海的海岸蜿蜒曲折，海岸上的岩石陡峭林立，其上的森林就好像是岩石佩戴的桂冠；地表与大气圈下层之间的交流无时不在默默进行着，无论是在一年之内，还是在一天之中；多种植物分布在地表各地，生机盎然；面对所有这些，那些幸运又感性的希腊民族怎么可能不为之所动？在那样一个诗意最为浓厚的时代，情感心绪上的波澜起伏怎么可能不转化为精神上对自然的静观？古希腊人在植物世界和众多英雄以及诸神之间建立起各种各样神话式的关系。当神圣的树木花草受到伤害，英雄们或者诸神就会挺身而出，为它们报仇雪耻。在这样的想象之下，植物被人格化，获得了人的种种情志。古希腊精神文明的独到之处集中体现在诗歌创作上，但从创作的形式上看，描绘自然的诗歌只达到了一个较低的水平。

只有在一些悲剧诗人的作品中，当诗中人物心绪激动或者悲情难耐的时候，诗人偶尔会把一种对自然的深刻感受转化为对自然风光的恣意描绘。在索福克勒斯（Sophokles）所著的悲剧《俄狄浦斯在科罗诺斯》中，当俄狄浦斯（Oedipus）走向复仇女神的树林时，合唱团唱道："荣耀的科罗诺斯（Kolonos）有一片树林，这里是高贵的静谧之地，夜莺唱着婉转的曲调，栖息在此，尖利之音宛若悲鸣。常春藤染绿了黑夜，水仙花满面露水，番红花发出金光，橄榄树肆意丛生，生命之力坚不可摧。"当索福克勒斯咏诵自己的出生地科罗诺斯时，他把被命运抛弃到处流浪的国王特意安排在河神刻菲索斯（Cephisus）掌管的河流之畔，河水奔腾不息，欢快流畅，而国王高大又落魄的形象就被环绕在这明媚的自然景象当中。自然的安静平和更加强烈地反衬出悲情色彩，俄狄浦斯因为一段激情身陷厄运，失去双眼，他伟岸的身影令观者动容、悲从中来。欧里庇得斯（Euripides）在诗作中也精心刻画了麦西尼亚（Messenien）和拉科尼亚（Lakonien）的牧场，在那永远晴朗温和

第一章　自然文学——人类对自然的情感因时代和种族而异

的蓝天之下，无数潺潺清泉漫过草场，美丽的帕米索斯河（Pamisos）也从这里穿流而过。

田园牧歌产生于西西里的原野，其内容倾向于民间戏剧，是一种过渡性创作。那些关于牧人的叙事短诗，描绘的更多的是处于自然中的人，而不是自然本身。忒奥克里托斯（Theocritus）把田园牧歌的创作推向了顶峰，使其达到完美。这些诗歌都有一种挥之不去的淡淡哀愁，就好像它们诞生于一种炽烈的渴望，渴望找回失去的乐园；就好像人类胸中弥漫的对自然的深情总是混合有某种伤感。

随着希腊民众的生活日益自由化，充满诗意的创作逐渐消亡了。诗歌演变成描述性教育性的文字，蜕变为知识的载体。在亚历山大学派时期，天文、地理、渔猎都成为诗歌艺术描写的对象，这些诗歌常常具有精彩的音韵格律。其中对于动物形象及其特性的描述优美隽永，而且格外精确，近现代的生物学可以按照此描述准确辨别出这些动物的门纲甚至属种。但是所有此类对于自然的描写都缺少一种内在的生命，一种对自然的深情凝视，一种可以让外部世界不自觉地转化为诗人联想对象的魔力。《狄奥尼索斯纪》是埃及诗人农诺斯（Nonnus）写的长篇史诗，由48组唱词组成。诗句的格律音韵非常优美，充满艺术气息，诗中存在大量关于自然的描绘。农诺斯善于刻画宏大的自然变幻，他设计了这样一个场景：在印度杰赫勒姆河（Jhelam）长满树林的河畔，一时间电闪雷鸣，闪电击中了树木，火光随之而起，熊熊燃烧的大火甚至烧死了河里的鱼群。他也在诗中讲述了上升气流是如何引发暴雨和闪电的。农诺斯的创作充满浪漫的诗意，其风格也各不相同，他的文字时而激情四射、引人入胜，时而又显得冗长无趣。

《希腊文选》中有个别篇章流露出较多的对于自然的感受和细微情感，这些来自不同时代的古老文字是通过多种迥异的渠道才流传到我们手中的。弗里德里希·雅各布斯（Friedrich Jacobs）翻译了这些文字，译文非常优美，他把有关动植物的描述全部汇集为一个章节。这类描述就像是一个个精小的独立画面，它们通常都是对某些景物的影射。悬铃木在《希腊文选》中经常出现，似乎被歌咏得太过频繁。悬铃木枝叶繁茂，枝头上悬挂着汁液饱满的果球，它们是在狄奥尼修一世（Dionysius Ⅰ）统治时期才从小亚细亚地区经由狄俄墨德斯（Diomedes）的岛屿到达了西西里的阿纳波河（Anapus）河畔。不过从整体上看，文选中的诗歌警句关注的大都是动物世界，而不是植物王国。诗人梅利埃格（Meleager）所写的《春之歌》是一首精美的诗作，有着相对较大的篇幅布局，他出生在今天位于叙利亚山谷的希腊古城加达里（Gadara）。

希腊的坦佩峡谷（Tempe）自古以来享有盛名，所以仅仅因为它传流于世的盛名，我也要在这里提到历史学家埃里亚努斯（Aelianus）对坦佩峡谷的描写，他大概是仿照哲学家狄西阿库斯（Dicaarchus）的笔法刻画了此番风景。这是希腊现存散文中关于自然的最详尽细致的描绘，它描述了峡谷的地貌，同时也传神地再现了当地的美丽风光。坦佩峡谷幽暗荫翳，皮提亚竞技大会（Pythische Spiele）打破了这里的静谧，"人们从神圣的月桂树上折下枝叶"。从公元4世纪末的拜占庭帝国以来，希腊的散文作品中开始更多地融入了有关自然的描绘。希腊作家朗格斯（Longus）的牧歌文学就以刻画自然风景而著称于世，不过在他的文字中，对生活细微场景的描绘仍然占主导地位，远远超过了对自然景致的表现。

本章的目的并不是要详尽论述古希腊文学中自然描述所占的地位，我这里提及其中个别作品，只为展现诗人在文学创作中对于自然景观的理解，由此阐明当时的文化对这一问题的普遍态度。如果说可以在这本胆敢冠名为《宇宙》的著作中默默绕过一段描写自然的文字的话，那么我就会在此作别古希腊的这段文明之花极盛绽放的时期，但是这里我必须援引一段精彩的文字。它出自一本假托为亚里士多德（Aristotle）所作的书——《论宇宙》，而正是此书中的自然描述让它显得格外突出。书中有以下表述："茂盛的植物装扮着地球，丰沛的河流海洋滋润着地球，地球上居住着能够思考的人类，他们享有地球上最高的荣耀。"此处的修辞手法明显不同于亚里士多德简洁直白以及科学性的表达方式，这也是人们认定《论宇宙》并非出自亚里士多德之手的多种原因中的一个。不过此书至少是古罗马作家阿普列尤斯（Appulejus）或是哲学家克律西波斯（Chryssippus）这样级别的作家所著，抑或是出自其他高人。我们在亚里士多德的著作中没有找到关于自然的描述，但是罗马哲学家西塞罗（Cicero）援引了一段亚里士多德的文字，这段真迹因此而保留了下来。西塞罗在他的《论神性》中逐字引用了亚里士多德一部业已失传的著作中的一段话:"假如有一种生灵栖居在地下深处,住在荣华富贵之所,里面装饰着雕塑、绘画以及这些自认为幸运的生灵所拥有的一切珍宝;假如他们偶然获悉外界是由神来统治,众神威力无边,那么他们就会从藏身的地下密室通过地面开放的裂隙钻出来,来到我们居住的地方。当他们突然看到大地、海洋和天空,感受到云的辽远,体会到风的气魄;当他们惊叹太阳的庞大、美丽和四射的光芒;当他们在夜晚降临之时看到大地被黑暗笼罩,看到满天繁星,看到明月洒下变幻的光辉,看到群星升起落下,看到它们沿着永恒不变的轨迹往复循环,那么他们必然会惊呼——一定有神的存在,所有这些伟大的景象都是神的作品。"难怪有人说,仅仅这一段文字就足以印证西塞罗对亚里士多德语言艺术的评价,他说"亚里士多德的文字就像一条金色的河流畅然流淌",散发着一种柏拉图式的能够摄人心魂的天才性。通过描述造物者杰作的完美与无限来论证天神的存在,这种做法在古希腊时期非常罕见。

古罗马人笔下的自然

我们并不是说古希腊人缺乏感受能力,而是说他们的感受力没有明显地反映在文学创作上,然而罗马人在这方面还不如希腊人。罗马人沿袭了西西里的古老农耕传统,是一个擅长农业并享有田园生活的民族,这种情形本该孕育出更多关于自然的文学作品。但是罗马人生性务实、冷峻、严肃克制,贯穿着一种冷静的理性,很少挥洒出感性的光彩,他们更多的是投身于现实的日常,而不是去充满诗意地凝视自然或者是对自然做出理性化的想象。罗马民族和希腊民族内心世界的区别反映在他们各自的文学创作上,文学作品如实表现了民族的特性。尽管这两个民族同宗同源,但两种语言在结构上的区别却显而易见,两相对照之下,其差异一目了然,拉丁语缺少画面感,词汇搭配也更加受限,它适合表达现实的场景,而不太适用于呈现精神活动。奥古斯都大帝(Augustus)时期罗马崇尚模仿希腊偶像,这种做法导致罗马人不能尽情地表达对故乡本土和对自然的真实情感。但还是有一些强有力的精神灵魂存在，他们受到爱国之情的驱使，通过个人的创造性、崇高的精神以及优美细腻的描述成功地跨越了这些障碍。

罗马诗人卢克莱修（Lucretius）关于自然的长诗《物性论》读来令人心潮澎湃，它诗意盎然，肆意地挥洒着天才性。此诗囊括了整个宇宙，与古希腊哲学家恩培多克勒和巴门尼德（Parmenides）的作品具有相似之处，原始质朴的措辞更是加强了内容表述的严肃性。诗性与哲学在此融为一体，然而篇章的结构布局并没有因此陷入"冰冷和僵化"。古希腊雄辩家米南德（Menander）就曾经对一些单纯描述自然但却毫无诗意的作品做出了抨击，严厉指责它们面貌冰冷，此类诗作完全不同于柏拉图（Plato）作品中的对自然充满想象力的凝视与观照。我的兄长威廉·洪堡（William von Humboldt）深入研究了多地的古典诗歌，敏锐地提出了它们之间明显的相似与迥异之处，在古希腊的教谕诗、卢克莱修的诗作、《薄伽梵歌》和古印度史诗《摩诃婆罗多》当中，形而上的抽象内容都与诗意紧密结合在一起，威廉·洪堡正是通过两者的结合方式辨别出这些诗歌间的异同。罗马诗人卢克莱修宏大的自然史诗既论述了冷静的原子学说，也描绘了他自己的关于自然地理的狂野想象。他用生动鲜活的语言刻画了人类从蛮荒到文明的过渡：人类从幽暗的森林走向明朗的田野，走向掌握自然力量，走向创造更高的精神文化和语言文化，走向建立文明的市民秩序。

政治活动家的胸膛中熊熊燃烧着对政治的激情，如果说在繁杂忙碌又波澜动荡的生活中他还能保有对自然的深情，还能钟爱乡间田园的孤寂，那么这一定是因为他有着一颗伟大又高贵的心灵。西塞罗的文章就印证了这一观点。不过正如众所周知的那样，他的《论法律》和《论演说家》中有模仿柏拉图的《斐德若篇》的痕迹，但是西塞罗对意大利自然风光的美妙描写却完全没有因此而减损丝毫个人特色。柏拉图是以粗犷的线条描写自然，他盛赞道："高大的悬铃木枝叶茂密，在地上投下浓重的阴影，野草丛生，草丛间鲜花怒放，夏风轻拂，香甜的气息在蝉的合唱中飘荡。"西塞罗描绘的自然景象却是如此生动真切，以至于人们今天还能在真实的场景中再次找到它们。正如一位学者新近指出的那样，在他的笔下，我们看到静静流淌的加里利亚诺河（Garigliano），高大的杨树林立河畔，河水被树的阴影笼罩；如果从阿尔

第一章　自然文学——人类对自然的情感因时代和种族而异

皮诺（Arpinum）古老城堡后面的陡山出发，向着东方逐级而下，我们就会看到菲布雷努斯（Fibrenus）河畔的橡树林和一个小岛，河流在此分叉形成了这个岛屿，现在被称为卡奈罗岛（Carnello）。西塞罗喜欢隐退于此岛，用他的话说就是，"在这里读书、写作或是冥想"。西塞罗出生在坐落于沃尔斯奇山的阿尔皮诺，周边的壮丽风光一定深刻影响过西塞罗童年时代的心境。一个人所处的自然环境，无论是令人心旷神怡，还是平淡无奇，都会被投射到内心深处，这种影响会深深扎根在一个人的固有天性之中，和内在的精神力量不知不觉融为一体。

公元前45年，西塞罗的生活遭遇变故，以致灾难重重，他在此期间退身到自己的乡间别墅，有时在图斯库路姆（Tusculum），有时在阿尔皮诺，有时在库迈（Cuma）和安齐奥（Antium）。西塞罗在写给友人阿提库斯（Titus Pomponius Atticus）的信件中讲述道："没有什么比乡间的孤寂更让人心生喜悦，没有什么比乡间的别墅更加美丽，没有什么比观望附近的海岸和大海更加宜人。在寂寞的阿斯图拉岛（Astura），在与此岛同名的阿斯图拉河入海口，在第勒尼安海（Tyrrhenian Sea）的海畔，没有任何人打扰我。如果我清晨走入密林藏身于此，那么不到黑夜来袭我是不会出去的。对我来说，除了我的阿提库斯以外，没有什么可以像寂寞一样美好。我在寂寞中独与科学往来，但泪水常常模糊了我的双眼，让我不能继续下去。作为父亲，我在奋力抗争，但目前还是无法赢得这场战斗。"有人多次表示，这样的书信以及小普林尼（Gaius Plinius Caecilius Secundus）的书信都不可否认地表达出一种现代人的伤感之情。但是在我看来，这是内心深处的呜咽之声，从一个充满伤痛和抑郁的胸膛中发出，它存在于任何一个时代、任何一个民族。

古罗马诗人维吉尔（Virgil）、贺拉斯（Horaz）、提布鲁斯（Tibullus）的伟大作品都已深深渗入罗马文学，也因为罗马文学的广泛传播而被世人熟知，所以我们在此无须详述某些个别描写自然景致的段落。这些文字呈现出细微活泼的情怀，给古罗马诗人的某些作品带来了生动鲜活之感。在维吉尔所著的民族史诗中，有关自然风景的描绘只是像饰品一样点缀其中，仅占据很小的比例，这是诗体属性使然。读者感受不到维吉尔对某些自然景象的个人情感，但是他的文字笔调轻柔温和，反映出他对自然的深入理解。在他的笔下，海面的波涛和缓地荡漾着，夜晚向外散发着美好的安宁，又有谁的描绘比他更成功呢？他也勾勒过另一种苍劲猛烈的画面：维吉尔在《农事诗》的第一部中描述了雷雨的袭击，在《埃涅阿斯纪》中描述了出海航行、登陆斯特罗法德斯群岛（Strophaden）、山岩坠落以及埃特纳火山（Etna）喷发，这些暴烈的场景与以上那些明媚宜人之景形成了鲜明的对比。诗人奥维德（Ovidius）曾经在一名为 Tomoi 的平原上（位于默西亚南部）长期居住过，所以我们原本有理由期待在他的作品中读到有关草原的充满诗意的描绘，不过我们并没有看到有这样的文字从古代流传下来。被驱逐的人当然不会留意到他身处的草原。夏季到来的时候，那里就会长满 4～6 英尺高的汁液欲滴的鲜草，每当和风吹过，草丛中的各色花朵就会在风中起伏荡漾，如波涛一般，那是多么美丽的一幅画面。诗人奥维德被流放到一片遍布沼泽的寂寞荒原，他痛苦心碎，哀怨连连，已然丧失了雄浑之气，心里牵挂的是繁华世事的享乐，是罗马发生的政治事件，并无心观望环绕周身的斯基提亚（Skythía）的寥落荒原。但是这位天才诗人能够运用生动形象的语言描绘自然场景，除了山洞、泉水和"宁静的月夜"这些一般性的景象——当然它们有些太过重复出现，奥维德还对位于埃皮达鲁斯（Epidaurus）和特洛艾森（Troizen）之间的火山喷发现象做过极具个性化的描写，该描述从地质学意义上看也非常重要。这段描述在《宇宙》的第一卷中已经提及过，奥维德写道："特洛艾森乍现一座孤冢，陡峭险峻，突兀无树；昔日的平原化作现在的山丘。黑暗无边的洞穴锁住了蒸汽，蒸汽找寻着地面裂隙，企图逃脱，却徒劳无果。被囚禁的蒸汽愤然发力，大地拉伸、膨胀，像充满了气的囊，像两角公羊发胀的毛皮。终于，大地在此隆起，山丘昂然高耸。日月如梭光阴如水，山丘越发坚硬，化作裸露的巨大磐石。"

提布鲁斯没有留下什么特色鲜明的描写自然景象的段落，这是最令人感到遗憾的。在奥古斯都大帝的时代，他和其他几位诗人一并属于稀有的一派。他们幸好没有亚历山大学派的渊博知识，他们归属于寂寞，归属于田园生活，他们情感丰富，以自己的经验为创作源泉。挽歌当然应该被视为一个时代的风俗画，自然景致只是其中的背景而已。《田野祭献》的一段和卷一的第六首挽歌都从字里行间让我们感受到，提布鲁斯——贺拉斯和梅萨拉（Messala）

第一章　自然文学——人类对自然的情感因时代和种族而异

的朋友——原本是可以创作出多么精彩的自然文学。

罗马诗人卢坎（Marcus Annaeus Lucanus）是雄辩家老塞内卡①（Marcus Annaeus Seneca）之孙，他在用字措辞方面与其祖父非常相像。不过我们在他的作品中发现了一幅描写德鲁伊树林遭受毁坏的精彩画面，德鲁伊树林位于现在的马赛海岸，如今这里一棵树也没有。透过卢坎的笔触我们看到：大片橡树被砍，倾斜的树干彼此相依靠拢在一起，橡树林没有了枝叶，豁然空荡起来，第一缕阳光升起，照进这恐怖又神圣的暗林。如果在南美的森林里长时间生活过，就会觉察到，卢坎是多么生动地用了寥寥几笔就刻画出树木的繁茂，这些树木的巨大残骸至今还埋藏在法国的一些沼泽地里。儒尼奥尔（Lucilius Junior），老塞内卡的一位朋友，写了《埃特纳火山》一诗，这首诗真实描述了火山爆发的实况，但他的描述没有个人特色，与我们在《宇宙》第一卷中提到的本博（Pietro Bembo）的《关于火山的对话》相比，要逊色很多。

在4世纪下半叶的时候，曾经拥有完美形式的诗歌艺术逐渐退出历史舞台，用尽气数，此后的诗歌写作失去了创造性的想象力，开始转向描写客观实况与记载真实的知识。此类作品虽然具有一定的修辞功底，但它们缺乏对自然的真挚情怀和理想化的激情叙述，这种缺憾终究不是修辞手段能够弥补的。我们可以把罗马诗人奥索尼乌斯（Ausonius）所做的《摩泽尔河之歌》当作这一贫瘠时期的产物，诗歌元素此时只是思想洪流中偶然出现的小小饰物而已。奥索尼乌斯出生在高卢（Gaul）地区，参加过瓦伦提尼安一世（Valentinian Ⅰ）对阿勒曼尼人发动的征战，他在特里尔写下了《摩泽尔河之歌》，其中个别段落不失优美地描写了摩泽尔河（Moselle）河谷，摩泽尔河是德国土地上最美的河流之一，岸边的山丘当时就已经种满了葡萄藤。但是这首诗旨在传授知识，它叙述的主要是当地的客观地貌、摩泽尔河的支流以及河流中各种鱼类的形状、颜色与习性。

古罗马散文作品中对自然的描绘寥寥无几，这种情形与古希腊文学一样，此前我引用了西塞罗的几个值得纪念的段落。只有几位伟大的历史人物

---

① 老塞内卡是古罗马的雄辩家。下篇提到的小塞内卡是他的儿子，一位哲学家和政治家。——译者注

上　篇　自然文学、风景画、异域植物

如恺撒大帝（Gaius Julius Caesar）、提图斯·李维（Titus Livius）和塔西陀（Gaius Cornelius Tacitus）留下了一些关于自然的片言只语。当他们认为有必要描写战场、河流交汇处以及无法通行的山脉时，或是当他们感觉需要通过描写外部环境的艰难险阻来刻画人类的战争时，他们才会提及一笔。塔西陀在他的编年史中描写了日耳曼尼库斯（Germanicus）在埃姆斯河上的艰难航行，精美刻画了叙利亚（Syrian）和巴勒斯坦（Palestine）山脉的地理状况，这些都令我心醉神迷。罗马历史学家库尔提斯（Quintus Curtius Rufus）为我们描绘了一幅美丽的森林图景，马其顿军队当时行进在伊朗潮湿的马赞达兰（Mazandaran）地区，在赫卡通皮洛斯（Hekatompylos）以西的地方穿越了这片幽深的密林。库尔提斯所处的时代信息不详，他作品中的哪些内容出自灵动的想象？哪些内容出自真实的史实？假如我们能够对此约略做出区分的话，我一定会在此详细解读。

老普林尼（Gaius Plinius Secundus）的著作如同百科全书般渊博浩瀚，就内容的丰富性而言，古典时代留下的作品无一能及，我将在本卷下篇《宇宙观历史》中对此进行详细论述。他的作品就像其侄小普林尼形容的那样，"宛若自然本身一样多元"。老普林尼酷爱多方收集信息，不过也常疏于分辨，浩繁的知识汇集成一部《博物志》。他的书写风格多变，其文字有时简单，旨在列举事实；有时充满深邃的思想，表达生动，也运用了精美的修辞手段。仅是作品的形式就决定了，关于自然的个性化描写是其书中的稀缺之物。不过，每当老普林尼把目光投向宇宙力量的合力运作、投向奇妙有序的宇宙时，我们就不难感受到一种真实的源自作者内心的激情。这部著作对整个中世纪都产生了深刻的影响。

古罗马人在苹丘山（Pincius），在图斯库路姆、蒂沃利（Tivoli）、密西纳姆（Misenum）山麓，在波佐利（Puteoli）和巴亚（Baiae）建造了许多华丽的山庄别墅，它们优美地掩映在山色之间。如果说古罗马人的豪华建筑不是成堆拥挤在山丘上，而是像司考路斯（Scaurus）、梅塞纳斯（Mecenatas）、哈德良（Hadrian）的别墅那样散落山间，我一定会把它们当作实例呈现在此，用以印证罗马人的自然情怀。事实上在这些山丘之上，神庙、剧院、跑马场与鸟舍、养殖蜗牛及睡鼠的建筑无章地混杂在一起。罗马政治家大西庇

第一章 自然文学——人类对自然的情感因时代和种族而异

阿（Scipio Africanus）在利特努姆（Liternum）建造了他的乡间别墅，风格相对朴素一些，周边是一圈古塔，像城堡一样把别墅包围在中间。盖乌斯·马修斯（Gaius Matius）是奥古斯都大帝的朋友，他的名字之所以流传到了后世，是因为他喜欢人工雕琢。他首先发明了修剪树木的做法，目的是能够按照建筑和雕塑的模式人为给树木造型。小普林尼在信中描述了马修斯多所别墅中的两处（Laurentinum, Tuscum），这两座建筑被修剪整齐的黄杨包围着，按照我们当今对自然的感受来看，其布局显得有些拥挤，但是小普林尼的描述证明了：罗马人热爱艺术，善于根据太阳的位置和主导风向建造最为舒适的房屋，此外，他们对欣赏自然景观也并不陌生。哈德良在他位于罗马提布提纳区的别墅仿建了希腊的坦佩峡谷，也证明了这一观点。我在此还要欣喜地补充一点，小普林尼的乡间别墅散发着美好的气息，而且这份美好并没有因为其他地方常见的悲惨的奴隶生活场景而受到多大影响。小普林尼十分富有，也是当时最有学问的智者之一，他对不自由的下层人民有一种纯粹的出于人本主义的同情，这是古典时期人们极少流露出的一种感情。在他的别墅区，奴隶无须佩戴镣铐，农奴可以把自己的劳动所获遗留给子女。

阿尔卑斯山（Alps）的雪线之上白雪皑皑，终年不化，每日的清晨和傍晚，冰雪都在太阳的映射下散发出一片彤红，泛着蓝光的冰川澄澈美丽。瑞士的自然风光雄伟壮丽，但是古典时代并没有给我们留下相关的描述。而当时的国家元首、军队统帅，还有跟随他们的文学家却是持续不断地行驶在从赫尔维蒂（République helvétique）到高卢的途中。旅途上的所有人都在抱怨道路的险阻，而对浪漫的自然风光却丝毫不感兴趣。我们甚至听说过这样的逸事，恺撒大帝曾一度返回他在高卢的军团，在穿越阿尔卑斯山的途中他还抽空撰写《论类比》，这是一部关于拉丁语语法的著作。古罗马政治家伊塔利库斯（Silius Italicus）——他逝世于图拉真（Trajan）时代，当时瑞士的农业种植已经很发达了——把阿尔卑斯山区描述为一个恐怖的荒芜之地，但是他青睐意大利所有的岩石峡谷和加利格里阿诺河（Garigliano）灌木丛生的两岸，并对其予以盛赞。法国中部、莱茵河（Rhine）畔和伦巴第（Lombardy）都分布着多种多样的玄武岩岩柱组群，这些岩柱结构精巧，场面美丽壮观，然而古罗马人却从未描述过这些景象，甚至都没有提及过。

· Dichterische Naturbeschreibung... ·

有些特定的人类情感曾经为古典时代带来了活力，曾经让人类的精神活动专注于自身的行动及表现，而不是投注于外界世界并观望外界。随着时间的流逝，这些情感逐渐消亡，一种新的感受方式开始萌生蔓延。基督教逐步普及，在市民的社会自由方面给下层人民带来了福祉。在基督教作为国教的时代，基督教也把人类的目光扩展到了自然界，人不再只是盯着奥林匹斯的众神。教父用他们艺术化的、想象力飞扬的诗性语言告诫我们，无论是死寂的荒芜之地还是生机勃发的自然界，无论是自然元素的狂野大战还是有机物静悄悄的发展演化，所有这一切都清楚显示出造物主的存在。罗马的统治势力后来逐渐解体，这段悲哀时代产生的文字作品当然也慢慢失去了原有的创造性、措辞的简洁性和纯粹性。这些特性首先从拉丁语国家消失，之后也从希腊化的东部消失得荡然无存。此时的普遍情感中开始出现一种对于寂寞、对于沉思、对于潜入内心的偏好，它同时也影响到了人们的语言和文字风格。

宗教情感影响下被视为神迹的大自然

如果说当人类的情感中突然出现了一种新的情绪，那么它的萌芽一定显露于更早的时候，而且零星潜藏在深处，细心寻找的话，几乎都能找到它们的踪影。古希腊诗人弥涅墨斯（Mimnermus）的挽歌阴柔哀婉，常被人视为心绪伤感之作。古老的世界与后来的世界并不是泾渭分明、断然两立的。人类的宗教情感发生了变化，细微的道德情感发生了变化，影响大众精神世界的人士的生活方式发生了变化，这一切变化都让之前那些没有受到过关注的情感突然转变为主导内容。基督教影响下的人类情感有一种特定的方向，那就是通过世界的秩序和自然之美来证明造物主的伟大与慈悲。人类以神的作品为依据赞颂神无所不能，这种信仰方式导致人们开始热衷于描绘自然。公元3世纪初的罗马基督教辩护者米努修（Minucius Felix）给我们留下了最早且最详细的自然文学，他与基督教神学家德尔图良（Tertullian）和希腊智者斐洛斯特亚图斯（Philostratus）处于同一时代。跟随米努修的文字，读者可

第一章 自然文学——人类对自然的情感因时代和种族而异

以领略到罗马古港奥斯蒂亚（Ostia）海滨的景色，他笔下描绘的景观当然比我们现在看到的要更加美丽宜人。在他所著的《屋大维》（Octavius）一书中，面对一位异教徒朋友对基督教的反驳，米努修为基督教信仰作出了勇敢的辩护。

这里我将援引几段希腊基督教神父关于自然的描写片段，因为读者对此类内容比较生疏，它们不像罗马文学那么普及，而罗马文学已经向我们传达了古意大利人对于田园生活的青睐。我首先引入一段教会领袖大圣巴西流（Basilius der Große）的书信文字，长久以来我都对他心怀钟爱。大圣巴西流出生于土耳其的恺撒利亚（Cäsarea）（今开塞利），30 岁出头的时候，他就从雅典欢快的世俗生活中隐身而退，前去拜访了位于柯里叙利亚（Cölesyrien）和北埃及的基督教隐士居住地，然后归隐于亚美尼亚的耶希勒马克河（Yeşilırmak，古称 Iris）的荒野，并按照犹太教派的艾赛尼派的方式生活。他的二弟圣瑙克拉底乌斯（Naucratius）在那里度过了五年严苛的独修生活，后来在一次捕鱼中溺水身亡。大圣巴西流在给希腊教父纳齐安（Gregor von Nazianz）的一封信中写道："漫游了一路，我想我现在终于来到了旅途的终点。和你有朝一日汇合的希望——应该说是我甜美的梦想——因而不能实现了，难怪人们把醒着的人的希望称为梦想。上帝让我找到了一个地方，这是一个曾经时常闪现在我们脑海里的地方，想象力勾勒出的远方画面就这样呈现在我的眼前。面前是一座高山，山上长着茂密的森林，山的北部有清澈活泼的泉水在流淌，浸润着青山。山脚下是一片开阔的平原，雾气氤氲，让平原变得润泽肥沃。周边的森林里密集地长满各种树木，像一座坚固的城堡包围着我。这片荒野位于两道纵深的峡谷之间，荒野的一边是一条河，它从山上湍急而下，水面上泡沫飞舞，浪花四溅，是一道难以逾越的屏障；荒野的另一边横亘着一座宽阔的山脊，挡住了进来的入口。我的茅草棚就建在山顶，从那里能够看到整个平原的全貌，能够看到耶希勒马克河的全貌，它比阿姆菲波利斯（Amphipolis）处的斯特鲁马河（Struma）更美丽、更奔腾不息。荒野上的那条河流比我见到的任何其他河流都更加汹涌，它流向山上凸起的岩壁，河水就在那里粉身碎骨，一头冲向深渊底部，激起千层浪。对于漫游者而言，这是一幅美妙的画面，对于当地人而言，这是捕鱼的好地方。湿润的大地上蔓延着层层雾霭，生机无限，湍急的水面上升起清凉的空气；鸟儿们唱着甜美的歌谣，草丛中盛开着无数花朵；——我要不要给你描绘这些景象呢？最让我痴迷的就是这里的寂静。只是间或有猎人到来，此处有鹿，有野山羊，没有你们那里的熊和狼。我怎么会用这里跟其他地方交换呢？当希腊悲剧英雄阿尔克迈翁（Alcmaeon）找到爱希纳德（Echinades）群岛的时候，他就再也不想四处游荡了。"这段文字简洁描绘了自然风景和森林生活，其中所表达的情感，比希腊和罗马古典时代流传至今的所有其他文字描述都更能与现代人的情感融为一体。大圣巴西流隐退在山巅小屋，从那里向外看去，目光不由得落在山谷密林湿润的林海之上。他和朋友纳齐安梦里寻他千百度的安身之所终于找到了。书信结尾那段充满诗意和神话色彩的影射听起来就好像是从另一个遥远的古代世界传来，回响在基督教的世界中。

大圣巴西流关于创世纪的布道文字也表现出他对自然的深情。他描绘了小亚细亚地区永远晴朗的夜晚是如何的明媚温和，他写道："天上的星辰就像夜空中永不凋谢的花朵，指引人类的精神实现飞跃，从聚焦于可见的事物转而聚焦于不可见的事物。"当他在创世纪传说中盛赞"大海的美丽"时，他描写了无垠的海面在不同状态下千变万化的景象："风轻柔地拂过海水，水面上投射出多彩的光芒，时而是白色，时而是蓝色，时而又是红色；海水和海岸嬉戏，一次又一次温柔地拍打着堤岸。"我们在尼撒的贵格利（Gregorius von Nyssa）——大圣巴西流的兄弟——的文字中也发现了同样的对大自然的忧伤感怀。他写道："当我看到每一块岩壁上、每一个深谷里、每一片平地上都长满破土而出的新草；当我看到大树上盛开的花朵、丰满的果实；当我看到脚边绽放的百合花，大自然既赋予它宜人的香味，又赠予它美丽的颜色；当我看到远处的大海，看到天上变幻的云彩延伸到海的尽头；当所有这些呈现在眼前时，我的心就会被忧伤击中，而那忧伤中又潜藏着一丝狂喜。秋天到来的时候，果实坠落，树叶凋零，被偷走了饰物的树枝光秃秃地伸向天空，我们也随之沉入自然力量的怀抱，与自然的韵律和谐同步，自然的流转将亘古持续。如果一个人可以用心灵的慧眼看透这一切，那么面对宇宙的宏大，他会感到人类的渺小。"

第一章　自然文学——人类对自然的情感因时代和种族而异

人类开始充满爱意地凝视自然，并且由此而赞美上帝。如果说这种做法让希腊的基督教信徒继而使用诗意的语言描绘自然，那么还有一点需要提到，那就是在基督教早期，基督教信徒对人类创造的艺术品充满鄙视，这是他们的一种特殊的感受方式。约翰尼斯一世（Johannes Chrysostomos Ⅰ）多次说道："如果你看到闪闪发光的建筑物——那是柱廊的外观在诱惑你，那么你就要赶快仰起头来凝望天穹，或是瞭望远处的田野，欣赏湖边草地上悠然吃草的羊群。当一个人在黎明时分满怀安宁地观看冉冉升起的红日，看太阳向地球洒下万丈金光；当一个人坐在深草掩盖的清泉旁或是坐在浓重的树荫下，眺望消失在朦胧天际的远方，难道他不会鄙视人类创作的全部艺术品吗？"安条克古城（Antiochia）周边当时布满了隐居者的住所，约翰尼斯一世就生活在其中一处。就好像正是在大自然这个源头、在叙利亚和小亚细亚当时森林密布的山区中，文学的华彩再次找到了它的精髓元素所在，即一种无所挂碍、无所顾忌的自由。

此后历史上出现了与所有精神文化都敌对的时代，基督教这个时候开始在日耳曼人和凯尔特人中间传播，这些民族之前都迷信自然宗教，通过原始粗粝的象征性行为来表达对于既能维持生命也能摧毁生命的自然力量的崇拜。这些民族接近自然，专注于寻找自然力量的踪迹，但是渐渐地基督教开始怀疑他们的做法，认为他们是在施行巫术。在德尔图良、克莱门斯（Clemens von Alexandria）以及其他几乎所有基督教早期的神父来看来，北方民族与自然相处的方式跟维护希腊的雕塑艺术品一样，会给基督教带来重重危险。1163 年在图尔（Tours）和 1209 年在巴黎举行的教会集会发令禁止僧侣阅读亚里士多德的物理著作，因为它们被视为是邪恶的。直到中世纪神学家麦格努斯（Albertus Magnus）和罗吉尔·培根（Roger Bacon）的出现，思想的枷锁才被他们勇敢地打破。自然被洗去了"罪恶"，重新获得了原有的权利。

不同民族对自然的感受以及日耳曼文学中的自然

古希腊文学以及古罗马文学在其各自的发展过程中,因为时代的不同而反映出明显的差异,至此,我们对这些差异做了概括性的描述。特定的时代有特定的事件发生,它们势不可挡地塑造了政体、社会习俗以及宗教观念,但是能够让人类情感世界产生强烈变化和反差的,并不只有时代这一个因素。人类分为不同的族群,每一个族群都有其各自的精神特质,这些差异对情感世界产生的影响更加明显。同样都是对自然情怀进行诗意的表达,但在希腊人、日耳曼人、闪米特人、波斯人和印度人的笔下,关于自然的描述却又是多么不同!有一种常见的说法表示:北方民族欣赏自然,自古以来都对意大利、希腊的瑰丽风景以及热带的繁茂植被怀有一种艳羡和渴望,而这主要是因为北方严冬漫漫,大自然长时间处在一片死寂之中。我们并不否认,越接近中午时分的法国,越接近伊比利亚半岛(Iberian Peninsula),对热带气候的渴望就会越小。"印欧民族"这个概念现在已经被普遍使用,从民族学的角度来看,它也是正确的表述。仅仅是这个概念就足以提醒我们,不必给北方的寒冬赋予太过笼统的影响力。印度的诗意文学浩瀚丰厚,它向我们展现了另一种情形。在南北回归线之间或靠近北回归线的地方,喜马拉雅山脉(The Himalayas)以南,那里森林茂密,四季常青,花朵如繁星一般缀满枝头,这样的自然景象自古以来都激发着印度人的想象力,吸引他们创作出美丽丰沛的自然文学,而那些居住在萧瑟北方的一直蔓延到冰岛的日耳曼民族在这方面却远没有像印度人那样结出硕果。南亚地区的气候优于北方,但那里也有冬天带来的荒芜,或者至少是一定程度的荒芜。那里的季节变化非常突兀,雨季来时大地春回,旱季来时万物凋零、尘土飞扬,两者更替断然,流转不息。在波斯(Persia),即使是最富饶的土地也会有荒芜的沙漠入侵。沙漠与土地融为一体,像海湾一样曲曲折折,形成几道弯。中亚和西亚的内部蔓延着广阔的草原,而森林就分布在草原的尽头,仿佛构成了草原之海的滨岸。大地在水平方向上延展,各地的地貌均有不同,有些地方荒芜,有些地方植被繁茂,热带居民可以看到这种鲜明的对比;印度、阿富汗(Afghanistan)

第一章 自然文学——人类对自然的情感因时代和种族而异

的高大山脉被积雪覆盖，山体垂直方向上生长的各类植物也同样大有不同，反差明显。如果人们真切地观照自然，而这种观照又与整个文化和宗教情感交织在一起的时候，那么不论在哪里，季节、植被、地势高度造成的景观变化及反差都会极大地激发创作诗歌的想象力。

日耳曼民族有一种特有的偏好——他们喜爱大自然，中世纪最早期的诗歌充分反映了这一点。霍亨斯陶芬王朝（Hohenstaufen）时期恋歌诗人创作的骑士诗歌就为此提供了大量证据。尽管这些诗歌与普罗旺斯人的拉丁语系诗歌有着多种历史渊源，但日耳曼人的真实本性在此显而易见。日耳曼人对自然怀有一种深情，它贯穿于方方面面，从社会习俗、生活的各种规划以及对自由的挚爱中都能体会到他们对自然的深情。恋歌诗人大多生活在宫廷之中，其中很多诗人本身就来自宫廷，他们与自然始终保持着密切的接触。恋歌中保有一种鲜活的、田园牧歌式的、常常具有挽歌色彩的情绪。这样的情绪可以孕育出怎样的创作呢？为了隆重体现这一点，我在此要援引雅各布·格林（Jacob Grimm）和威廉·格林（Wilhelm Grimm）的研究，他们对德国中世纪有着最深刻的认识，两位也是我尊贵的朋友。

威廉·格林写道：

> 中世纪的德国诗人没有在任何作品中留下有关自然的单独描述，也就是那种没有其他目的、只是用浓墨重彩描绘自然景观并叙述心境的文字。那时的诗人并不是缺乏对自然的感受，但只有当历史事件或诗歌中流露的情绪允许时，他们才会表达有关自然的感受，仅此而已。我们从最古老最珍贵的民歌开始考察，无论是在《尼伯龙根之歌》还是在《古德伦》中，都找不到对自然景象的描述，即使是在内容允许的情况下也没有。齐格弗里德在打猎途中遭受杀害，《尼伯龙根之歌》在此也只是提到了开满鲜花的草地和椴树下清凉的古井，而该诗对打猎的其他细节都做了详尽的叙述。《古德伦》的创作要精致一些，自然情怀的流露也相对多一些。国王之女古德伦被迫从事低等的奴隶工作，她和伙伴们一起把主人的长袍送到海岸。诗在此处表明了时间——当时冬天正要逝去，鸟儿已经开始鸣唱，雨雪还在飘落，三月的寒风拨乱了姑娘们的长发，古德伦正在等待她的营救者。她离开了住地，这时候启明星冉冉升起，海

面上开始闪烁磷光,她一眼看到友人们深色的头盔与盾牌。只有寥寥几笔的勾画,但却呈现出一幅生动的画面,强烈烘托了一场重大历史事件发生前的紧张气氛。荷马的做法也是如此,他描述茨克罗皮群岛(Isole Ciclopi)的风光,描述阿尔喀诺俄斯(Alcinous)有序的花园,为的是凸显庞然怪物居住的茂密荒野,渲染威严君王的华丽宫殿。两位诗人都无意在此创作一段单独的风景描写。

13世纪的骑士诗人撰写的小说内涵丰富,与民歌截然不同。骑士诗人擅长有意识地进行艺术创作,在他们当中,阿尤(Hartmann von Aue)、埃申巴赫(Wolfram von Eschenbach)以及斯特拉斯伯格(Gottfried von Straßburg)都是13世纪早期的佼佼者,被视为伟大的古典文学作家。他们的作品中存在大量能够反映自然情怀的段落,尤其是以比喻形式出现的文字,但是这些作家仍然没有想到要独立描写自然。他们不想因为要停下脚步观赏静谧的自然场景而妨碍推进故事情节的发展。近现代的文学创作又是何其不同!法国作家圣皮埃尔(Bernardin de Saint-Pierre)在作品中描绘出一幅幅自然风光的图景,而事件情节仅是其中的远景而已。13世纪的诗人,尤其是那些赞美恋歌的诗人(并不都是如此),常常描绘五月的和风、夜莺的歌唱以及草场花间上闪闪发光的露水,但是这些描述只有当相应的情感流露的时候才会出现,被灌注在对应的场景中。为了表达悲伤之情,作者会描写飘摇坠落的树叶、沉默的鸟儿,或者是被积雪覆盖的秧苗。同样的情感一再重现,当然它们的表达形式都很优美,各不相同。恋歌诗人福格尔魏德(Walther von der Vogelweide)多情热烈,埃申巴赫深邃幽远,他们都是这方面的典范,可惜后者流传于世的诗歌零落稀少。

德语作家接触到了南部的意大利,当时也有十字军在小亚细亚、叙利亚和巴勒斯坦进行东征,德语文学的创作是否因此而融入了新的自然景观?对于这个问题,答案通常是否定的。跟东方国家的来往并没有给恋歌创作带来新的方向。十字军跟阿拉伯国家的撒拉森(Sarazenen)民族没有深入往来,而撒拉森人自己就和其他民族处于重重冲突之下,他们都是在为了同一个目标而征战。豪森(Friedrich von Hausen)是最早

第一章 自然文学——人类对自然的情感因时代和种族而异

的诗人之一,逝于腓特烈一世军队的行军途中。他在诗歌中多次提及十字军东征,但表达的只是宗教观念或是与情人离别的伤痛。与所有其他参与东征的恋歌诗人——哈格瑙(Reinmar der Alte)、鲁宾(Rubin)、奈特哈特(Neidhart)、列支敦士登(Ulrich von Liechtenstein)——一样,豪森并不认为十字军所到的国家有什么值得提及的地方。哈格瑙作为朝圣者前往叙利亚,大概是奥地利藩侯利奥波德六世(Luitpold Ⅵ)的随从人员。他在诗中哀叹无以化解思乡之情,认为思乡之情让他无法靠近上帝。有几次他写到枣椰树,写到虔诚的朝圣者肩上扛着的棕榈树枝叶。而那些翻越了阿尔卑斯山的恋歌诗人也并没有因为意大利的美丽风景而诗兴大发,我不记得在哪里看到过这样的实例。福格尔魏德也曾经上路远行,不过他只提到过波河(Po River)。13世纪的诗人弗莱登(Freidank)去过罗马,当他看到罗马统治者居住的华丽宫殿时,只是说了一句"地上长着草"。

德语的"动物叙事诗"不同于东方的动物寓言,两者应予以区别。"动物叙事诗"产生于与动物的共同生活中,作者并没有专门描写动物的意图。雅各布·格林在他出版的《狐狸列那》一书的导言中对动物叙事诗做了精彩论述,动物叙事诗见证了人们对大自然的深厚感情。动物可以发声,可以跑跳雀跃,没有被捆绑在大地之上,与沉默的植物形成了鲜明的对比。动物永远是给自然带来活力的生灵。雅各布·格林写道:"以前的诗歌喜欢用人的目光看待自然世界,对人们在自然万物及其运作中觉察到的一切都做出了想象丰富并且天真质朴的解释,因此动物甚至是植物都被赋予了人的精神和感受。大地上的花草被赐予了神的名字,那是因为它们被神仙采摘过。阅读德语动物诗歌时,会感到一种古老的森林气息扑面而来。"

在讲述过日耳曼自然文学中的丰碑之后,这里原本可以接着介绍凯尔特-爱尔兰文学创作中的部分内容——半个世纪以来,这些以"奥西安"(Ossian)命名的诗歌故事像魂灵一样从一个民族流传到另一个民族。但是因为富有天赋的苏格兰诗人麦佛森(James Macpherson)把某些原以英文流传的故事翻译成盖尔语,并将其视作盖尔语原创故事出版,该做法被发现之后,这些诗歌故事就顿然失去了魅力。古老的爱尔兰民歌是存在的,它们出自基督教时期，被冠以"菲尼安"（Finnian）之名收录在册，最早大概可以溯源到 8 世纪以后的时期。但是它们很少含有伤感的自然描述，不像麦佛森笔下的诗歌那样具有特别的吸引力。

我们之前提到过，如果说欧洲北方的印欧民族有一种特有的强烈的浪漫伤感之情，那么这一特点不应被简单看作是北方寒冷气候带来的影响，尽管漫漫严冬掠夺了大地的丰饶，会让人们更加渴望自然的生机。我们也说过，印度文学和波斯文学诞生于南方炙热的天穹之下，它们对自然景观的描绘具有无穷的魅力。在这些文字中，我们看到了有机的自然生命和无机的自然界，感受到了从旱季到热带雨季的过渡期，望见了深蓝色的洁净天空中升起的第一缕云团，听到了人们渴望已久的季风开始在棕榈枝头的羽叶上哗啦作响。

印度文学和波斯文学中的自然

接下来我们将深入探究印度文学中的自然情怀。挪威的印度学研究者拉森（Christian Lassen）在他杰出的《印度古代文化研究》一书中写道："我们可以设想一下，印度雅利安人的一支部落从原有的位于西北部的住地迁移至印度，他们突然间置身于一个崭新的无限丰饶的自然环境中。这里气候温暖，土地肥沃，物产肥美又极为丰厚，这一切都给他们的新生活涂上了明媚的色彩。雅利安民族原本就具有一种美好的天资，他们的精神处于更高的境界，印度人高贵伟大的精神特质就如同萌芽一般深深地根植其中。从印度人对外部世界的观照来看，他们很早就开始深刻思索自然的力量。这种思索是沉思冥想的基础，我们可以清楚看到，最古老的印度诗歌与这种沉思冥想水乳交融般地合为一体。大自然让这个民族意识到：自然是万物的主宰。这一精神最明显地体现在他们的基本教义中，也就是"在自然当中即可证悟到神的存在"。印度人的外在生活轻松无忧，这也促使人们进入冥想的状态。有什么人可以像婆罗门教徒那样全然而热切地投身于思考呢？这些居住在森林中的印度忏悔者静观自然，思量尘世的生活，探索人死后的状态，研究神的本质。

第一章 自然文学——人类对自然的情感因时代和种族而异

婆罗门教的古老教派构成了印度生活中最独特的现象之一，对整个族群的精神发展产生了根本性影响。"

在我哥哥威廉·洪堡和其他梵文研究者的引导下，我曾经在公开演讲中谈论过印度文学。如果说我将在此处逐个讲述印度诗歌，分析它们在描写景物时频频爆发的生动的自然情怀，那么我将从《吠陀》开始，它是东雅利安民族最古老、最神圣的文化丰碑。《吠陀》的主要内容就是对自然的赞美。《梨俱吠陀》中的赞歌优美地描述了朝霞彤云和太阳洒下万丈金光的景象。史诗《罗摩衍那》和《摩诃婆罗多》出现的时间晚于《吠陀》，但是早于"往世书"。因为史诗的性质使然，所以其中出现的对自然的赞美都与神话传说有关。《吠陀》中那些让智者动容的自然场景很少被注明地点，但英雄赞歌中描写自然的段落却往往是独特的，与具体地点相关，那些散发着生机的文字都是出自作者的亲身感受。《罗摩衍那》叙述了罗摩从阿约提亚城（Ayodhya）到查那卡斯国王官邸的旅途，描绘了罗摩在原始森林的生活，刻画了一幅般度族（Pandu）隐士生活的图景，这些情景的描写都是浓墨重彩的。

古梵文作家迦梨陀娑（Kalidasa）很早就受到西方民族的推崇，他是维克拉玛蒂亚（Vikramaditya）皇帝尊贵皇庭的耀眼人物，与维吉尔和贺拉斯处于同一时代。迦梨陀娑创作的戏剧《沙恭达罗》被译成英文和德文以后，在西方引起了轰动，这是诗人应得的赞誉。迦梨陀娑感受细腻，想象力丰富，充满创造性，这让他在全世界的作家中都享有崇高地位。剧作《优哩婆湿》、诗作《季节之歌》和《行云使者》都充分证明迦梨陀娑非常擅于描绘自然风景。《优哩婆湿》描写了国王迷失在密林中、到处寻找女神优哩婆湿的情景。《行云使者》对自然实景的描绘非常真切，令人感到震撼，诗中生动再现了久旱逢甘霖的喜悦，热带漫长的旱季将逝，天空中逐渐升起第一团云朵，预示着期待已久的雨季即将来临。在此我要提到我在《自然的风景》一书中描绘的一段，那也是一幅雨季到来前夕的图景。但是这篇文章写作于我在南美考察期间，即使是通过切兹（Helmina von Chézy）的译文，当时我也不可能读到《行云使者》。我把自己的文字与迦梨陀娑的诗作相提并论，看似鲁莽，不过，我描写的皆是真实场面，单是上面使用过的"自然实景"一词就可以为此举辩护。在两大洲南北回归线之间的地区，大气层中那些神秘的气象过程——如雾气、云层的成形或是闪电现象——都是相同的。文学创作是一种理想化的艺术，它的任务就是把"实景"塑造为"画面"，如果后世的读者动用分析性的观察精神，在作品中见证了古老诗歌对自然实景的单纯静观，那么这些创作也并不会因此而丧失魅力。

以上我们讲了婆罗门教的东雅利安人，他们对自然之美有着突出的感受力。现在我们再讲西雅利安人，也就是波斯人。波斯人在印度河上游西北部分裂为不同的分支，原本在精神上崇拜自然，主张善恶二元论，信奉善神阿胡拉·玛兹达（Ahura Mazda）和恶神阿里曼（Ahriman）。我们所称的"波斯文学"最多只能溯源到萨珊王朝（Sassanid Empire），最早的诗歌创作已经失传。后来波斯人受到阿拉伯人的奴役，变得与自己原初的状态大相径庭，直到萨曼王朝（Samaniden）、伽色尼王朝（Ghaznavid）和塞尔柱王朝（Seldschuken）时期，波斯人才重新创立了自己的民族文学。诗人菲尔多西（Firdausi）、哈菲兹（Hafiz）、拉赫曼·雅米（Dschami）造就了诗歌的鼎盛时期，但是这种繁荣仅持续了四五百年，只持续到达·伽马（Vasco da Gama）出海航行的时候。当我们探索印度人和波斯人的自然情怀时，我们不能忘记，这两个民族从形成过程来看处在不同的时代和地域。波斯文学是中世纪的产物，而原本意义上的印度文学则产生于古风时代和古典时代。印度的森林树木繁茂广阔，植被的形态色彩变化多端，到处都装点着大地，而伊朗高原（Iranian Plateau）上的自然景观则与印度全然不同。温迪亚山脉（Vindhya Range）很久以来都是东雅利安民族的边界，该山脉一直延伸至热带地区，然而整个波斯国都处在北回归线以北，部分国土甚至位于更靠北部的巴尔赫（Balkh，位于今天的阿富汗）和费尔干纳（Fergana，位于今天的乌兹别克斯坦）。波斯文学盛赞的四个天堂之所分别在撒马尔罕（Samarqand）的粟特州山区的美丽山谷、哈马丹（Hamadan）的 Maschanrud、法尔斯（Fars）的 Kalen Sofid、大马士革（Damascus）平原的 Ghute。波斯和图兰两地都缺少森林，因此也没有居住其中的隐士，然而这两者都极大地激发了印度诗人的想象力。波斯国的花园有清泉滋润，长满了玫瑰和果树，芬芳宜人，但却无法取代印度高山密林中的宏伟自然景象。波斯诗歌描写景物时不是那

第一章 自然文学——人类对自然的情感因时代和种族而异

么生动,常常显得简单,有精心装饰和雕琢的痕迹。按照波斯人的感受习惯,那些我们称作"精神"和"风趣"的事物才能得到最高的赞誉。如果以此为标准的话,那么我们欣赏波斯文学,主要是因为波斯诗人的多产及其丰富多样的创作形式,他们懂得使用不同的形式处理同一种素材,但是作品中并没有深刻和真挚丰厚的情感。

波斯诗人菲尔多西的民族史诗《列王纪》也很少因为描写自然风景而打断故事情节的进展。诗中出现过一位吟游诗人,他盛赞马赞德兰的海滨,描绘了那里温和的气候和茂密的植被,这位吟游诗人口中的描述在我看来非常优美,而且极具真实性。国王凯·卡武斯(Kei Kawus)就是因为受到这段赞誉之词的鼓动,从而踏上前往里海的征程,志在征服新的疆域。恩维利(Ewhadeddin Enweri)、鲁米(Dscheladeddin Rumi)、阿哈德(Adhad)、菲丝(Feisi)所写的歌咏春天的诗歌都散发着生动的气息,诗中经常运用一种嬉戏般的比喻手法,不过这样的写作冲动并不影响阅读时的愉悦。鲁米被视为最伟大的东方神秘主义诗人,而菲丝是半个印度诗人。萨迪(Sa'di, Moshlefoddin Mosaleh)创作了《果园》和《真境花园》;诗人哈菲兹拥有积极乐观的人生哲学,被视为贺拉斯的精神同类。奥地利东方文化学者哈默(Joseph von Hammer)在他关于波斯诗歌历史的伟大著作中表示,萨迪代表道德学说的时代,而作为恋歌诗人的哈菲兹则代表诗歌创作的巅峰。但是哈默认为,华丽的语言风格和过分雕琢的痕迹往往破坏了诗歌对自然的描绘。波斯诗人最喜欢歌咏的主题就是对夜莺和玫瑰的爱,这一主题反复出现,令人感到疲惫,东方之国对自然的真挚深情就在这种浮夸语言的雕琢下窒息而亡。

当我们从伊朗高原出发,穿过图兰(Turan)地区,向北进入分割了欧亚两大洲的乌拉尔山脉(The Urals),我们就来到了芬兰人最早的居住地。乌拉尔山是芬兰人的故土,就像阿尔泰山(The Altai Mountains)是土耳其人的故土,芬兰人现在定居在欧洲西部的低洼地带。略恩罗特(Elias Lönnrot)从卡累利阿人(Karelier)和奥洛涅茨(Olonez)当地人的口中收集到了大量芬兰民歌,如雅各布·格林所言:"这些诗歌中涌动着一种真挚而生动的自然情怀,就像几乎只能在印度诗歌中见到的那样。"有一首古老的芬兰史诗，长达3000行，讲的是芬兰人和萨米人之间爆发的战争以及一位叫作瓦诺的神一般的英雄的命运。这首诗优美地描绘了芬兰的田园生活，铁匠伊尔马利恩之妻去森林放牧，祈祷神灵护佑她的动物，这一段文字尤为美妙。人类不同民族的命运各异，它们或者遭受过他族的奴役，变得面目全非，或者经历过战乱的摧残，或者坚持追求政治自由，但是在精神结构和情感体验方面，很少有民族比芬兰-乌戈尔语族的族群拥有更多样和更精彩的内在层次。这些族群包括芬兰人——他们现在分外和平，创作了这部民族史诗，还包括很久以来被误认为是蒙古人的征服了世界的匈人，以及伟大高贵的马扎尔人。

闪米特民族对自然的凝望

以上我们分析了不同民族在面对自然景致时各自的内心感受及其表达方式，这些情感有深有浅，表达各异，看似与种族、与当地的独特地貌、与国家制度和宗教情感息息相关。现在我们要把目光投向亚洲的另一些民族，它们与印欧民族、印度人和波斯人相差极大。闪米特人的文学创作充满诗意和想象力，其中最古老、最值得纪念的诗作都向我们展示了深厚的自然情怀。牧歌、寺院唱诗、大卫王时代的优秀诗歌以及先知的言辞都表现出真挚的自然之情，先知的言辞激荡着高涨的情怀，它们不关注历史，而是针对未来作出预言。

对西方人而言，希伯来人的诗歌不仅自有一种内在的崇高和伟大，而且还另有一种魅力，因为它与当地三种宗教人士的宗教记忆水乳交融般地融合在了一起。犹太教、基督教、伊斯兰教起源于此，在世界上广为流传。西方的航海民族擅长贸易，充满征服世界的野心，这些都促进了传教活动的发展。通过传教，圣经为我们保存下来的那些东方之国的地理名称和自然描述都相继涌入了美洲的密林和南太平洋的岛屿。

希伯来人赞颂自然的诗歌有一个鲜明的标志，就是它始终涵盖宇宙整体，无论是地球上的生命，还是星辰闪烁的太空，都被视为一体，这是一神教教

第一章 自然文学——人类对自然的情感因时代和种族而异

义的体现。它较少驻足观察单个的自然现象，而是欣然专注于自然整体。自然不会被描绘成独立存在的、因为美丽而被颂扬的对象。在希伯来诗人眼中，自然总是与一个更高层次的精神统治力量一道出现；是一种被创造和被安排好的存在；是上帝无所不在的体现——毕竟感官世界中的所有杰作都是上帝所创造的。所以单从内容来看，希伯来诗歌是恢宏且庄严的，当它描述人世的窘态时，才变得惆怅阴郁，充满渴望。希伯来诗歌叙事宏大，音韵魅力创造出高涨的情绪，但令人惊叹的是，即使是在心绪最激昂的时候，它也几乎从来不会像印度诗歌那样感情泛滥，没有节制。希伯来诗歌使用象征性的语言，完全沉浸在对上帝的仰望中，但思想却简单明了，诗中多用相同的比喻，它们几乎是以一定的节奏往复出现。

《旧约》中有关自然的描述真实再现了以色列的面貌，展示了变化多样的自然景致，那里有荒原，有沃土，也有巴勒斯坦大地之上的茂密森林。这些描写按照一定的时间顺序刻画了当地的气候情况、游牧民族的生活习惯以及他们天生的对农耕的厌恶。其中叙事和历史部分都书写得简单质朴，甚至比希罗多德（Herodotus）的写作手法还要朴素，并且描写得很真实。由于这些民族的生活习俗至今鲜有变化，再加上游牧生活的整体特点，近代的旅行者也都一致证实了描述的真实性。相较之下，希伯来人的诗歌创作内容更为瑰丽，其中涵盖了丰富的自然场景。可以说，《圣经》《诗篇》第104篇仅仅花了一首诗的篇幅就描述了整个宇宙的运作："我的神啊，你为至大！你以尊荣威严为衣服，披上亮光，如披外袍；铺张穹苍，如铺幔子。将地立在根基上，使地永不动摇。耶和华使泉源涌在山谷，流在山间。你定了界限，使水不能过去，不再转回遮盖地面。使野地的走兽有水喝，野驴得解其渴。天上的飞鸟在水旁住宿，在树枝上啼叫。佳美的树木，就是黎巴嫩的香柏树，是耶和华所栽种的，都满了汁浆。雀鸟在其上搭窝；至于鹤，松树是它的房屋。"诗中写道："那里有海，又大又广；其中有无数的动物，大小活物都有。那里有船行走，有你所造的鳄鱼游泳在其中。"接着又描述了大地的丰盛："他使草生长，给六畜吃；使菜蔬生长，供给人用；使人从地里能得食物，又得酒能悦人心，得油能润人面，得粮能养人心。"而日月星辰的出现则使得这幅自然图景达到了完美："你安置月亮为定节令，日头自知沉落。你造黑暗为夜，林

上　篇　自然文学、风景画、异域植物

中的百兽就都爬出来。少壮狮子吼叫，要抓食，向神寻求食物。日头一出，兽便躲避，卧在洞里。人出去做工，劳碌直到晚上。"一首短短的诗，寥寥几笔就勾勒出宇宙天地的样貌，着实令人惊叹。自然的运作与人类从日出到日落的劳作两相对照。这样的诗歌设定了对比，对自然景象的交互作用有整体性理解，体察到了看不见却无处不在的上帝神力，上帝之力既可以让大地青葱苍翠、生机勃发，也可以让大地毁于一旦。这些因素建立了诗中的庄严之感，相较之下，希伯来人的诗歌表现的更多的是一种崇高，而不是那种热烈怡然之情。

对宇宙的这种凝视多次出现（如《诗篇》第65篇的7～14行，第74篇的15～17行），《约伯记》的第37章大概是这个意义上最完美的章节——《约伯记》年代古老，但比《摩西五经》要晚一些。这一章描写了多种气象状况，诸如：云层突变，天气变化莫测；风从不同方向吹来时，雾气随之形成、扩散又消失，氤氲弥漫，色彩变幻；冰雹骤降，雷鸣电闪。每一种天气现象都刻画得真实形象，而且书中提出了很多相关的问题，我们今天的物理学可以用更科学的语言去表述这些问题，却也不能给出令人满意的答案。《约伯记》被视为希伯来诗歌创作的巅峰。此书不仅对单独的自然现象进行了优美的描写，而且在整个布局方面也充满巧思，由此加强了训诫的色彩。它被翻译成多种现代语言，在各种语言的译本中，东方土地上的自然风景都给人们留下了难以磨灭的深刻印象："他独自铺张苍天，步行在海浪之上。他造北斗、参星、昴星，和南方的密宫。"（《约伯记》第9章）书中描写了驴、马、水牛、鳄鱼、山雕、驼鸟的习性："南风使地寂静，你的衣服就如火热，你知道吗？你岂能与神同铺穹苍呢？这穹苍坚硬，如同铸成的镜子。"（《约伯记》第37章）当自然的馈赠不是那么慷慨的时候，人类的觉察力就因此变得更加敏锐，人们会凝神倾听空气和云层中的些微响动。无论是在寂静辽阔的沙漠还是在风起浪涌的海洋，人们都会捕捉自然现象发生的每一种变化，探察它们究竟有何预兆。巴勒斯坦的部分土地干枯贫瘠、岩石嶙峋，那里的气候尤其适合做这样的深度观察。此外，希伯来人的诗歌也绝不缺少形式上的多样和变化。《约书亚记》和《撒母耳记》都洋溢着一种人们对战争的高涨情绪，但《路得记》描写的是收割庄稼的景象，它刻画了一幅非常质朴的自然图景，散

第一章 自然文学——人类对自然的情感因时代和种族而异

发出一种不可言说的魅力。歌德一度非常推崇东方文化，对其诗歌充满热情，他认为《路得记》从叙事和抒情的角度而言都是流传下来的最优美动人的诗作。

即使在后来出现的阿拉伯文学里程碑式的作品中，我们也能察觉到一种凝望自然的迹象，那是闪米特人很早就特有的自然情怀遗留下来的痕迹。这里我要提到阿拉伯语言学家艾斯玛仪（Asmai）对贝都因人沙漠生活的优美描写，他把安塔拉（Antara）的传奇与其他穆罕默德（Mohammed）出现之前的骑士故事融汇为一部作品。这部浪漫诗作的主人公就是传奇故事中的安塔拉，一位酋长和黑人女奴所生之子。描写安塔拉的诗行作为"悬诗"被保存在克尔白神庙。英国学识渊博的东方学研究者特里克·汉密尔顿（Terrick Hamilton）翻译了这部作品，他就曾提到《安塔拉》的风格与《圣经》颇为相似。在这部诗作中，艾斯玛仪让安塔拉这位沙漠之子踏上了前往君士坦丁堡的旅途，由此一来，诗中就出现了希腊文化与原始粗粝的游牧习俗的鲜明对比。最早期的阿拉伯诗歌极少描绘大地上的自然风景，按照德国著名的东方文学研究者夫莱塔格（Georg Wilhelm Freytag）——也是我的朋友——的说法，这也不足为奇，因为阿拉伯文学歌颂的主题是英勇作战、好客之情和忠贞的爱情，而且也几乎没有一个诗人来自南阿拉伯这片富饶的福地。单一的草甸与尘土飞扬的荒野蔓延在阿拉伯的大地之上，悲哀寂寞。只有在特定的个别情境下，人们才会生发出对自然的感情。

我们之前讲过，如果大地缺少森林的装点，那么人类的想象力就会更多聚焦于各种大气现象，风暴、雷电和盼望中的雨水就会成为关注的对象。我将逐个列举阿拉伯诗人刻画的真实自然图景，在此要特别提到的有："安塔拉悬诗"——这首长诗描绘了丰沃的农田，农田被雨水浸润过，那里有成群的昆虫嗡嗡作响，上下飞舞；还有6世纪阿拉伯诗人乌姆鲁勒·盖斯（Imru' al-Qais）描写的倾盆暴雨，其语言生动瑰丽，而且写明了暴雨发生的具体地点，著名诗集《哈玛莎》（*Hamasa*）的第七卷也描绘了暴雨滂沱的景象；最后是诗人祖卜拉尼（an-Nābighah adhu-Dhubyānī）的诗作，他再现了幼发拉底河涨水的盛况，洪水激流直下，席卷了岸边的芦苇和树木。《哈玛莎》第八卷的标题是"旅行与困倦"，这自然吸引了我的注意力，不过很快我就知道，

"困倦"只是针对第一卷而言,而且即使是出现在第八卷也情有可原,因为它描写的是一次夜间骑着骆驼的旅行。

在以上的段落中,我力图展现外部世界——无机自然和有机自然的景象——在不同时代以及在不同族群中对人类思想与情感世界的影响。我的这种叙述是片段式的,文中提到的那些对自然情怀的生动描写都是从文学史作中精选而出。在此我并不追求细节的完整,而是旨在树立具有普遍性的观点,旨在选择那些能够表达时代以及人类族群特质的事例,整部《宇宙》都是如此。我讲述了古希腊人和古罗马人散发的自然情怀,后来这种情怀逐渐消亡,但它却给西方国家的古典时代带来了难以磨灭的光辉。我在基督教教父的著作中寻觅到对自然之情的优美表述:隐士被寂寥的风景打动,心中流淌出对自然的赞誉。在分析印欧民族(狭义上的用法)的文学时,我从德国中世纪的诗歌跨越到素养非凡的古代东雅利安人(印度人),继而又讲到相对较为逊色的西雅利安人(伊朗古代居民)。此后我把目光投向了苏格兰盖尔语诗歌和新发现的芬兰史诗,接着又概述了阿拉米语诗歌、希伯来诗歌和阿拉伯诗歌中的自然情怀。由此,我们领略到了北欧、东南欧、西亚、伊朗高原和印度热带地区的自然景象,它们被一一投射在文学作品之中。我认为必须以两种视角呈现自然,一是把自然当作客观存在的事物来描述,二是通过描述自然在人类情感世界上的映射来书写自然,只有这样才能真正表达大自然恢宏的全貌。

阿拉米文化、希腊文化和罗马文化最终走向衰落,这意味着一个古典世界的灭亡。此后,一位令人振奋的新世界的创造者——但丁(Dante)——在作品中向我们展示了他对自然怀有的深切之情。但丁的创作充满了思想上的激情和主观性,洋溢着一种不可言说的神秘性,但是当他描写自然景象时,他就会从上述特征中抽离出来。在但丁生活的时代,阿尔卑斯山另一侧的德国的恋歌已经没落了一段时间。《炼狱》第一首的结尾,但丁用无与伦比的手法描绘了一幅自然美景:"早晨的空气泛着清香,远处的海水轻柔律动,阳光欢腾跳跃,打碎在整个海面上。"第五首描摹了暴雨来袭和河水上涨的场面,以及坎帕尔迪诺(Campaldino)战役之后,蒙特菲尔特罗(Montefeltro)的尸体被沉入阿尔诺河的情节。人间天堂的密林入口让诗人想起了拉文纳

(Ravenna)附近的松树林,那是"克拉塞海岸(Chiassi)的松树林",成群的鸟儿栖息在枝头,高唱着春天的歌谣。人间天堂的自然景象具体且真实,而天上的天堂则截然不同——万丈光芒从天堂射出,火花攒动,熠熠闪光。"我看到一道光辉,像是闪烁奇光异彩的潺潺河水,它在两条河岸中间奔腾不息,而那河岸又点缀着令人惊叹的春天花卉。从这条大河中跃出晶莹的火星点点,它们落在每一边的花丛里面,几乎像是颗颗红宝石,由黄金镶嵌。接着,这些火星又像是被花香所陶醉,又在那令人赞叹的旋涡中深深落入,一个钻进,另一个跃出。"(《天堂》第30首)面对这样天马行空的华美描述,人们不禁会想,这种想象大概是来自海面上特有而且少见的磷光现象——磷光发生时,海面上细碎的光点在波涛跌宕之际看起来就像是在水上跳跃飞舞,整个洋面变成了一片律动的星海。《神曲》极为简洁的写作风格更加强化了作品的庄严之感,给读者留下非常深刻的印象。

大航海时代及之后南欧民族的自然文学

我们现在仍旧讨论意大利文学中的自然景象,但我要掠过冰冷的牧羊人小说,在但丁之后,值得提到的还有:诗人佩特拉卡(Francesco Petrarca)的十四行挽歌诗,诗中描绘了沃克昌兹(Vaucluse)的美丽山谷,劳拉死去之后,山谷的美景在他心中掀起了种种波澜;马泰奥·博亚尔多(Matteo Maria Boiardo)所作的短小诗作,他是埃尔科莱一世(Ercole I d'Este)的朋友;以及女诗人维托丽娅·科隆纳(Vittoria Colonna)较晚期的11音节诗。

当意大利与在政治层面上早已没落的希腊突然再次建立起联系,古典文学也随即繁荣起来。热爱艺术的红衣主教本博是第一位对自然景致做出精美描写的散文作家,他也是画家拉斐尔(Rafael)的顾问兼朋友。本博青年时代所著的《埃特纳火山对话》描绘了埃特纳火山山麓上植物的分布状况,一幅从西西里长满庄稼的农田延伸到积雪覆盖的火山口的图卷就这样生动地呈现在读者眼前。之后所写的《威尼斯史(十二卷)》(*Historiae Venetae Libri*

上 篇 自然文学、风景画、异域植物

XII）堪称一部完美的著作，它以更为形象瑰丽的笔法刻画了新大陆的气候和植被。

当时那个时代所有的外部条件都意在充实人类的精神世界，一是因为发现了美洲，疆域由此扩展，人们目睹了新世界的恢宏场面，二是因为人类征服自然的能力显著提高，这些条件同时发力，激发着人类的精神追求。古典时期亚历山大东征，入侵中亚的兴都库什山脉（Hindukusch）和印度西部森林茂密的河谷，人们见到了充满异域风情的美丽自然，对那里的景象深感震撼。即使是在其后几百年的天才作家的笔下，我们也能感受到这些生动鲜活的自然景物带给人的震撼。就像亚历山大东征深刻影响了西方国家一样，美洲的发现也同样再次给西方国家带来了长远的影响，而且作用远超十字军东征。这是欧洲人第一次领略到热带的自然景象：平原地区的植被丰盈茂盛；而在科迪勒拉山系（Cordilera），山麓上的植物因为气温不同而有着明显的分层；在墨西哥（Mexico）、新格拉纳达（Neu Granada）和基多（Quito）的高原地带，人们可以体验到北方的各种气候类型。如果没有天马行空般的想象力肆意驰骋，人类难以创作出真正伟大的作品。哥伦布和韦斯普奇（Amerigo Vespucci）关于美洲自然景致的描写也因为丰富的想象而获得了独特的魅力。韦斯普奇深谙古代以及当时的诗作，这一点体现在他对巴西海岸（the Brazilian Coast）的描绘当中。哥伦布描写了帕里亚半岛（Paria）温和的天空，刻画了奥里诺科河（Río Orinoco）的壮阔，深信奥里诺科河之水降落于东方的天堂，哥伦布的文字散发出一种庄严的宗教情感。随着他年龄的增长，加之受到不公平的对待与迫害，这种宗教情感逐渐转变为消沉郁闷和一种狂热的激情。

在葡萄牙人和西班牙人处于巅峰的那个英雄时代，对黄金的饥渴并不是激励他们探险的唯一原因，当时普遍盛行的一种高昂情绪也驱使他们出海远航。那时的民众并不了解实情，臆断他们的目的只是为了寻找黄金。16世纪初，人们一听到海地（Haiti）、库瓦瓜岛（Isla de Cubagua）、达连（Darien）这样的名字，就会心绪飞扬、遐想联翩。继詹姆斯·库克（James Cook）和乔治·安森（George Anson）航海之后，天宁岛（Tianian）、塔希提（Tahiti）就同样成为令人神往的地名。如果说当初那些有关远方的信息诱惑了来自

第一章 自然文学——人类对自然的情感因时代和种族而异

伊比利亚半岛、佛兰德（Flandre）、米兰（Milan）和德国（Germany）南部的热血青年背井离乡，登上皇家所向披靡的舰船，攀上安第斯山脉（The Andes）的山脊，踏上乌拉巴（Ulaba）和科罗（Coro）的热带草原；那么在以后的岁月中，由于人类社会文明的影响趋于和缓，对地球空间的探索变得更加均衡，那种对陌生远方的渴望就添进了其他动机，走上了另外的发展方向。人们生发出研究自然的热切之火，火苗从欧洲北部开始蔓延，点燃了众人心中探索自然的激情。此时，科学知识不仅得到了扩展，而且还被赋予了理性认知的光辉。自从18世纪末以来，富有诗意又满是伤感的时代情怀变得具有个性化，这种情怀纷纷流入文学作品，其多种多样的表现形式是之前不曾出现过的。

如果再次回望那个传播现代精神的大航海时代，那么我们首先要纪念哥伦布亲笔写下的自然描述，我们幸而拥有这些珍贵资料。直到不久前，哥伦布所著的航海日记以及他写给桑切斯（Sanchez）、婴儿唐璜的乳母、苏格兰女王乔安（Juana de la Torre）和伊莎贝拉（Isabella）女王的书信才得以公布于众。我在《关于15、16世纪地理史的批判性研究》一书中集中展现了哥伦布作为伟大探险家的独到之处——他拥有一种非常深切的自然情怀，他用优美又简洁的笔法刻画了自然的生机和新大陆呈现在他面前的万般景象，只有那些深谙古语苍劲之力的人，才能完全领略到哥伦布的文字之美。

沿着古巴海岸，行驶在卢卡亚群岛（Lucayische Inseln）和哈尔迪尼洛斯（Jardinillos）之间，哥伦布这位身经百战的老水手看着眼前的自然景象，心中的震惊感无以复加。千万种形态各异的植物吐露芬芳；森林枝繁叶茂，密不透风，分不出那些盛开的花朵和枝叶究竟出自哪棵树木；岸边的湿地长满草丛，深厚肥沃透出一种野性的力量；粉红色的火烈鸟一大清早就开始捕鱼，给河口增添了无数生机。每一个新发现的地方看起来好像都比上一个地方更加美丽，哥伦布抱怨找不到词汇形容自己体会到的美好感受。虽然受到阿拉伯和犹太医生的影响，关于草药的知识已经在西班牙有所流传。哥伦布对植物学并不了解，不过天生的自然情怀激发他对每一种陌生事物的探索欲。在古巴的时候哥伦布就已经可以辨别出七八种不同的棕榈树品种，它们都比刺葵更加高大美丽。他向友人西班牙探险家德安吉拉（Peter Martyr d'Anghiera）

上 篇 自然文学、风景画、异域植物

兴奋地讲述见闻,说看到冷杉和棕榈肩并肩地生长在一起,同处一个高度。哥伦布观察植物的眼光非常敏锐,他首先发现慈堡(Cibao)的山上有一种松树,结的果实不是冷杉球果,而是浆果,就像塞维利亚索马里族人种植的橄榄树一样。上面已经提到过,哥伦布可以对罗汉松属和佛塔树属作出区分。

哥伦布在他的航海日记中写道:"这片新大陆的魅力远远超过安达卢西亚的科尔多瓦(Córdoba)。所有的树木都枝繁叶茂,常年都苍翠碧绿,闪着亮光,枝头上永远缀满累累的果实。地上的草疯长,鲜花竞相绽放,宛若五彩的星辰铺满大地。空气温和馨香,就像 4 月的卡斯蒂利亚地区(Castille)。夜莺婉转歌唱,那是无以描述的美妙。夜晚来袭,又有其他的鸟儿继续唱起甜美的歌谣,同时也能听到蚱蜢和青蛙的叫声。有一次行至一个幽深的海湾,望见面前的景致,我真的不敢相信自己的眼睛:高山在眼前耸立,瀑布跳跃着从山上一路倾泻而下,山坡上长满冷杉,还有其他姿态各异、花满枝头的树木。瀑布在此流入海湾,我顺势逆流而上,山体投下阴影,荫翳清凉,河水像水晶一般晶莹剔透,无数的鸟儿在歌唱,我惊异得呆住了,顿时心生一种再也不想离开这里的感觉。纵使有千条舌头,也难以言表这里的美丽。我的手也好像被施了魔法,无法握笔描绘此处的美景。"

哥伦布是一位水手,没有受过文学训练,但是我们从他的日记中可以看到,具有独特形态的自然之美是如何能够打动一颗善感的心灵的。情感让语言变得崇高而美好,尤其是他描写自己"梦到奇迹"的那些文字。当时,哥伦布第四次航海远行,年已 67 岁,行驶在中美洲海岸,偶然进入一个奇幻的梦境。哥伦布虽然不是非常精于辞令,但他的描述却格外引人入胜,超过了乔万尼·薄伽丘(Giovanni Boccaccio)的寓言式牧羊人小说和雅各布·桑纳扎罗(Jacopo Sannazzaro)以及英国诗人菲利普·西德尼(Philip Sidney)的田园牧歌,也胜于维加(Garcilaso de la Vega)的作品 salicio y nemoroso 和蒙特莫(Jorge de Montemayor)的田园散文《戴安娜》。田园挽歌式的元素在意大利和西班牙的文学创作中着实盘踞过久。塞万提斯(Cervantes)需要创作出鲜活的生活画面,需要描写骑士唐·吉诃德的历险经历,才能让《唐·吉诃德》大放异彩,而他之前所著的《伽拉泰亚》相较之下则显得失去了光芒。

第一章 自然文学——人类对自然的情感因时代和种族而异

上述诗人都是伟大的诗人，他们的语言辞令优美，感受细腻，这些都赋予了其田园牧歌式作品一种崇高的色彩，但这些作品就体裁而言都是中世纪寓言式的雕琢之作，冰冷且令人厌倦。只有当观察的对象形貌各异、独具特色时，对其所做的描述才会拥有自然的真实性。托尔夸托·塔索（Torquato Tasso）的史诗《耶路撒冷的解放》中描写了诗人周边如诗如画的风光，人们似乎可以在这些描写当中看到索伦托的旖旎美景。

葡萄牙国家史诗《卢济塔尼亚人之歌》中有非常大量的风景描写，它们刻画了风格各异的景致，极具真实性，均出自作者亲眼所见。葡萄牙诗人贾梅士（Luís Camões）在中国澳门的岩洞和摩鹿加群岛（Molukken）上写成此诗，这是一部诞生于热带天穹之下的作品，整部诗歌好像都弥漫着一种印度的沁人心脾的花香。德国诗人施勒格尔（Friedrich Schlegel）对此诗发表过一句有胆识的评价，认为"它在想象的多彩与丰富方面远远超过意大利诗人阿里奥斯托（Ludovico Ariosto）"，我无意强调施勒格尔的评价，但是作为一个自然研究者，我愿意在此补充一点：尽管《卢济塔尼亚人之歌》有很多描绘风景的段落，字里行间洋溢着作者的兴奋之情，语言绽放华彩，诗中还有一种甜美的忧郁之音怅然响起，但所有这些都并不妨碍作者精确描绘所见到的自然现象。事实上，这样的文学手段反而可以让恢宏真实的自然景致给人留下更为生动的印象，当艺术创作产生于清澈灵动的源头时，作品总是尤其鲜活。贾梅士在诗中再现了大气与海洋之间的风云变化，描绘了云层的瞬息万变，刻画了突变的天气现象和神秘莫测的海平面，他的叙述美妙绝伦，无以复制。在他的笔下，我们忽而看到海面在微风的吹拂下皱起万般涟漪，随风荡漾；忽而看到海面折射光线，水面上仿佛洒下碎银一片，波光潋滟；忽而又看到尼科劳·科埃略（Nicolao Coelho）和达·伽马的航船在水中上下沉浮，与惊涛骇浪展开生死搏斗。贾梅士是一位真正意义上的水手，他在摩洛哥阿特拉斯山的山脚下、在红海、在波斯湾奋战过，两次驶过印度半岛，他对自然有着与生俱来的深厚情怀，有16年的时光都在印度沿岸和中国沿岸度过，他目睹过海洋所有的姿态，倾听过海洋所有的声音。贾梅士描写过因电而生的"圣艾尔摩之火"现象，称它是"生命之火，是海洋民族的圣物"。他也描述过水龙卷的形成发展过程："细密的雾霭聚集成积雨云，旋转着，水面上出现中空的管状云，大量海水经此被吸入空中，当滚滚乌云吸足了水以后，漏斗云的下端抽离水面，逃向天空，水龙卷之前从海面上呼啸着吸走的海水，又重新砸落在海面。"贾梅士写道："学者喜欢向世人解释自然奇迹，但他们仅仅是被思想和科学指引。他们常常把水手的话污蔑为一派胡言，但水手唯一的指引者就是经验（此言像是在讽刺当今时代）。"

贾梅士拥有描绘自然的天赋，他并不只是精彩地再现了单个的自然现象，在描绘全景画卷的时候，他的天赋也如同光芒一般分外耀眼。《卢济塔尼亚人之歌》的第三首诗用寥寥几笔就描绘出整个欧洲的复杂地貌——从最寒冷的北部开始落笔，一直描述到伊比利亚半岛西部的卢西塔尼人之国（葡萄牙）和直布罗陀海峡，海格力斯（Hercules）在那里完成了他的最后一件功业。表现欧洲各民族习俗和文明状况的文字在诗中随处都有显现。贾梅士从普鲁士人、俄国人说起，最后讲到希腊美丽的河谷草地。在第十首诗中，诗人的目光进一步扩展到宇宙：忒堤斯（Tethys）引领达·伽马登上一座高山，指向苍穹，对他吐露了宇宙玄机以及日月星辰往复流转的秘密（按照托勒密学说的观点），这是一个但丁式的梦幻情境。由于贾梅士信奉"地心说"，所以在最后描述地球的时候，他全面展示了当时人们研究过的国家及其物产的相关知识。这里不再像之前第三首只限于描写欧洲，而是观览了整个地球，甚至连巴西和麦哲伦（Ferdinand Magellan）发现的海岸也都被诗人尽收眼底，贾梅士写道："麦哲伦是一位葡萄牙之子，他通过行动发现了新的海岸，而不是通过忠诚。"

我之前主要把贾梅士作为航海家来盛赞，这也是为了暗示陆地上的生物对他没有那么强烈的吸引力。历史学家西斯蒙第（Sismondi）就曾指出，对于热带地区的植物及其形态，贾梅士没有做任何形象生动的描述，只是提到了香料和有用的贸易产品。描写魔岛"维纳斯之岛"的一段，宛若一幅风景画在面前展开，是全诗中描绘自然的最精彩的段落。贾梅士在此也写到了岛上的植被，岛上长满香桃木、柑橘树、泛着清香的柠檬树和石榴树，而这些树木都是一个想象中的"维纳斯之岛"应该有的，全都是适合生长在南欧的树木。不过当时最伟大的航海家哥伦布却对海岸边的森林情有独钟，更多地注意到了各种植物的不同形态。哥伦布写的是航海日记，记录了航行途中每

第一章 自然文学——人类对自然的情感因时代和种族而异

一天的生动见闻,而贾梅士则创作了一部民族史诗,盛赞葡萄牙人的航海壮举。诗人深谙音韵,在写作中追求和谐的韵律,想来并不愿意引用土著语言表示的植物名称并把它们写入描写风景的文字中,而且自然风光在诗中也只是一个背景,人物才是出现在前景中的行动者。

除了贾梅士这样一位骑士般的人物以外,人们还树立起一位同样是浪漫式的西班牙战士的形象——诗人埃尔西利亚(Alonso de Ercilla)。他在西班牙国王卡洛斯一世(Carlos I)执政时期在秘鲁和智利服军役,在那片遥远的天穹之下创作了史诗《阿劳卡纳》,在这部诗作中,他盛赞了西班牙军队的丰功伟绩,而他自己就是其中一员。埃尔西利亚当时虽然身处南美,目光所及之处皆为自然美景,但无论是终年积雪不化的火山、茂密的热带森林,还是深深嵌入陆地的海湾,它们几乎都没能在《阿劳卡纳》中留下任何身影,诗中没有什么段落可以称为"景色描写"。塞万提斯在《唐·吉诃德》中借唐·吉诃德之口评论各种书籍,这些评论深奥又充满讽刺意味。塞万提斯对《阿劳卡纳》评价甚高,他这么抬高埃尔西利亚,一定是因为意大利诗歌和西班牙诗歌之间历来都在明争暗斗,需要他来推波助澜。可以说,塞万提斯的这个评价也误导了伏尔泰(Voltaire)和后来的评论家。不过《阿劳卡纳》是一部从头到尾都洋溢着崇高的民族之情的作品,它呈现了一个为国家自由而战却节节溃败的土著民族的故事,对该民族的种种习俗也不乏生动的表述。但是埃尔西利亚的措辞冗长迂缓,诗中充斥着大量专有名称,完全没有诗歌动人心弦的魅力。

不过动人的诗作出现在了其他地方:骑士叙事诗的很多段落以及莱昂(Luis de León)作品中忧郁的宗教情绪都令人感怀至深,他的《明朗之夜》歌唱了夜空中永恒不灭的星光。巴尔卡(Calderón de la Barca)的伟大诗作也荡人心腑。对戏剧研究造诣极深的德国诗人路德维希·蒂克(Ludwig Tieck),也是我的朋友,在一封给我的信中写道:"在西班牙喜剧创作发展到完美巅峰的那个阶段,我们常常可以在巴尔卡和他同时代作家的叙事歌谣以及类似抒情颂歌式的诗歌段落中发现关于山川、海洋、花园与森林峡谷的极为优美的描写。这些描写几乎总是被赋予寓意,闪耀出一种精雕细琢的艺术光芒,这种光芒不仅让我们切身感受到自然界流畅的气息、山脉的真实形状和山谷中浓重的阴影，而且还赋予那些和谐动听的诗行以思想的内涵。这种洋溢着思想之光的景物描述一再出现，每一次都略有不同。"巴尔卡在他的剧作《人生如梦》中设计了一个情节：落难的王子被囚禁在自然美景中，飞鸟鱼虫竞相自由，两相对照之下，痛苦之情更加浓重，王子塞西斯蒙多哀怨不已。剧中描写到鸟儿——"长天万里，燕雀振翅翱翔"，描写到鱼儿——"小鱼刚刚从泥泞的鱼卵中孵出，就已经开始寻找远方的大海，鱼儿在水中腾跃，轻盈，无忌，无尽的海洋对它们来说似乎还是太小。花丛间的溪流蜿蜿蜒蜒、九曲回肠，即使是万顷农田也会为它让出一条道路"。塞西斯蒙多绝望地哀号道："我生而为人，心智灵敏，却被困在没有自由的境地！"在《坚贞不渝的王子》中，费尔南多王子对非斯的国王也发表了类似的言辞。不过频繁的对句、诙谐的比喻以及西班牙诗人阿尔戈特（Luis de Góngora Argote）式的"夸饰主义"却把王子的这番话要表达的意思破坏得面目全非。我们在这里引用例证，为的是说明戏剧创作的首要任务是讲述事件、塑造人物、引发情感。正如路德维希·蒂克在给我的信中所言："戏剧中的景物描写只是为了再现心境，表达人物情感的波澜。莎士比亚的戏剧情节跌宕起伏，节奏激荡，他几乎无暇去刻意描写自然景物，但通过偶然的事件或是人物的暗示和情绪变化，莎士比亚却可以渲染出一幅生动的自然图景，让读者深信这幅画就在眼前，自己就身在其中。读《仲夏夜之梦》，我们感觉就好像住在森林中；读《威尼斯商人》的最后几幕，我们就好像看到明月照亮温暖的夏夜，尽管莎士比亚并没有着墨于月光，也没有描摹夜色。《李尔王》中对多佛悬崖的描绘是一段真实描写风景的精彩文字——佯装疯狂的埃德加引领父亲走在平坦的荒野上，假装在攀登岩石。莎士比亚描写了站在险峻的岩石上向下俯视的景象，这一段叙述令人心惊目眩。"

莎士比亚的作品情感跌宕激扬，语言简练有力，如果说其中对自然场景的描写因此而格外形象且饱含特色，那么相比之下，在约翰·弥尔顿（John Milton）的庄严史诗《失乐园》中，描写自然场景的部分就要比叙述情节的部分更加瑰丽和精彩，这也是诗作的恢宏布局使然。弥尔顿施展了所有的想象力，动用了极度华美的语言，来描写天堂的自然风景。不过此处提及的植物与詹姆斯·汤姆森（James Thomson）的说教诗《四季》中写到的植物一样，都描述得比较笼统，没有刻画出清晰的植物样貌。印度作家迦梨陀娑写过一组类似的诗歌——《六季杂咏》，写作时间要比汤姆森的《四季》早1500多年。根据造诣深厚的印度诗歌研究者的判断，《六季杂咏》的语言非常生动，诗中再现了热带大地上生机勃勃的自然景象，其中的植物都塑造得真实形象、各有特点，让人一望即知。但是詹姆斯·汤姆森的《四季》描绘了另一种生活的场景：纬度较高的地区四季分明，从果实累累的秋天过渡到冷寂的冬天，再从凛冽寒冬到春回大地，每个季节人们都耕种劳作，辛勤又欢快，其中自有一番趣味和风情——这是《六季杂咏》所不具备的。

法国和德国的自然文学

如果我们细看现今的文学创作就会发现，自18世纪下半叶以来，散文经历了尤其强劲的发展。虽然说关于自然的科学研究朝着各个方向进一步深入，人类已知事物的数量急剧增加，但是对于少数能够为此欢欣鼓舞的作家来说，庞多的知识并没有令他们窒息，并没有让他们停止用智性的精神去观察自然。自从人类洞察到岩石圈内部深层的机密（灭绝物种的地下坟墓），掌握了动植物的地理分布状况，了解到人类种族的亲缘关系，这种智性观察的范围反而变得更大，观察到的对象也更加宏大。一些作家具有丰富的想象力，他们的文字极大地活跃了人类对自然的感受，加强了人类与自然的联系，并勾起了人们远游的冲动。这些作家包括卢梭（Jean-Jacques Rousseau）、布丰（Georges-Louis Leclerc de Buffon）、圣皮埃尔，再例外提到一位现今仍然在世的作家——夏多布里昂（François-René de Chateaubriand）——他也是我多年的好友；此外还有英国思想深邃的普雷费尔（William Playfair）、德国的格奥尔格·福斯特——福斯特善于辞令，乐于接受对自然现象的抽象概括，曾陪同库克第二次出海环游世界。上述作家对自然的描写都在很大程度上丰富了人类的自然情怀。

不过在本部著作中，我们并不会去逐一分析他们。至于每位作家各有什么特点，是什么让他们笔下描绘的自然风景魅力横生而且让著作广泛流传，又是什么因素影响了他们想要表达的内容，这些都不是我们关注的话题。但是作为一个主要靠观察自然来获取知识的自然研究者和旅行家，我想在这里就自然文学发表一些零散的观点，即自然文学产生较晚，也还很少被注意到。布丰（Buffon）是一位伟大而严肃的作家，他同时深谙天文、生物、光电和磁力方面的知识，他做的物理实验比同时代人以为的要细致得多。当他从叙述生物的习性，开始转入描写自然风景的时候，他的语言就变得非常具有巧思。他善于建构充满艺术气息、节奏分明的段落，更加追求修辞上的华丽壮观，而不是事物特有的真实性。他的文字让读者心中升起一种对庄严事物的感知力，而不是意在通过对自然实物的形象描绘和即时的共鸣去打动读者。布丰的这种写作尝试深受读者青睐，这也在情理之中，但我们还是可以觉察到他其实从未离开过欧洲中部，也从未亲眼见过热带世界，尽管他以为自己描绘出了热带的景象。布丰是位伟大的作家，但他的作品尤其缺失一种理应存在于自然描写和情感表述之间的和谐关联，情感的波澜和自然景物之间本来就具有一种神秘的关联性，可以让人生出种种美妙的体验与幽思，然而布丰的作品对此几乎完全没有涉及。

相比之下，卢梭、圣皮埃尔、夏多布里昂的文字则蕴含着更加深厚的情感。如果说我在这里特别强调卢梭激荡人心的语言风格——他对日内瓦湖畔克拉朗和梅耶里两地如诗如画般的风景描写就是一个例证——那是因为在他的主要著作中，那种对于自然风景的兴奋与愉悦之情主要都是通过语言的诗意内涵直接表达的。卢梭写的虽然是散文，但他的散文情感激荡澎湃，如同克洛普施托克（Friedrich Gottlieb Klopstock）、席勒、歌德和拜伦（George Gordon Byron）的诗作一般，一泻千里。卢梭并不侧重于自然研究，但他是一位热忱的植物标本收集者（他的《新爱洛伊斯》比布丰的《博物志》要早出版20年）。对自然景象的诗意描述就像有着一种魔力，即使是在那些与自然研究并不刻意相关的文字中，就算描写的只是我们熟悉的身处其中的狭小空间，它也能提升我们对自然研究的热情。

我们此刻的目光还是驻足于散文作家，让我们仔细品味圣皮埃尔的小说《保罗与维吉妮》，并于此稍事停留。圣皮埃尔的文学盛誉就归功于这部著作。《保罗与维吉妮》刻画了一幅其他文学作品几乎没有展示过的纯粹的自

第一章　自然文学——人类对自然的情感因时代和种族而异

然图景：一片岛屿凸现于热带汪洋之上，那里的天空时而温和明朗，时而又上演着风雨雷电的激战；岛上森林密布，旺盛的植物恣意生长，地上花团锦簇，宛如缀满花朵的毡毯延伸到远方，两位优美的主人公就出现在这如画的风景中。圣皮埃尔在《保罗与维吉妮》、小说《印度草棚》，甚至是《自然研究》中，都再现了美妙的自然场景——海洋广阔无垠，天空上云团变幻无常，竹林中风声沙沙作响，棕榈树的树梢高高在上，树叶在风中上下翻滚——这一切都刻画得无与伦比地真实。但是《自然研究》一书出现了一些离奇的理论和物理方面的错误，变得有失正确。圣皮埃尔的《保罗与维吉妮》是一部杰作，它伴随我来到热带地区，书里描写的故事就发生在热带地区。这本书，我和我的探险同伴邦普兰（Aimé Bonpland）读了很多年——在南半球明亮而安静的天空下，在淅淅沥沥下个不停的雨季，在奥里诺科河畔——我还记得那时雷声乍起，闪电照亮了整个森林，我们都在读它。书中对自然场景的真实描述令人折服，深深打动了我们，小小的一本书生动呈现了热带大自然独有的恢宏盛势——请原谅我在此处的情不自禁。圣皮埃尔对单个的事物有着精准的理解，在描述细节的同时并没有妨碍到作品的整体印象，有待处理的外部素材也没有因为细节刻画而失去诗意想象带来的内在活力。另一位思想深邃、情感丰富的法国作家，夏多布里昂，也做到了这些，而且水平更胜一筹。他的作品《阿达拉》《勒内》《殉道士》《巴黎到耶路撒冷纪行》都体现出这些特征。他的创作融汇了地球上各个不同地区反差强烈的自然景致，描写得极为生动真实。他在文字中提到了很多历史记录，这些史实本身就是严肃和宏大的，即使仓促的旅行也会因阅读他的作品而获得一种深刻而悠然的感受。

在德国文学中，人对自然的感怀向来只是通过田园牧歌、牧羊人小说和训诫诗来表达，这一点与意大利和西班牙文学如出一辙。保罗·弗莱明（Paul Flemming）、布洛克斯（Barthold Brockes）、多愁善感的克莱斯特（Ewald von Kleist）、哈格多恩（Friedrich von Hagedorn）、萨洛蒙·格斯纳（Salomon Geßner）以及哈勒（Albrecht von Haller）都是以这种方式描写自然。其中哈勒是迄今为止最伟大的自然研究者之一，他的某些具体描述与其他研究者相比更加确切，表现出较为客观的真实色彩。田园挽歌式的元素统领了当时的

上 篇 自然文学、风景画、异域植物

自然文学,忧郁伤感之情倾泻其中,但是此类作品的内容贫乏枯竭,即使是约翰·沃斯(Johann Heinrich Voss)这样精通古典文学的大师,也不能通过高超卓越的语言艺术掩饰其作品内容上的欠缺。此后,地理学研究的深度和广度有了显著增加,自然科学不再只是局限于以表格的形式列举自然物产,而是提升到了比较地理学的卓越视角,只有在这样的前提条件下,使用精湛的语言才能刻画出遥远地域生动的自然风情。

自然文学的发展变化

当我们今天读到一些较早的中世纪旅行家的游记,如英格兰的约翰·曼德维尔(John Mandeville)、慕尼黑的约翰·席尔特伯格(Johannes Schiltberger)、布雷登巴赫(Bernhard von Breidenbach)的作品,我们还会由衷感到愉悦。他们的文字散发着天真之情,让人心生钟爱;他们的语言自由流畅,读者能够感受到他们笃定的态度。当时的读者毫无成见,还可以充满好奇地倾听,比较相信所听之言,这是因为那个时候人们还没有意识到要为流露出喜悦或惊讶的情绪而感到羞耻。旅行对中世纪的人而言可谓是一项扣人心弦的举动,旅途中的奇异见闻势必会自然地萦绕于心间,这给旅行本身赋予了一种几近史诗般的色彩。这些旅行家的作品很少描写当地居民的生活习惯,虽然和当地人有接触,但他们并没有形象地叙述那里的生活,也很少描写植被的状况和植物名称,除非是见到极为鲜美或是形状奇特的果实,或是巨大的树干和枝叶,才会偶尔提及。对于所见的动物,他们习惯首先描写与人类相似的动物,其次尤喜讲述危险的猛兽。当时的人对旅行家在异域有可能遇到的所有危险都深信不疑,但真正遭遇到这些危险的人只是少数。船只行驶缓慢,加上缺乏联络工具,"印度"——所有热带地区当时都被称作印度——在他们看来是那样遥不可及。哥伦布在给卡斯蒂利亚女王伊莎贝拉一世(Isabella I)的信中写道:"地球并没有那么大,比人们想象的要小多了"。哥伦布所言虽是,不过凭借当时的知识储备他还没有资质发表这样的言论。

第一章　自然文学——人类对自然的情感因时代和种族而异

　　这里描述的那些中世纪的出行早已被遗忘，虽然当时人们不具备丰富的地理知识，而且游记的内容贫乏，但是从旅行的进程和创作的谋篇布局而言，却比我们现在的大部分旅行更具有优势。那时的旅行是一个统一的整体事件，这是任何一种艺术作品产生的先决条件，旅行的方方面面都与旅行本身相关，所发生的一切都是为了让旅行能够进展顺利。那时流传着很多关于异域的传说，这些传说本身比较简单，但是很生动，讲述了探险者经历千难万险最后战胜困难的故事，人们对这些故事深信不疑，并由此生出对远行的渴望。关于阿拉伯人、西班牙犹太人和佛教人士之前在勘察地理方面取得的成就，基督教的探险者一无所知，所以到处宣称是他们首先发现并记录了这一切。那时的东方和亚洲内陆都披着面纱，神秘莫测，因为距离遥远，所以每一个到达了异域的探险者都显得格外高大。但是新近的旅行，尤其是那些以科学考察为目的的旅行，大多都缺乏这样的一体性。科考旅行这个行为只是为了观察自然，对大自然的情感最终淹没在浩瀚的观察素材中。只有一些特定的情形才会在人们内心激荡起强烈的兴趣，才有可能让旅行者写下独特的游记，比如攀登险峰，即使登山本身并不能带来多少知识，比如在未知海域进行英勇无畏的探险，比如身处极地——周围冰雪覆盖，其死寂的景象令人战栗。当周边的环境荒芜寂寞，当水手孤立无援，此时眼前所见的画面就会赫然显现，让人浮想联翩。

　　如上所述，在新近的旅行文学中，旅行这一目的本身已经退回到幕后，旅行文学大多变成了按照时间顺序记录自然观察和社会观察的方式，因而显得有些黯然失色，这些都是不可否认的事实。但是另一方面，现在的旅行文学提供了丰富的观察素材，拥有宏大的世界全局视角，而且竞相使用各种语言自有的特质去生动展现所见之物。当前文化带给我们的，是不断扩展的视野，是丰富的思想和情感，是两者之间的相互影响。不用离开脚下的家乡大地，我们就可以获悉远方地壳的结构和样貌，就会知道哪些动植物给那片土地带来了生机。人在任何一个地域、任何一个场景都会从外界获得特定的感受，旅行文学应该创作出至少能够生动反映这些感受的部分画面。当今的时代正在致力于满足这样的要求和人们的心理需求，这是一种古典时代不曾了解的精神认知上的愉悦之情。我们的努力卓有成效，因为这是所有文明的民族共同创造的精神成果，因为海上和陆上的交通工具日臻完美，远方变得更容易到达，世界各地也变得更具可比性。

　　观察者可以借助自己的描述能力再现自然原貌，可以使用多种描写自然的手法给文章增色。天地之大，无穷无尽，创造性的和毁灭性的自然力量在其中角逐，永不停息，看待自然的视角因此也是多种多样、层出不穷的。旅行文学中的这些趋势和特色都可以激发并扩展自然科学研究，以上是我就此所作的阐述。在我看来，就德国文学而言，最成功也最有力地开辟了这条路径的作家就是格奥尔格·福斯特，他声名显赫，是我的老师和挚友。科考旅行由他开始进入一个新的时代，研究比较地理学和比较民族学即是这些旅行的目的所在。格奥尔格·福斯特天生拥有一种细腻的美学感受力，他的游记再现了塔希提岛和南太平洋岛屿的美丽景象，那些鲜活的画面迸发出无穷尽的想象力，当时的南太平洋岛屿显得更加令人神往一些。福斯特首先以优美的笔触描写富于变化的植被层，然后描述气候状况，接着再根据原始居住地和种族的不同叙述当地人的生活习性和饮食。一个人在面对异域的大自然并悉心观察时，会心生百感，而福斯特的自然文学则集真实性、独特性和形象性于一身。不仅是那些记录库克第二次远洋航海的文字，更有他的小品文，都蕴藏着饱含崇高性的萌芽，时光让这些萌芽日后都结出了硕果。只可惜这样一个高贵、情感丰富又永远满怀希望的生命也未能获得幸福的人生！

　　我们欣喜地看到，近年来自然文学有了长足进展，尤其是德国、法国和北美的自然文学。如果说有人把这些文字称作"描述性诗歌及风景文学"，并对此抱持指责的态度，那么这种指责针对的只是一种对"文学"这个概念的滥用。因为滥用。人们自认为很多事物是艺术，自以为扩展了艺术的领域。法国诗人雅克·德力尔（Jacques Delille）的文学生涯漫长而又满载盛誉，他在晚年用诗意的语言描写了自然物产。他的文字叙述，尽管语言艺术极尽精致，音韵格律抑扬顿挫，但是从更高的意义上讲，却绝不能被称作"自然文学"。这些文字并没有散发出对自然的激动之情，因而也就缺失了诗意的根基——它们是淡漠的，冰冷的，只剩下外在的语言修饰发出光彩。所谓的"描述性诗歌"逐渐自成一体，成为诗歌的一个分支，如果说它们受到了合理

第一章　自然文学——人类对自然的情感因时代和种族而异

的指责，那么这种指责当然不是为了讨伐那种严肃的写作追求——现代的自然研究取得了丰富的成果，作者定然会力求用生动形象的语言魅力来展现这些成果。有人游历远方，在静观自然之际，自会有心旷神怡之情从心底升起，当观者意欲再现眼前的自然景象时，难道不应该使用语言艺术来创造这幅图画吗？阿拉伯人的语言具象、感性，他们说最好的描述是"那些可以把耳朵转化为眼睛的描述"。当前，大有一些功勋卓越的旅行家和自然历史作家沉湎于撰写内容贫乏的诗意散文，耽溺于宣泄心灵的虚无，而且这种现象同时发生在很多国家，这是当代的一种不幸。当这样的文字风格因为缺乏文学素养，尤其是因为缺乏内心的感动，而沦落为浮夸的修辞和抑郁感伤之言，那么这种误区就更加令人感到悲哀。

我在此需要强调，描述自然的文字可以有清晰的界定，可以有精确的科学性，但并无须因此而失去想象力带来的种种鲜活和美好。我们深刻觉察到感性与理性之间的关联，也清楚感知到自然界的事物具有普遍性，它们彼此制约又互成一体，而诗意必须要从这样的认知中产生。描述的对象越是宏大庄严，就越是要小心避免外在的语言矫饰。自然画卷本身的影响在于它的结构和谋篇布局，作者任何一种刻意的浮夸修饰都只会带来负面作用。如果一个人深谙古典时代的伟大著作，掌握丰富的语言并能够随心所欲地驾驭它，而且善于用简洁、个性化的笔法展现他通过观察体悟到的一切，那么他对彼时情境的描述一定不会出现偏差。如果他聚焦于描绘周边的自然，而不是自己的情绪，那他就不会干扰到读者阅读时生发的情感，这样一来，他的描述就会更加无误。

给当今自然研究领域带来极大吸引力的，并不只是那些对赤道地区的生动描述——虽然说那里确实阳光强烈，温暖湿润，一切有机生物的萌芽都在加速生长进化，盛装打扮着热带的土地。当我们深入观察有机生物时，会体悟到其中神秘的魔力，然而这种魔力并不只限于热带世界。生物的形态和种类具有延续性，它们或是反复出现或是略有差别，地球上的任何一个地带都展现了这样的生命奇迹。自然的力量无所不在，自然的王国强劲彪悍。无论是在厚重的云层，还是在柔嫩的有机物组织，自然元素亘古以来都交相鏖战，然而自然的力量始终致力于平息战斗，把它们联结并驯服为和谐的整体。造

上　篇　自然文学、风景画、异域植物

物主创造的自然界广阔无际，从赤道到寒带，只要是在时至春天就有花苞绽放的任何一个地方，人们都会感到生命的力量，继而心生喜悦，胸中波澜涌动。我们的祖国尤其有资格抱有这样的信仰。德国虽地处北方，但是哪一个南方民族不羡慕我们有一个伟大的文学巨匠——歌德？他所有的作品都贯穿着一种浓厚的自然之情，从《少年维特之烦恼》，到《意大利游记》，再到《植物变形记》，无不如此。他言辞激越地鼓励同时代人破解宇宙的神圣谜题。在人类的少年时代，哲学、物理、诗歌相互渗透，被同一条纽带紧紧缠绕起来，歌德为恢复这些学科间的关联而大声疾呼。有谁像他一样有如此洞见？又有谁像他一样如此深入到那个对他而言宛若故乡的精神家园？——那里"碧云天，和风薰，香桃静立，月桂擎天"。

第二章

风景画对自然研究的推动作用

· *Landschaftsmalerei — Graphische Darstellung der Physiognomik der Gewächse* ·

  风景画也并不只是单纯的临摹，它有着更多的物质基础，更多展现大地上的风物与生命。风景画要求画家呈现丰富的内容，并对自然景物投以直接的感性观照，这种观照会融入画家的心绪，孕育出内涵深厚的画作，当观者驻足观看这些作品时，会觉得它们是自由创意的结果。只有当对自然景致的精深领悟和内心的精神感受融为一体时，画家才能创作出风格宏伟壮阔的风景画。

  风景画或多或少都是歌咏自然的诗意表达，风景画的伟大恰恰要归功于这种创造性的精神力量。精神力量的伟大之处就在于它并不被画面上所呈现的土地牢牢牵绊，而是超然于其上，意蕴无穷，就像是被赋予了想象力的人类。

第二章　风景画对自然研究的推动作用

古希腊与古罗马的风景画

　　就像活泼灵动的自然文学一样，风景画也可以激发人们对自然研究的热爱。两者都向我们展示了形态丰富多样的外在世界。自然文学和风景画都试图理解和展现自然，此举有时成功一些，有时逊色一些，就其较为成功的案例而言，两者都能够把感性的东西与非感性的东西结合起来。追求这种结合正是美术最终极、最崇高的目标。因为本书致力于科学研究，所以我在此聚焦于另一个视角：风景画可以形象地展现各个地域的自然景象，可以勾起人们对远行的渴望，而且以一种富有教益且优美的方式吸引人们与自然往来。——这些都是我们谈论风景画的着眼点。

　　对于古希腊人和古罗马人特有的精神倾向而言，风景画和有关地貌的诗意描写一样，都不被视为自成一体的艺术，两者都只是被视作饰物。风景画服务于其他目的，长期以来仅仅是历史场面的背景或是壁画上偶然出现的图案而已。如果史诗作者优美地刻画了一个自然场景，那么他是要让读者身临其境地感触到历史事件的发生地，这与风景画的作用是相似的。我又要说：这么做是为了渲染人物行动的背景。艺术史向我们清晰展示了：作为饰物的风景是如何逐渐演变为美术主要表现的对象，是如何从历史画中分离出来，成为独立的艺术种类；而人物又是如何淡出画面中心，进而转变为山峦、森林、海岸和园林的点缀品。历史画和风景画这两种艺术类型的分离是逐步形成的，这一过程对不同文明时期的艺术发展都起到了推动作用。在古典时期，美术总归只是从属于雕塑艺术，所以人们说，那种对于用画笔呈现出的自然之美的认知感受，不是古典时代的情感，而是现代人的情感。

　　古希腊人最早的绘画作品极有可能就已经开始用图形来展现一地的独特地貌，根据历史学家希罗多德的叙述，我们可以看到一些零星的踪迹。例如，

◀ 洪堡说道："法国博物学家普雷沃斯特创作了大量佳作……画面的场景真切生动，几乎可以取代异域远游看到的风景。"

· Landschaftsmalerei — Graphische Darstellung der Physiognomik der Gewächse ·

上　篇　自然文学、风景画、异域植物

古希腊萨摩斯岛（Samos Insel）的建筑师曼德罗克勒斯（Mandrocles）就曾令人为波斯大流士大帝（Darius Ⅰ）作画，描绘其军队横渡伊斯坦布尔海峡（Istanbul Strait）的景象；又如，古希腊壁画家波利格诺托斯（Polygnotus）在德尔斐（Delphi）阿波罗神庙的墙壁上再现了特洛伊陷落的场景。古希腊智辩家菲洛斯特拉托斯（Flavius Philostratos）描述过一些画作，他提到了一幅刻画火山爆发的风景画，画面上烟柱从火山口喷薄而出，炽红的岩浆滚滚注入临近的大海。画作的结构布局非常复杂，其上有七座岛屿可见，近来的研究者甚至认为这幅画呈现的是西西里北部的埃奥利火山群岛（Isole Eolie）。古希腊悲剧作家埃斯库罗斯（Aischylos）和索福克勒斯的作品当时一再上演，通过透视法创作的舞台背景画给演出增添了异彩，绘画中的景物画由此逐渐得到了扩展，舞台背景画唤起了一种渴望，人们希望在舞台上真实呈现无生命的景物（如建筑、森林、岩石）。

随着场景造型技术的不断完善，风景画在古希腊人和喜爱模仿的古罗马人的生活中占据了更多的领地，并逐渐从舞台进入了殿堂建筑。殿堂里廊柱林立，空白的墙壁大面积伸展开来，画家起初在墙上画了某些有限的自然景物，接着又画上了城市、海岸和辽阔牧场的大幅场景，牧场上牛羊散落，悠然漫步。这些优美的壁画并不是奥古斯都大帝时代的罗马画家塔迪乌斯（Spurius Tadius）发明的，但是他让这种壁画形式变得喜闻乐见，他把人物点缀在壁画中，给画面带来了栩栩生机。我们在印度的文学作品中看到：几乎与此同时，甚至是更早的半个世纪之前，即在古印度皇帝维克拉玛蒂亚的辉煌时代，风景画在印度就已经是一种技艺精湛的艺术形式。迦梨陀娑的剧作《沙恭达罗》叙述了一个情节，国王豆扇陀看到了一幅画家为情人所绘的画像，不过他对此画并不满意，他要求画家"在画面上展现情人喜欢的自然风景，画上要有马里尼河畔的景象，红色的火烈鸟在岸边的沙洲闲步徐行，还要有一道山峦乍起，隐隐融入远处的喜马拉雅山脉，山间还有羚羊轻快地奔走"。这些要求都不简单，这至少意味着当时的人们相信具有如此复杂结构的画面是可以创作出来的。

自从罗马建立帝国以来，风景画就作为自成一体的艺术形式出现在罗马。但是根据赫库兰尼姆（Herculaneum）古城、庞贝（Pompeii）古城和斯塔比

第二章　风景画对自然研究的推动作用

亚（Stabiae）古城出土遗迹向我们展示的情况来看，这些风景画更像是一个地区的地图式的总览，画面上主要是港口、住宅和园林，而很少展现自然的面貌。古希腊人和古罗马人似乎只是对大自然中那些舒适宜居的地带感兴趣，对那些我们认为的原始浪漫的风景却视而不见。当时的风景画追求常规的布局，时常会出现一些透视方面的疏漏，如果忽视掉这些，画面呈现的景物可以说是真实准确的。这些画面非常巧妙地把动物和植物融为一体，动植物有节奏地反复出现，宛如阿拉伯纹样一般。不过古罗马作家、建筑师维特鲁威（Marcus Vitruvius Pollio）对此类阿拉伯纹样的构图深为不满，他是一位严格的艺术家。这里我要引用奥弗里德·缪勒（Otfried Müller）在《艺术考古学》一书中的文字来直抒胸臆："自然风景散发出一种朦胧的充满寓意的精神，以此打动我们的心灵。但古人的心境不同，他们不认为自然界流露出的意蕴值得用艺术手段呈现出来，他们在创作风景画时，不大具有庄严深情之感，反而是更有一种玩笑式的嬉戏之意。"

在古希腊古罗马的时代，有两种艺术方式可以用于形象地展现自然，一种是文字，一种是图像，它们都逐渐演化为较为独立的艺术形式，两者的发展过程具有相似性，以上我们描述了这种相似性。庞贝古城的挖掘工作最近又有了可喜的持续性进展，其中出土的塔迪乌斯风格的风景画向我们表明，这些风景画很有可能产生于同一个而且是非常短暂的时代，即从罗马皇帝尼禄（Nero）到提图斯（Titus）的这段时间。在庞贝古城因为维苏威火山爆发而被彻底吞噬的16年之前，它就已经经受了一次地震带来的灭顶之灾。

东罗马帝国时期的风景画

之后的从君士坦丁大帝（Konstantin der Große）到中世纪初始时期的基督教绘画，从艺术特征上看，都与真正的古希腊和古罗马风格相似。它向我们展示了一个珍贵的承载着古老记忆的艺术宝藏，其中包括许多小画像，它们作为装饰出现于一些华丽的保存完好的文稿中，此外还包括许多产生于同

上篇 自然文学、风景画、异域植物

一时代的比较少见的镶嵌画。德国艺术史学家鲁莫汉弗（Carl Friedrich von Rumohr）曾经在罗马的巴贝里尼宫（Barberina）称赞过一篇《旧约》诗篇的文稿，该文稿上有一幅小画像。他说道："大卫身处一片美丽而静谧的树林，手抚竖琴，众宁芙①从枝叶中探出头来，侧耳倾听。这种人格化的创作显示了整幅绘画的古典根源。"6世纪中叶以来，意大利经济没落，政治分崩离析。在东罗马帝国，主要是拜占庭艺术保留了古典艺术的余音和一些曾经盛世繁华的难以磨灭的艺术形象。拜占庭艺术是古典艺术到中世纪后期艺术的过渡，在中世纪后期，偏爱用绘画来装饰文稿的做法从东部的希腊地区蔓延到了欧洲的西部、北部、法兰克王国、英国以及荷兰，因此文稿装饰画对近代艺术的发展起到了不可低估的影响。艺术史学家古斯塔夫·瓦根（Gustav Waagen）在《英国和巴黎的艺术品与艺术家》一书中写道："许贝特·范艾克（Hubert van Eyck）和扬·范艾克（Jan van Eyck）两兄弟都是著名的画家，从本质上说，他们都是从小画像学派中走出来的大家，小画像艺术从14世纪后半叶起就已经在弗拉芒（Flandern）地区发展到了完美的境界。"

细致表现风景的绘画最先出现在范艾克兄弟的历史画作中。两兄弟都未曾去过意大利，但是弟弟扬·范艾克曾经亲眼看见过南欧的自然植被。勃艮第的菲利普三世公爵（Philipp der Gute）因向葡萄牙国王若昂一世（Johann Ⅰ）之女求婚，1428年派使团出使里斯本。扬·范艾克一道陪同前往，目睹了南欧风情。柏林博物馆收藏了范艾克兄弟为根特大教堂所绘的画作的两翼，他们两位是伟大的荷兰画派的真正奠基者。静观这幅画作的两翼，我们可以看到神圣的隐居者和朝圣者，柑橘树、刺葵树、柏树错落散布其间，成为扬·范艾克笔下风景中的亮丽点缀。这些树木刻画得极为自然真实，与画面中其他色彩沉重的部分形成了鲜明对照，传递出一种庄严崇高之感。看到此画，观者完全可以感受到画家当时的心境，那是画家第一次亲眼见到南方的植被，温暖的和风从树林中徐徐吹过，内心油然升起一种震撼。

范艾克兄弟的这幅佳作出自15世纪上半叶，当时的油画技术业已非常发达，刚刚开始取代蛋彩画画法，但是在技术层面上已经臻于完美。这时

---

① 宁芙（Nymph）是希腊神话中次要的女神，有时也译为精灵或仙女。——译者注

候画家们的内心突然升起了一种追求，希望真实生动地再现自然的形态。随着历史的推进，人们对自然的情感逐渐得到了升华，如果想要追溯这种自然情怀是如何蔓延开来的，我们就需要知道一些细节：意大利画家梅西那（Antonello da Messina）是范艾克兄弟的学生，他把两位老师偏爱描绘自然风景的特点带到了威尼斯；范艾克画派的作品对佛罗伦萨的艺术大师——如基尔兰达约（Domenico Ghirlandaio），也都在同样的意义上产生了深远的影响。此时的景物绘画追求的是细致描摹自然，但表现手法整体上还是显得拘谨。直到提香·韦切利奥（Tiziano Vecellio）的出现，我们才在他的杰作中看到了那种对自然景物自由而又精湛的表现方式。我有幸在巴黎的博物馆观赏过一幅提香·韦切利奥的油画，而且观赏了很多年，画面展现的是圣伯铎（Petrus von Verona）在森林中被阿尔比派异端分子暗杀的场景，与圣伯铎一同出现的还有一位道明会僧侣。树木高大，枝叶摇曳，远处寒山隐隐，透出幽蓝之光，整体的色调和亮度明暗相宜，这些都让人心生一种庄严静穆和深切之感，画面的景物布局结构简单，却随处渗透着真情。提香·韦切利奥画作中的自然景致都呈现得非常真实生动，他不仅在描摹美丽女子的画作中优美地展现了山河、树木、天空，比如《沉睡的维纳斯》，而且在那些题材较为凝重的画作中也同样对景物进行了符合画面内容的个性呈现。无论是山川大地，还是苍穹云朵，都极具特色，比如描摹诗人阿雷蒂诺（Pietro Aretino）的肖像画就是如此。意大利博洛尼亚画派的卡拉奇（Annibale Carracci）和多梅尼基诺（Domenichino）都在创作中忠实地体现了这种庄严崇高的风格。

风景画的鼎盛时代

如果说历史画的鼎盛时期是16世纪，那么风景画杰作横生的辉煌时代就是17世纪。人们对自然的认知越来越深入，对自然的观察也越来越细致，因为题材的多样性，人们的艺术感受得到了不断的扩展，技术上的表现手法也逐渐臻于完美。画面与情绪的关联更加密切，对自然之美原本温和的表现

上　篇　自然文学、风景画、异域植物

手法因此得到了升华，人们也开始深信自然景物能够启迪人的内心感受。艺术有其庄严崇高的目标，如果说自然对人内心的启迪能够把真实的景物转变为想象力的创作对象，如果这种说启迪可以让我们自然地心生一种安宁之感，那么我们欣赏这些作品时，心中会涌起绵绵的感动之情。如威廉·洪堡所言，只要我们去凝视自然与人性的深处，大自然带来的启迪就会顿时击中人心。在 17 世纪的 100 年间，杰出的画家如泉涌般齐聚一堂，如法国画家克洛德·洛兰（Claude Lorrain），他创作的画面光影流动，远方的场景朦胧缥缈，是田园风光的绘画大师；如荷兰画家勒伊斯达尔（Jacob van Ruisdael），他长于表现自然伟岸的一面，画面上密林幽深，云团压境；如法国画家加斯帕德·杜格（Gaspard Dughet①）和尼古拉·普桑（Nicolas Poussin），他们笔下的树木巍峨高大，极具英雄气概；再如荷兰画家埃弗丁恩（Allart van Everdingen）、霍贝马（Meindert Hobbema）、库伊普（Aelbert Cuyp），他们创作的自然风景画都栩栩如生。

　　在绘画艺术蓬勃发展的这一幸运阶段，画家们巧妙又精湛地描摹了自然，展现了欧洲北部、意大利南部和伊比利亚半岛的植物和风光。画家在画面上添加了柑橘树、月桂树、松树和一种刺葵属植物。除了原产欧洲的矮小的棕榈树之外，刺葵是棕榈树家族中唯一一种可以在欧洲见到的种属，它通常被用一种常规的手法呈现在画面上，树干上布满了蛇皮一样的鳞片。长久以来，刺葵被视为所有热带植被的代表，就像现在还很盛行的一种观念认为意大利石松可以全权代表意大利的植被类型。高大山脉的轮廓较少受到关注，至于阿尔卑斯山牧场之上的那些皑皑雪峰，当时的自然科学家和风景画家都觉得难以企及，其作品也就更少会涉及它们了。风景画上的岩石峭壁样貌奇特，嶙峋起伏，不过并未引起人们更多的关注，它们只是被真实地呈现出来。画家笔下的瀑布奔流而下，在山间犁出一条道路，水花飞溅，泡沫翻滚。这些画也同样展现出一种全然沉浸在自然中的自由的艺术精神。鲁本斯（Peter Paul Rubens）是历史画大师，但他描摹狩猎场景的大型画作也非常精湛，他刻画了森林中野生动物奔跑跳跃的形象，没有人比他描绘得更加生动，同时

---

① Gaspard Dughet 是他的本名，洪堡原本将之写为 Gaspard Poussin，因其是 Nicolas Poussin 的学生。——译者注

第二章 风景画对自然研究的推动作用

他也极为成功地抓住了埃尔埃斯科里亚尔高原（El Escorial）的地貌精髓，再现了那里贫瘠荒芜、岩石林立的自然景致。

在历史的发展过程中，人们看到了更广泛的地域，也比以往更容易进行长途旅行前往其他气候区，对不同植被形态相较之下的美丽和分类有了感受，认识到了植物自然家族的分布。当所有这些条件成熟之后，绘画作品对自然独特风貌的艺术展现才逐渐变得多样和准确起来，而艺术正是我们这一章节讨论的对象。哥伦布、达·伽马、卡布拉尔（Alvares Cabral）在中美洲、南亚和巴西有了大量新发现；西班牙、葡萄牙、意大利、荷兰广泛推行土特产和毒品贸易；巴黎、帕多瓦（Padova）、博洛尼亚（Bologna）这些城市在1544年至1568年间纷纷建起了植物园，不过当时还没有真正意义上的温室。所有这些变化都让欧洲画家接触到了具有异国风情的奇特物产，甚至是热带物产。佛兰德斯（Flanders）①画家老扬·勃鲁盖尔（Jan Brueghel）16世纪末就已经开始扬名天下，他在画作中运用优美的笔法栩栩如生地展示了某些热带果实、花卉和枝叶的样貌。但是直到17世纪中期以前，画家们都没有条件亲身感受热带的独特自然风景并用画作将其展现出来。如古斯塔夫·瓦根所言，第一位亲历热带并用绘画艺术呈现其景致的画家很可能是来自荷兰哈勒姆（Haarlem）的波斯特（Frans Post），他曾经陪同拿骚-锡根亲王约翰·毛里茨（Johann Moritz）前往巴西。约翰·毛里茨作为巴西荷兰属地统治者于1637年至1644年间驻扎在巴西，一直满怀热情地经营着热带物产。波斯特常年在圣奥古斯丁（San Augustin）的前山、万圣湾（Bucht aller Heiligen）、圣弗朗西斯科河（Rio San Francisco）畔以及亚马孙河下游写生，他有时把这些写生作品转变为油画，有时把它们加工为铜版画。美丽的丹麦腓特烈堡城堡中保存着荷兰画家埃克霍特（Albert Eckhout）的大型油画佳作，他也曾陪同约翰·毛里茨亲王于1641年前去巴西。他的画作生动再现了棕榈树、番木瓜树、香蕉树和蝎尾蕉属植物的奇异风姿，当地的土著人、长着彩色羽毛的鸟类和走兽也都作为绘画题材走入了埃克霍特的画作中。

---

① 又译为法兰德斯，是西欧一个历史地名。——译者注

直到航海家库克第二次环游世界之前,只有个别有天赋的画家像上述两位一样远游他乡,用画笔展现了当地的自然景致。英国画家威廉·霍奇斯踏上库克环游世界的洋轮,沿途画下了南太平洋西部的岛屿;奥地利画家费迪南德·鲍尔(Ferdinand Bauer)远征澳大利亚和塔斯马尼亚岛,描绘了当地的动植物,他们都通过绘画艺术让世人看到了异国他乡的自然风貌。在我们这个时代,德国画家鲁根达斯(Johann Moritz Rugendas)、法国艺术家克拉拉克(Charles Othon Clarac)伯爵、德国画家希尔德布兰(Eduard Hildebrandt)都在旅途中画下了热带地区的自然盛况;德国自然研究者、画家克特立茨(Heinrich von Kittlitz)陪同俄国海军上将吕特克(Lütke)出海环游世界,用画笔展示了许多其他地区的自然风光。与前辈相比,这些当代画家的创作题材更加宏大,绘画技艺也更加高超。

如果一个人对山川河流与森林的自然之美具有感受力;如果他曾经亲自行走在热带地区的沟沟壑壑;如果他不仅漫游过种植着农作物的海岸地带,也踏上过积雪覆盖的安第斯山以及喜马拉雅山、尼尔吉里山的山脊,或者也在处于奥里诺科河和亚马逊河流域之间的原始森林中穿行过;如果他用心欣赏这些地带丰盛浩瀚的各种植物,那么他就会由衷地发出一种慨叹。他会感叹,在两大洲南北回归线之间以及苏门答腊岛、婆罗洲岛、菲律宾群岛的岛屿世界之中,风景画艺术家们还有多么广阔的领域可以去开发去描绘;而人们通过巧思和技艺取得的绘画成就与大自然不可估量的宝藏相比,实在不值一提,艺术有朝一日还需征服这些宝藏。我们希望风景绘画能够发展出前所未有的盛况。如果天赋过人的艺术家可以经常跨出地中海的狭隘边界,不是只待在海岸地带,而有机会深入热带潮湿的山谷,并以一种年轻灵魂固有的蓬勃朝气去亲身体验丰富的自然景物,那我们的希望就有可能实现。

到目前为止,亲历过这些壮观自然景象的旅行家在人生早期往往都缺乏艺术训练,而且他们各有自己的科研兴趣,所以难有机会蜕变为风景画家。热带的植物丰盛奇异,花朵枝叶样貌独特,让远道而来的欧洲访客兴趣盎然,但是极少有人懂得该如何抓住并展现热带自然的整体风貌。国家出重金建立考察队伍,令艺术家陪同前往,但是同行的艺术家往往只是被偶然选中,无力完成这样一个使命的要求。其中那些较有才华的画家在旅行途中目睹到雄

第二章 风景画对自然研究的推动作用

伟的自然景致,开始描摹写生,刚刚掌握了某些技术方面的精湛技艺,但是这时候旅行已经将近尾声。此外,这样的世界环游并不适合艺术家从事创作,因为他们很少有机会进入真正的森林地带、溯源到河流的上游或是登上内陆山脉的高峰。

当艺术家返回家乡以后,虽然积累了一些在旅行途中画下的关于自然景观的速写,但是在创作风景油画时,这些速写只能辅助画家在画作上展现异国风景的主要特点。除了大型场景的速写草图,如果画家们还有大量当时当地在大自然中完成的关于单一景物的素描或油画作品——倘若它们细致记录了枝叶繁茂的树冠和绿叶密集、鲜花绽放、果实累累的树枝,或是躺倒在地的长满天南星科植物和兰花的壮硕树干,或是岩石、河岸、森林中的土地,那么他们就更有条件创作出高超又生动的画作。这些写生作品能够帮助画家免受温室植物以及所谓的植物画的误导。

西班牙、葡萄牙殖民统治下的美洲取得独立,印度、澳大利亚、桑威奇群岛(Sandwich Islands)以及非洲南部殖民地的文化势力正在增强,这些世界大事不仅为气象学和描述性地理学,而且也为风景画带来了强大和鲜活的推动作用,此趋势所向披靡势不可挡。如果没有这些地区发生的历史性大事,以上领域是不可能取得长足进展的。在南美洲,一直到海拔13000英尺[①]的高地几乎都有城市出现,而且人口众多。从这个高度向下看,植物层层过渡,人们可以见到所有气候带的专属植物类型。现在美洲内战结束,建立了自由的宪法,高原众国人民的艺术感受力终于觉醒,我们又可以期待更多关于自然的写生画作面世。

风景画唤起的艺术感受

所有与表达激情和呈现人体之美相关的艺术,都在北半球的温暖地带——在希腊和意大利的天穹之下,达到了最高的完美成就。艺术家挖掘内

---

① 1 英尺 = 0.3048 米。——译者注

上 篇 自然文学、风景画、异域植物

心深处，充满感性地凝视自身族群，同时运用自由创意和临摹的手法，创作出历史性题材的画作类型。风景画也并不只是单纯的临摹，它需要关注物质基础，更多展现大地上的风物与生命。风景画要求画家呈现丰富的内容，并对自然景物投以直接的感性观照，这种观照会融入画家的心绪，孕育出内涵深厚的画作，当观者驻足观看这些作品时，会觉得它们是自由创意的结果。当对自然景致的精深领悟和内心的精神感受融为一体时，画家才能创作出风格宏伟壮阔的风景画。

地球上的任何一个角落当然也都只能体现地球整体风貌的一个小小侧影。有机物的基本形态在各种生物或是有机化合物中不断重复出现。即使是严寒的北方大地，一年当中也有几个月的时间覆盖着蔓蔓草丛，那里也有开着硕大花朵的山间植物，天空也泛着温和的淡蓝色。我们的风景画家虽然只熟悉本地形态较为简单的植物，但他们创作的优美画作也饱含深厚的情感和恣意驰骋的想象力。这些风景画尽管只是着眼于本土较为狭小的植物王国，但也不乏天赋高超的画家创造出佳作，如卡拉奇、加斯帕德·杜格、克洛德·洛兰、勒伊斯达尔，他们在有限的欧洲植物世界中还是发现了足够的创作空间，通过观察形态各异的树木和变化无常的光影，像施魔法一般塑造出许多千姿百态的成功杰作。艺术创作还有更高的境界可以期待，我在此提及其不足之处，是为了提醒人们回忆起自然科学与诗歌和艺术之间存在的古老纽带，但是我的些许微词并不会削减那些绘画佳作广泛流传的盛誉。之前已经说过，无论是面对风景画还是面对其他任何一个艺术领域，我们都需要对艺术品传达出的两种事物加以区分：一是创作者感性的直接观察对作品带来的影响，这是一种较为有限的方式；二是从创作者感受深处以及他们理想化的强大精神力量中生发出来的意蕴，这是一种无边无形的影响。风景画或多或少都是歌咏自然的诗意表达，风景画的伟大恰恰要归功于这种创造性的精神力量。精神力量的伟大之处就在于它并不被画面上所呈现的土地牢牢牵绊，而是超然于其上，意蕴无穷，就像是被赋予了想象力的人类。纵观从勒伊斯达尔、埃弗丁恩，到克洛德·洛兰，再到普桑、卡拉奇等人所画的树木形态的变化过程，我们就会领悟到这一点。在绘画大师的作品中我们感觉不到地域带来的局限性，但是如果能够扩展眼界，见识更美丽更壮阔的自然形态，体

第二章 风景画对自然研究的推动作用

验热带丰盛茂密的植被，那么这样的经历不仅可以丰富风景画的内容和题材，而且还可以给那些不太具有天赋的艺术家带来积极影响，激活他们的感受力，提高他们的创造性。

请允许我在这里引用一篇自己的文章——《有关植物形态的构想》，这篇文章大概写于半个世纪之前，但只被少数人读过，其中的观点与此处论述的内容相关密切。"如果能够把某些地域层面的现象抽离出来，懂得运用宏观目光看待自然的话，就会发现从极地到赤道，随着能催生万物的热量的增长，有机物也变得越发活跃、越发丰盛。自然展现出的魅力从北至南越来越浓郁，从欧洲北部到地中海沿岸的海岸国家，自然景致的美丽指数不断上涨；不过从伊比利亚半岛、意大利南部、希腊再向南到热带地区，这一段地域的美丽指数则更是翻倍递增。多花的植被给裸露的地表铺上了一层地毯，这块斑斓的地毯处处样貌不同：在太阳高照、永远晴空万里的地方，植被更为茂密；距离萧瑟的极地越近，植被越稀疏，频繁的冰霜不是冻死了正在萌发的花蕾，就是断送了渐渐成熟的果实。在寒冷的北方，树木的树皮上覆盖着稀疏的地衣和叶苔，而在热带地区，蕙兰属和香草给腰果属及庞大的无花果属树木带来了无限生机。龙血树清新的绿叶与兰花绚丽的花朵相映成趣。羊蹄甲属植物、西番莲属植物以及黄花闪烁的藤蔓向着天空奋力攀爬，牢牢地缠绕着森林里的大树。可可属树的根部滋生出柔嫩的花朵，葫芦树、玉蕊科树粗厚的树皮上也是繁花如星辰点点。这些花叶繁茂、长势旺盛，攀爬的茎叶纠缠不休、错综复杂，自然观察者常常无法识别这些花朵和叶子究竟出自哪棵大树。树干上缠绕着无患子、紫葳、石斛兰，在这里，单独的一棵树就可以形成一个占地广阔的植物群落，而所有生在其间的植物都保持独立生长。"

但是每一片土地都有自己独特的美景：热带地区的植被种类非常丰富，形态千姿百态，植物的体积也硕大无比；在北方可以看到绵延的草场，大自然则跟随节气运作，当第一缕和风徐徐拂过，春回大地，万物复苏，渴望已久的生机再度重现。"香蕉属树叶的叶脉扩张得最宽广，木麻黄属植物和针叶植物的叶脉收缩得最紧密。冷杉树、崖柏树、柏树表现出的是北方植物的特征，这种叶片形状在热带平原地区很少见。这些树木常青的绿色让荒寂的

· Landschaftsmalerei — Graphische Darstellung der Physiognomik der Gewächse ·

冬天变得富有生机。它们向严寒地带的居民宣告，即使在冰雪覆盖大地之际，植物的内在生命力也如普罗米修斯之火一般顽强，永远不会在我们的星球上熄灭。"

每一片植物区除了天赋的优势以外，还有其独具的特色，让置身其中的人在内心涌起万般不同的感受。"我们只需想想身边的景物，比如山毛榉林投下荫翳的树影，比如几棵零落的冷杉环绕着山丘，比如辽阔的草甸之上，劲风在白桦树颤抖的树叶中飒飒作响，又有谁在这些不同的情境当中不是心情迥异呢？故土的植物在我们心中唤起或忧郁伤感，或庄严肃穆，或欢快活跃的画面。人类可以辨认出每种有机物的特定形状——狭义范畴的植物学和动物学实际上就是对动植物形态的分类。同理，自然也有它特殊的样貌，每个地区都有其独特之处。艺术家惯用的表达方式如'瑞士的大自然''意大利的天空'，实际上源于当地自然特征所唤起的情绪。天空的蓝色、云团的形状、远方飘来的芬芳、草本植物汁液的多寡、树叶的光泽、山脉的轮廓，所有这些因素都决定了一个地区的总体风貌。而风景画的任务就是抓住这些特征，再现这些美丽的景致。艺术家的工作在于精确分解这些复杂的景象，当他们心领神会，大笔一挥寥寥几下，大自然伟大玄妙的图景就即刻被破解（如果允许这样形象比喻的话），正如人类写下的文字作品，可以一语道破天机。"

风景画目前的发展状况并不理想，比如我们发表的游记常用铜版画作为装饰插画，但实际上这些图画是对文字内容的丑化。不过尽管如此，它们还是对人们了解异域风光起到了不小的推动作用，人们对远方的自然景观有了形象的认识，远游热带的兴趣大涨，对自然的研究探索也更加积极。大型风景画近些年来有了长足的发展，产生了装饰画、全景画、立体透视模型等新形式，它们起到了传播并加强风景画影响力的作用。古罗马的建筑师维特鲁威和来自埃及的学者波鲁（Iulius Pollux）描述过当时的一种装饰舞台的背景画，意大利建筑师塞利奥（Sebastiano Serlio）在16世纪中期也设计出了很多布景装置，这些历史上的画作都栩栩如生地再现了很多自然场景。当代法国博物画家普雷沃斯特（Lucien Alphonse Prévost）和法国艺术家达盖尔（Louis Daguerre）创作了大量佳作，组成全景油画，画面的场景真切生

第二章　风景画对自然研究的推动作用

动，几乎可以取代异域远游看到的风景。全景油画比舞台技术更加奇妙有效，观看者置身于一个魔幻的环形区域，不受任何真实场景的干扰，会觉得自己被陌生的自然环境重重包围。这些画面能够乍然唤醒脑海中深藏的记忆，记忆的碎片与曾经亲眼见过的自然景象交织在一起，如梦如幻，让心绪上下翻飞。不过，只有当画作直径足够大时，全景画面才能产生如此效应。到目前为止，全景画大多展现的是城市或居住区的景象，很少用于再现茂密繁盛、生机勃勃的野生自然。如果有能够表现喜马拉雅山脉和安第斯山脉山脊的写生图景，或是反映印度内陆以及南美洲河流网络的在当地完成的素描作品；如果这些画上不是笼统画着树冠，而是真实细致地刻画出庞大的树干及其枝干的独特形状，而且根据照片修正过，那么这样的画作将会散发出魔法般的吸引力。

　　以上列举了种种以自然为题材的绘画类型，在一本叫作"宇宙"的著作中提及这些内容是理所应当的，此类绘画作品可以激发人们深入研究自然的兴趣爱好。如果说大城市可以在博物馆之外还能设置一些圆形建筑，在其中以全景画的方式交替展示不同纬度区和不同高度地带的自然风貌，并把它们像博物馆一样对市民自由开放，那么人们将由此获得更多的自然知识，而且也更能体会到自然造物的无比雄浑和伟大。此部《宇宙》提出了自然作为整体的概念，描述了自然的一体性和自然现象之间的和谐呼应，当多姿多彩的艺术手段纷纷把自然现象的整体性塑造成各种生动的画面展现出来，那么人们对本书的核心理念就会有更加切身的领会。

· Landschaftsmalerei — Graphische Darstellung der Physiognomik der Gewächse ·

《地图集》由布罗姆（Traucott Bromme）绘制，作为洪堡的《宇宙》的姊妹卷出版。《地图集》中包含 39 幅手绘地图和图表。

第三章

热带植物的栽培种植

Kultur exotischer Gewächse

> 真实树木对于情绪及想象力的震撼还是强过最完美的绘画作品。看到眼前的植物形态，我们会联想起远方的种种奇妙景象；我们亲耳听到棕榈树的扇叶在风中哗哗作响；当轻风拂过，树梢彼此碰触，树叶随风摇曳，像波涛一般荡漾，这时候可以看到扇叶在风中明暗闪烁。

Heliconia humilis.   *Heliconia à petite tige.*

植物带给人类的情感震撼

尽管铜版画和最新石版画技术的使用让风景画作品的数量大涨,但就影响力而言,风景画产生的效应毕竟还是有限的,带给人的震撼也没有切身般强烈。相比之下,当一个能够感应自然之美的人亲眼看到温室或植物园中培育的异域植物时,那么他所受到的冲击不言而喻将是非常强烈的。我以前讲过自己少年时代的亲身经历,当年我在柏林植物园的一座古塔旁看到了一棵参天的龙血树和一棵扇叶棕榈树,惊鸿一瞥中,就植下了最早的渴望出行远方的萌芽,渴望之情绵绵不尽,浓烈得不可抗拒。如果一个人认真回顾自己的人生旅途,在记忆的长河中逆流而上溯源到那个决定了一生走向的外在契机,那么他一定会对这种感性冲动的威力有切肤入骨的体会。

在此我要对野生的热带植物和植物园培育的热带植物进行比较:前者形态壮阔多姿,旖旎如画;而后者相形逊色,是直观研究植物的辅助工具。野生的植物群落高大广阔,数量、种类繁多,香蕉树和蝎尾蕉树肩并肩地密集林立,其间有扇叶棕榈、南洋杉、含羞草科树木交替出现。树干上遍布苔藓,龙血树、蕨类、兰花也在树干上蓬勃生长,蕨类植物纤细轻盈,兰花绽放着鲜丽的花朵。而人工培育的植物群落却大为不同,植物园的草本植物较为低矮,它们被按照种属分类单独种植成一行一列,用于描述植物学和系统植物学的课堂观摩。当一个人身在原始热带雨林驻足观望时,他首先看到的是茂盛的伞树属①树木、轻盈摇曳的竹子,这些形状高大美丽的植物错落交织在一起,如画一般令人沉醉。奥里诺科河的上游如此,亚马逊河和瓦亚加河布满密林的河岸上也全是这样的景象。植物学家马齐乌斯(Carl von Martius)和波皮格(Eduard Friedrich Poeppig)对亚马逊河流域的雨林作了非常真实准确的描述。站在林中放眼四望,心中热潮一般涌起对热带国家的爱恋。在这里,

---

◀ 鹦鹉蝎尾蕉(蝎尾蕉科蝎尾蕉属)。蝎尾蕉科又称为赫蕉科,主要分布在热带美洲。

---

① 现代植物学分类上并没有伞树属,洪堡在此应指树冠高大、形如伞状的树木。——译者注

· Kultur exotischer Gewächse ·

生命怒放，如夏花般灿烂，生命的洪流汹涌澎湃。而我们的温室植物园只能依稀展现热带的些许风采，不过这也是令人愉悦的体验。

和人工栽培的植物群落相比，风景画更能呈现丰富完整的自然景致，风景画可以魔法般地随意控制绘画内容的规模和形式。绘画展现的空间几乎不受限制，它可以从森林的边缘一直延伸到远处缥缈的雾霭；画面上，有喧嚣——山间河流沿着悬崖峭壁呼啸着奔腾而下，也有静谧——热带天空清澈的幽幽蓝光倾洒在棕榈树梢上，倾洒在天际如波浪般翻滚的草甸上。南北回归线之间的天空或是晴朗无云，或是轻云渺渺，给世间万物都洒上了特定的光线和颜色。如果画家运用画笔可以成功捕捉到这种柔和的光效，那么风景画就会具有一种独特又神秘的威力。威廉·洪堡洞晓希腊悲剧的本质，深知"合唱"段落在剧中起到了叙述视角的功能，他认为悲剧中的"合唱"就像是风景画中的天空，极具魅力。

绘画艺术拥有多种多样的条件，可以把大海和土地最精彩绝伦的场景同时集中展现在一张画布上，来激发观者的情绪和想象力。但是人工培育的植物和园林不具备这种可能性，不能像绘画那样完整地呈现一个地域的整体面貌，不过它也自有优势可以作为弥补，那就是苗圃的树木是真实的，活生生的，会对人的感官产生一种震慑力。如果我们身在罗迪格斯（Loddiges）植物园或是波茨坦（Potsdam）孔雀岛的棕榈树林里，在正午艳阳高照的时候，从高处的露台上眺望那些像芦苇又像树木的棕榈，刹那间，我们会完全忘记身于何地。我们觉得自己就是在热带，正从一座山丘的顶峰俯瞰一片棕榈树林。这里当然没有幽深蔚蓝的天空，也没有灿烂强劲的阳光，尽管如此，真实树木对于情绪及想象力的震撼还是强过最完美的绘画作品。看到眼前的植物形态，我们会联想起远方的种种奇妙景象：我们亲耳听到棕榈树的扇叶在风中哗哗作响；当轻风拂过，树梢彼此碰触，树叶随风摇曳，像波涛一般荡漾，这时候可以看到扇叶在风中明暗闪烁。真实事物带给人的感受就是如此强烈，但一想到这是温室栽培，就又有些扫兴了。旺盛生长和享有自由是自然界植物的两个密不可分的本质属性。对于一位常在旅途的热诚的植物学家而言，植物标本室里的从南美安第斯山脉或是印度平原带回来的植物标本往往比欧洲温室培育的同种植物更有价值。人工栽培会让植物丧失一些原本的天然属性，而且也会因为组织管理方面的限制而影响到植物的自然发展。

人类对植物的膜拜

人工栽培树木时，需要对植物形态进行塑造，也需要对植物进行富有变化的排列，这两项本身就是自然研究的内容，同时也能激发人们学习自然的兴趣。此外，人们对植物形态的关注也对发展园林艺术具有重大意义。园林艺术虽然与植物栽培相关密切，但这里我还是会克制自己的表达欲不去涉及。本书在开端部分讲到，闪米特人、印度人和伊朗人对自然怀有深切的情感，这种情感常常流注于创作，古代历史给我们讲述了中亚和南亚最早的园林艺术，此处我只是想提醒读者回忆起前文的这些段落，仅此足矣。塞弥拉弥斯（Semiramis）女王曾令人在贝希斯敦山（Bagistan，位于乌兹别克斯坦）建造花园，古希腊历史学家狄奥多罗斯（Diodor）撰文描绘过其绝美的盛况，这些花园芳名远扬，以至于亚历山大大帝在从凯莱尔（Kelonä，位于波斯）到卡里亚的尼萨（Nysa）城牧马场的行军途中偏离了直路，特意绕道前去观赏。波斯国王的花园里种满了一排排的柏树，柏树形似方尖碑，像是重重燃烧的火焰，因而在琐罗亚斯德（Zoroaster）出现以后，伊朗的黑斯塔斯普（Goschtasp）国王令人在火庙周围种上了柏树。柏树尖耸的形状也让人相信柏树源于天堂的神话。亚洲的人间天堂（即花园）很早就在西方国家享有盛誉。伊朗人对树的敬拜由来已久，最早可以溯源到波斯神话中的先知Hom，他在《波斯古经》中对外宣布了古老的法律。据历史学家希罗多德的记载，阿契美尼德王朝的国王薛西斯一世（Xerxes Ⅰ）就对吕底亚古国一棵高大的悬铃木情有独钟，他把黄金饰物悬挂于树上，并从一万个"长生不死"的人中挑选出一位，令其守卫这棵悬铃木。树干高擎起枝叶丰茂的树冠，洒下清凉潮湿的阴影，因此人们自古以来就敬拜树木，就像人们崇拜圣泉那样。

希腊人也有这样对树木的原始崇拜，他们尊崇爱琴海提洛岛上巨大的棕榈树，敬畏伯罗奔尼撒半岛阿卡迪亚的一棵古老悬铃木。斯里兰卡的佛教徒

上　篇　自然文学、风景画、异域植物

对阿努拉德普勒（Anuradhapura）古都的一棵参天的孟加拉榕树格外敬爱，据说这棵树就是从释迦牟尼静坐于其下的那棵菩提树的树枝生发而来。释迦牟尼是摩揭陀古国之人，在菩提树下进入涅槃之境。某些树木因为独特美丽的形状而成为人们祭拜的对象，当一片这样的树木出现时，它们就被当作"神的树林"。公元 2 世纪的希腊地理学家保萨尼亚斯（Pausanias）就曾在书中盛赞伊奥利亚一座阿波罗神庙旁边的树林。古希腊作家索福克勒斯也把树林塑造成了一幅永存的艺术景象，《俄狄浦斯在科罗诺斯》一剧中的合唱团哀伤地唱述了发生在科罗诺斯树林中的悲剧故事。

　　人们在植物世界中选出神圣的树木并精心维护它们，这本身就反映出人类对自然的深厚之情。东亚国家很早就演化出高度的文明，发展出园林艺术，相较于植物崇拜，东亚的园林艺术更生动、更多样地表达了人们对自然的眷爱。中国的园林设计最接近我们现在所谓的英国花园的精髓。中国汉朝战绩辉煌，大兴土木，占用广阔的土地修建园林，连农耕田地都受到威胁，以至于农民揭竿而起。中国古代文豪列子就曾表示："人热爱园林究竟是因为什么？人原本应该居住在大自然之中，那是人类最喜爱的居所，远离自然使得人们无法享有自然的美好，而种植花草树木却可以弥补这一损失，古今之人都一致这样认为。园林的景观要明朗舒展，植物要长势茂盛，园林中要有荫翳之处，要体现出自然的孤寂和静谧，建造园林的高超艺术就在于把所有这些需求全都统一起来，让人们在看到园林的景致时，会以为自己身处野外。野外的自然风景姿态万千，这是自然特有的奇妙之处，欲在园林中呈现景致的变化，就须塑造土地的形态，山丘和谷地要安排得错落有致，溪流湖泊也要交相辉映，水中须有水草随波荡漾。园林中对称的布局会令人觉得疲惫，而那些显露人工雕琢痕迹的园林会让人深感厌倦和无趣。"英国探险家乔治·斯当东男爵（Sir George Staunton）曾在《英使谒见乾隆纪实》一书中描绘过位于长城以北的热河皇家园林，其景象完全符合上述的例子对园林设计提出的要求。普克勒-穆斯考（Hermann von Pückler-Muskau）是当今一位思想深邃、阅历丰富的人物，他设计建造了美丽的穆斯考公园，我想他一定会赞同列子对园林的见解。

　　清朝乾隆皇帝在 18 世纪中期作长诗，歌咏昔日的满族帝都奉天和先祖的

第三章 热带植物的栽培种植

陵墓,诗中表达出对野生自然深切真挚的热爱之情,艺术设施对自然的美化作用是非常有限的。这位诗情昂扬的皇帝擅长塑造形象的画面,他把草场丰盈浓郁的鲜绿、布满森林的山丘和田间温馨的民居交织在一起,以此反衬列祖列宗陵园的庄严肃穆。这是一首奇特的诗作,其原本的主题是祭祀先祖,缅怀逝去的帝王和将军,乾隆皇帝按照儒家礼仪一一予以叩拜。诗中列举了当地的野生树木和栖息于此的动物,像所有的教化诗歌一样,这一部分令人感到冗长。但是乾隆的诗融入了自然风光赋予他的感性体验,自然景象就像一幅画面的背景在眼前展开。诗中展现了精神世界的崇高内容,洋溢着宗教的情怀,也讲到了重大的历史事件,而所有这些都与自然带来的切身感受水乳交融在一起,令整首诗歌情真意切而又清新独特。中国人对山的崇敬与喜爱深深根植于人民心间,由来已久,所以乾隆对山的形态也作出了非常细致的描述。山是自然当中无机的那一部分,希腊人和罗马人对此毫无感觉。此外,对于树木的样貌、树枝遒劲疏朗的姿态、枝条的方向和树叶的形状,乾隆亦是饱含深情地予以描绘。

德国读者对中国文学历来有一种排斥情绪,而且经久不散,这令人感到非常遗憾。一直以来我都没有屈从于这种心理,反而以大幅章节讨论了与普鲁士国王腓特烈大帝同时代的乾隆皇帝的诗篇,接下来我就更有义务沿着历史的长河由此继续逆行 750 年,为读者介绍司马光的园林诗歌。司马光是宋朝著名的官员。他描绘的园林中有一部分当然是布满了人工建筑,它们大致是意大利古代别墅的式样;不过司马光也泼墨描写了一个藏匿于乱石之间、掩映在冷杉之下的隐士居所。他遥望长江,见江面开阔,千帆过尽,心中欢喜激荡。面对那些前来与他交流诗作的朋友,他也毫不推却,彼此欣然为对方朗诵自己的诗篇。司马光是在 1086 年写下了此诗,那时候德国大地上的诗歌还正被一种蛮荒的精神所笼罩,甚至连以德语写作的诗歌都还未曾出现。当时,或是较之更早 500 年的时候,中国、印度内陆和日本的居民就已经熟知千姿百态的各色植物。各地的佛教寺庙之间有着紧密的联系,而这种联系又对植物的传播起到了重要作用。庙宇、寺院和墓地周边都有园林环绕,园中开满异域的鲜花,姿态颜色各不相同的花朵编织成绚烂的地毯,装点着园中的土地。印度的植物很早就流传到了中国、朝鲜和日本。德国自然科学家

上　篇　自然文学、风景画、异域植物

西博尔德（Philipp von Siebold）曾撰文从各个方面综述了日本的国情，他在日本惊异地看到，来自遥远的不同佛教国家的植物混合生长在一处，多番考察后，西博尔德首先发现了隐藏在这种现象背后的原因。

我们当今的时代为科学研究和风景画创作提供了丰富又独特的各类植物，而这种植物荟萃的盛况应该激发我们继续深入探寻，找到给我们带来相关知识和乐趣的源头。逐个探索这些源头即是本书下一个篇章"宇宙观历史"的任务。

外部世界始终作用于人类的内心世界、精神活动和感受方式，在这些作用的影响下，人类随着历史的脚步孕育出多种多样的艺术形式，而这些艺术形式又在文明进程中极大地推动了自然科学的发展，本篇的焦点就在于——细述这些促进了自然研究的艺术形式。尽管单个的生物在演化时具有一定的随意性，但是自然整体的秩序具有一种原始的力量，所有复杂的动植物形态都可以被分解为一些固定的永恒重复的基本形态。这种自然秩序决定了每一个地区都具有自己独特的自然形态。而在当前的欧洲，人们渴望远方而感到内心隐隐作痛的时候，就可以走出门去观看人工培育的异域植物，欣赏风景画描绘的异域风光，阅读激情澎湃的文字以领略异域的自然风情——这些全都是欧洲各民族文明发展结出的瑰丽硕果。倘若没有这些艺术成果，要想感受他乡的自然景致，就必须踏上遥远的旅途，经受重重危险，并且深入到另一个大陆的内部。

▶ 1799年，洪堡计划前往西属美洲进行科学考察，但当时西班牙对殖民地管控严格，外国科学家通常难以获得许可。洪堡通过西班牙首相戈多伊（Manuel de Godoy）向国王查理四世（Carlos Ⅳ）提出申请，查理四世可能被洪堡的科学背景（洪堡曾是普鲁士矿业官员）以及他承诺带回的科学数据所打动，因此允许他进入西班牙殖民地，这在当时是极为罕见的特权。图为查理四世。

Alexander von Humboldt's travels in the Americas, 1799–1804

① Viceroyalty of **NEW SPAIN** (Spanish Empire)
② Viceroyalty of **NEW GRANADA** (Spanish Empire)

◀ 1799—1804年，洪堡和邦普兰在美洲科考旅行的路线示意图。考察期间，洪堡获准查阅西班牙殖民地的官方记录，包括矿产数据、税收记录和地理资料。这些资料对他的研究至关重要，尤其是他对美洲金银产量的统计。1804年，洪堡返回欧洲后，继续利用西班牙王室提供的档案完成他的著作《论新西班牙王国的政治》（*Political Essay on the Kingdom of New Spain*），其中详细分析了墨西哥等地的经济、地理和社会状况。尽管洪堡受益于查理四世的许可，但他对西班牙的殖民统治持批评态度。他在著作中指出，西班牙对南美洲资源的过度开采导致了环境破坏，并让原住民承受苦难。

▲ 1799年,洪堡和邦普兰在库马纳(Cumaná)观测流星雨。

▲ 洪堡和邦普兰在奥里诺科河(Orinoco River)考察。

▼ 穆蒂斯向洪堡展示了他数十年来收集的植物标本和科学笔记等,这为洪堡的后续研究提供了重要参考,洪堡在后来的著作中多次引用穆蒂斯的发现。穆蒂斯拥有的植物画师团队也让洪堡印象深刻。

▲ 1801年7月6日,洪堡和邦普兰到达波哥大(Bogota),随后拜访了博物学家穆蒂斯(José Mutis)。当时穆蒂斯是西班牙皇家植物考察队的负责人,已在南美进行了数十年的植物学研究。穆蒂斯比洪堡年长近40岁,是当时最杰出的博物学家之一。

▶ 1803年，洪堡和邦普兰在墨西哥城居住过的房子，位于宪法广场（Zocalo）南边的一条名为de Uruguay的街道80号。

▼ 洪堡和邦普兰在厄瓜多尔考察（此画现藏于柏林－达勒姆植物园）。他们在此地攀登了钦博拉索山，创下当时人类最高攀登纪录（5878米），同时也考察了皮钦查火山等安第斯山脉的火山群。

▼ 洪堡与邦普兰在厄瓜多尔探险时所走过的路线，如今已被重新修整并标注指示牌。人们沿着这条壮丽而充满历史意义的路线，可以感受洪堡与邦普兰当年的风采。

▲ 洪堡和邦普兰美洲考察期间的植物学笔记。

cis rudimentum huic pedunculo impositæ. Germen ovato – lineare adscen-
dens, stylus tres crassi uti germini adhærent indistinctes apice
attenuatus. Stigma magnum peltatum membranaceum, apice
turbinatum (il ressemble au chapeau d'un Agaricus) viride.
Nectar. Squamula incrassata truncata viridis germinis basin
semi–circumdans latere posteriori denti receptaculi et
fissuræ corollæ oppositum. Je le nomme nectaire parce que je
l'ai trouvé enduit d'une matière glutineuse transparente et douce.
Folliculus piquæformis subligneus externe longitudinaliter dehiscens semini-
bus alatis planis duplici ordine dispositis. Arbor 3 orgyalis, ramis
teretibus. Folia alterna oblonga basi angustata coriacea glaberrima
integerrima, subtus glauca albescentibus, longe petiolatis (petiolo
interne plano externe tereti basi tumescente ½ longit. folii)
Flores in axilis ramulorum confertis, pedicellis solitariis alterni. Corollæ
et bracteæ lineari mentæ acutæ ad basin   longitudine foliorum. Hab. in monte olim
Flores 1½ pollic. longitudine Bergay et Delay à 1600 toises
(ou de grès) entre Tambo de
de hauteur.

Les auteurs de la Flor. du Pérou Prodrom. p.14 adoptent aussi in Cal. margo
semicircularis sous avoir vu la dent. Ils diffèrent la Cor. comme je dis, je
sont en 4 pétales dans la notre le tube n'est uni et les dents ne se
ne se divisent jamais plus qu'au bout. Nota Stigma et imperforatum
Il font mention des glandes et n'adoptent que dans l'E. emarginatum aux
Cor. monopetala. Nota species differe de 6 du Syst. Veget. Floræ Per. I p.37.
N. ind. grandiflorum La Marck? qui ne fait pas mention des folia sub-
tus glauca, albo–argentea. Ortaæ spec. In axillis terminalis, flores geminis
nation in uno puncto nascentes. et Bracteola unica inter ambos ad basin
la Flor. est le même décrite dans Jussieu p.79. Folia venosa. Folliculi
sy. long. persistenti coronatus

J'ai dessiné ci dessus f.1. flos absque corolla. 1. calycis rudimentum. 2. Nec-
tarium. 3. germen. 4. Stylus. 5. stigma peltatum umbonatum 6. bractia. 7 et 8
pedicelli ex uno puncto in thyrso nascentes. f.2. Corolla. 9. tubus ejusdem.
f.3. flor. stigma amplectens. n.10. corollæ laciniæ clausæ stigma abscon-
dens qui   n.11. f.5. folium
f.4. Calyx

56 Eudema rupestris tetrad.   Cal. polyph. foliol. quatuor lanceolati lineari b. pubescen
pl. equin.
corolla tetra petala, calice 1/3 longior, petalis brevi lanceolat. erectis. Stam. filamentis
quatuor ex eorum duo opposita alteris paulo breviora, antheris biovatis biloculari
dorso affixis   Styl. unic. brevis Stigma simplex.

purpur.

Pl. herbacea, bi-tri annuis et plures rad. filiformi, caulibus plurimis
simplicib.   foliatis,   foliis linearibus tiis imbricatis

habitat Chillaya.

洪堡在本书中提出，激发人们研究自然的三种方式分别是：（1）对自然的描述——这种描述是从关注大地时内心升起的激荡中源源流出的，洪堡称之为自然文学；（2）绘画中的风景画艺术；（3）对典型自然形态的直接观察。许多诗人画家给后世留下了大量不朽之作。

▲ 在这幅画中，诗人但丁（Dante）位于炼狱山和佛罗伦萨市之间。洪堡在《宇宙》（第二卷）中多次引用了但丁的作品，并认为但丁的作品"向我们展示了他对自然怀有的深切之情"。

▲《炼狱》第一首的结尾，但丁用无与伦比的手法描绘了一幅自然美景："早晨的空气泛着清香，远处的海水轻柔律动，阳光欢腾跳跃，打碎在整个海面上。"（见本书 p.38）图为古斯塔夫·多尔（Gustave Dore）绘制的《炼狱》插图。

▲ 通过偶然的事件或是人物的暗示和情绪变化，莎士比亚却可以渲染出一幅生动的自然图景，让读者深信这幅画就在眼前，自己就身在其中。读《仲夏夜之梦》，我们感觉就好像住在森林中；读《威尼斯商人》的最后几幕，我们就好像看到明月照亮温暖的夏夜。（见本书 p.46）图为查尔斯·布切尔（Charles Buchel）于1905年创作的《仲夏夜之梦》第三幕第二场的人物画像。

▼ 他所有的作品都贯穿着一种浓厚的自然之情，从《少年维特之烦恼》，到《意大利游记》，再到《植物变形记》，无不如此。他言辞激越地鼓励同时代人破解宇宙的神圣谜题。……那里"碧云天，和风薰，香桃静立，月桂擎天"。（见本书 p.54）图为歌德在罗马坎帕尼亚（1786年）。

洪堡认为:"风景画可以形象地展现各个地域的自然景象,可以勾起人们对远行的渴望,而且以一种富有教益且优美的方式吸引人们与自然往来。"(见本书 p.57)

▲《科尔托帕希山》,弗雷德里克·丘奇(Frederic Edwin Church)创作于 1855 年。

▲ 静观这幅画作的两翼,我们可以看到神圣的隐居者和朝圣者,柑橘树、刺葵树、柏树错落散布其间,成为扬·范艾克笔下风景中的亮丽点缀。这些树木刻画得极为自然真实,与画面中其他色彩沉重的部分形成了鲜明对照,传递出一种庄严崇高之感。看到此画,观者完全可以感受到画家当时的心境,那是画家第一次亲眼见到南方的植被,温暖的和风从树林中徐徐吹过,内心油然升起一种震撼。(见本书 p.60)图为扬·范艾克(Jan van Eyck)的《羔羊的崇拜》(局部)。

15世纪属于世界历史上少有的一种时代，人类的精神追求此时全都显示出特定的共同特征，并且表现出对前行目标不可动摇的追逐。这是探险家哥伦布、卡伯特、达·伽马的时代。一致的追求、卓越的成就和欧洲民族的行动力量赋予了这一时代永久的辉煌。15世纪横亘在人类文明两个不同阶段的中间，是一个过渡时期，既属于中世纪，也属于近代。这是一个成就了最重大的地理发现的时代，新发现的美洲在南北方向几乎跨越了所有的纬度圈，那里的地势高低起伏、落差显著。这一时代让欧洲人见识到了双倍的自然造物，同时也给人类智慧提供了新鲜的宏大资源，人们可以充分利用它们来完善自然科学中的物理和数学部分。（见本书 p.177）

◀ "哥伦布地图"，约1490年绘于意大利探险家哥伦布在里斯本的制图工作室。

▶ 卡伯特（John Cabot）的雕像凝视着加拿大纽芬兰东部的博纳维斯塔湾。这位意大利航海家于1497年航行到达今天的加拿大，他却以为到了亚洲的东海岸。1498年他到达了今天的美国东海岸。英王亨利七世根据卡伯特的报告宣称北美大陆属于英国所有，为后来英国的殖民主义活动打下了所谓"合法"的基础。

◀ 葡萄牙探险家达·伽马（Vasco da Gama）是开拓了从欧洲绕过好望角通往印度的地理大发现者。这幅画表现了1497年达·伽马离开葡萄牙里斯本港口时的场景。

下 篇

宇宙观历史

Geschichte der physischen Weltanschauung

> 我们在此讲述的只是文明史的一个组成部分……我们只是站在有限的自然科学的角度，勘察人类认识历史的一个方面。已经逐渐研究清楚的科学现象与宇宙整体之间有何关系？——这是我们首要关注的对象。对于那些单个学科的发展，我们并不会多做停留，我们更在乎的是那些具有普遍性的科学成果，那些在不同时代为精确观察自然提供了强大物质帮助的研究成果。

Kosmos.

Entwurf einer physischen Weltbeschreibung

von

Alexander von Humboldt.

Erster Band.

> *Naturae vero rerum vis atque majestas in omnibus momentis fide caret, si quis modo partes ejus ac non totam complectatur animo.* Plin. H. N. lib. 7 c.

Stuttgart und Tübingen,
im Verlage der J. G. Cotta'schen Buchhandlung.
1844.

《宇宙》手稿第一卷第一页。

绪　言

Einleitung

> 我们把宇宙观历史定义为人类对宇宙自然整体的认知史，定义为关于自然一体性以及宇宙力量共同作用的思想史，所以要论述这样一部历史，就必须要清晰讲述自然一体性这个概念是如何逐渐形成的。
>
> 我们在此将从三个方面讲起：①人类的理性一直在自主追求对自然法则的认知，即对自然现象的思索；②重大事件的发生突然扩展了人类的观察范围；③人类发明了感知的新途径、新工具，它们不仅让人们观察到地球上更多的自然现象，也让人们挺进更遥远的太空，对自然的观察由此而变得更加敏锐多样。

《宇宙》手稿

《宇宙》第一版的　　　《宇宙》1～5卷　　　《宇宙》第一卷的
　　1～4卷　　　　　　　英译本　　　　　　西班牙语译本

《宇宙》第一卷和第二卷的中译本

绪 言

宇宙观历史就是人类对自然作为统一整体的认知历史，宇宙观历史展示的是人类在试图理解地球和太空中各种力量共同运作的过程中走过的漫漫长路；宇宙观历史讲述的是人类认知获得了普遍性并长足发展的时代；如果说宇宙观历史探索的是人类可以感知到的自然万物、聚集物质的形态以及这些物质原本就有的内在力量，那么宇宙观历史就是人类思想史的一个组成部分。

在《宇宙》第一卷的第二篇《自然宇宙学的界定和相关科学论述》中，我已经清楚论述了自然科学的各学科与自然宇宙学之间的关系，宇宙学只是从各科学领域汲取素材以用于科学论证。这里讲的是"宇宙认知史"，我将在此阐述其主导思想，为了简便起见，我有时称其为"宇宙史"，有时称其为"自然宇宙观史"，但我们不能把宇宙观史与"自然科学史"混为一谈。我们有很多精彩的物理学及动植物形态学的教科书，它们讲述的都是自然科学史。

从历史性突破的角度来看，科学史上有哪些重大事件可以相提并论地排列在一起？当这些事件汇集一处时，我们需要解释它们的重要性。对我而言，最适合的方式就是举例说明哪些事件必须提及，哪些事件必须省略，其中所有的选择取舍都要符合本书的主要目的。组合式显微镜、望远镜和色偏振演示仪的发明都属于宇宙学历史的重大时刻。因为：显微镜发现了所有生物的共同之处；望远镜挺进了最遥远的太空；色偏振演示仪能够鉴别一个天体是自行发光，还是反射其他天体的光线，这意味着它可以确定太阳光是从固体表面还是从气状表层发出。从物理学家惠更斯（Christiaan Huygens）开始着手研究，直到法国天文学家阿拉戈（François Arago）发明色偏振演示仪，其间科学家们走过漫漫长路，做过无数次实验，而细数这些实验就是光学历史的内容。植物的形状千姿百态，它们可以按照一定的原则划分为不同的种属排列起来，而发展这些原则即是植物学研究的内涵。但是植物地理学却是宇

◀ 《宇宙》前四卷分别于1845—1859年出版，第五卷尚未完成洪堡就逝世了，1862年由他的秘书布什曼（E. Buschmann）整理出版。

《宇宙》以整体论视角融合天文学、地质学、生物学等多学科，揭示自然万物间的关联性，开创了"自然为生命之网"的生态观。洪堡的文笔兼具科学与诗意，此书成为畅销书并影响达尔文、梭罗等人。其思想方法在当代仍具启发意义，被誉为近代地理学和生态学的奠基之作。

下 篇 宇宙观历史

宙观历史的一个重要组成部分，因为植物地理学认识到，植物是按照不同的地域和气候分布在包括陆地和海盆在内的全球地表。

有很多机缘指引人类领悟到自然整体的玄机，不过人类对此所做的相关思索并不是文明史的全部，也不是我们所说的自然科学史，这在前面已经提到过。然而人类洞察到了宇宙万物之力合同运作的真相，这却委实是人类文明结出的最高贵的果实，这是人类智慧在发展和完善之后能够登上的最高峰。我们在此讲述的只是文明史的一个组成部分，文明史包括各个民族在所有较高层次的精神和文化领域取得的重大进步。我们只是站在有限的自然科学的角度，勘察人类认识历史的一个方面。已经逐渐研究清楚的科学现象与宇宙整体之间有何关系？——这是我们首要关注的对象。对于那些单个学科的发展，我们并不会多做停留，我们更在乎的是那些具有普遍性的科学成果，那些在不同时代为精确观察自然提供了强大物质帮助的研究成果。

人类很早就对自然现象的由来有一种直觉和猜测，这种感性的猜想不同于真正的自然知识，我们首要先对两者进行清楚的区分。随着人类文明历史的发展，前者的一部分逐渐过渡到后者，直觉演变成知识，这样的现象为人类的科学发现史蒙上了一层面纱，使之难以被勘破。人们会把先前已经研究过的自然现象提纲挈领地融会贯通起来，这就无形中引导了人类的直觉力，好像有一种能够赋予精神内涵的力量将直觉进行了升华。古印度人和古希腊人都曾在历史上对某些自然现象之间的关联发表过观点，这些观点开始并未被证明，而且掺杂着很多毫无根据的想法，但日后它们却被确凿的经验证实并被科学破解！类似的情况在欧洲中世纪也有发生。直觉的想象力能够令一切精神活动活跃起来，它恣意昂扬，绵绵不绝，曾经大大影响了柏拉图、哥伦布、开普勒（Kepler）。我们不应该谴责想象力，误以为想象力在科学领域毫无建树可言；也不应该固守科学是研究真实世界的学科并与想象力本质相悖的想法，而误认为想象力应该远离科学。

我们把宇宙观历史定义为人类对宇宙自然整体的认知史，定义为关于自然一体性以及宇宙力量共同作用的思想史，所以要论述这样一部历史，就必须要清晰讲述自然一体性这个概念是如何逐渐形成的。我们在此将从三个方面讲起：①人类的理性一直在自主追求对自然法则的认知，即对自然现象的思索；②重大事件的发生突然扩展了人类的观察范围；③人类发明了感知的新途径、新工具，它们不仅让人们观察到地球上更多的自然现象，也让人们挺进更遥远的太空，对自然的观察由此而变得更加敏锐多样。一部"宇宙观历史"需要收入哪些历史上的重要事件？当我们在确立这条主线时，必须遵循上述三位一体的视角的指引。为了阐释以上意图，我们仍需通过实例来说明众多科学发明的种种不同之处，人类正是借助于这些新途径才对自然宇宙的很大一部分有了理性上的认知。以下将举例陈述自然知识的增长、科学史上的重大事件以及新的发明和发现。

希腊最早的物理学就反映了人类对自然宇宙的认知，它更多地出自人类的内观，出自内心情感的深处，而不是出自对自然现象的觉察。爱奥尼亚流派①的自然哲学意在寻求各种自然现象产生的原因，意在探索同一种基本物质在形态上的多样变化。而毕达哥拉斯（Pythagoras）学说则重在研究数学的象征性，考察数字和形状，反映出一种对于"数量"与"和谐"的哲学思考。古希腊人和古代居住在意大利的印欧语系民族后裔发展出了一种学派，专注于在自然秩序当中寻找数字元素，该学派由此发现了存在于空间和时间中的数字关系，并对数字怀有一种偏爱，这为以后实验科学的发展奠定了基础。我所理解的宇宙观历史，不仅包括人类在探索宇宙过程中一再踏入的在真相与谬误之间的辗转徘徊，也涵盖人类在逐渐接近真相、接近正确认识自然力量和行星系统时所经历的关键时刻。宇宙观历史向我们讲述科学思想史上的重要内容：例如，毕达哥拉斯学派哲学认为地球不自转，但是围绕宇宙中心（中央火、赫斯提亚）旋转，这些理念从菲洛劳斯（Philolaos）的有关记述中可见一斑；而在柏拉图和亚里士多德的想象中，地球既不会自转，也不会运动前行，而是停留在宇宙中心静止不动。古希腊哲学家赫塞塔斯（Hicetas）、彭提乌斯（Heraclides Ponticus）、厄克方图（Ecphantus）都知道地球在做自转运动，其中赫塞塔斯比泰奥弗拉斯托斯（Theophrastus）出现的时间还要早。不过只有古希腊天文学家阿里斯塔克斯（Aristarchos von Samos），还有巴比伦天文学家塞琉西亚的塞琉古（Seleukos von Seleukia）深知：地球不仅自转，同时也围绕太阳运转，太阳是整个行星系统的中心——那是在亚历山

---

① 由泰勒斯（Thales）创立的，也称为米利都学派。——译者注

· Einleitung ·

大大帝死后的一个半世纪后产生的真知灼见。在黑暗的中世纪，由于基督教的盲目信仰以及托勒密（Ptolemaeus）学派天文学家遗留下的强大影响，"地球静止说"的观点又卷土重来。6世纪时，来自埃及亚历山大港的旅行家印第科普鲁斯特斯（Cosmas Indicopleustes）认为地球的形状不是球体，而是扁平盘状，人们对地球形状的理解继而又退回到古希腊哲学家泰勒斯的认知阶段。但是文艺复兴时期的德国神学家尼古拉·库斯（Nikolaus von Kues）率先表现出非凡的精神自由和勇气，向外宣扬地球既自转也公转的真相，比哥白尼早了将近一个世纪。从哥白尼的角度来看，丹麦天文学家第谷（Tycho Brahe）的学说固然是一种倒退，不过为期很短暂。当人们收集到大量确凿的天文观察结果之后——第谷本人在此做出了卓越的贡献，破解宇宙结构的那一刻也就为时不远了。我们在这里向读者展示了一种规律，即天文学思想波动的周期与人们进行猜测臆想以及自然哲学发展的周期大约一致。

人类的自然知识不断得到完善，这是观察自然和思考自然两个过程同时作用的结果。以上列举了人类历史上扩展了宇宙观视野的重大事件，民族迁徙、远洋航海、军队远征也都属于此类重大事件。在这些征程中，人们了解到地表的自然状态，看到了陆地的形状、山脊的走向、高原的高度，采集到了广大地域的信息资源，为研究普遍的自然法则提供了丰富的素材。在用历史性眼光看待这些事件时，并不需要刻画出一个相互关联的事件网络。对于一部宇宙认知历史而言，理清每一个时代中对人类精神探索和扩展宇宙观起到决定性影响的关键因素，就足够了。从这个意义上看，以下事件对居住在地中海沿岸的民族影响深远：公元前7世纪，萨摩斯岛的希腊水手克莱奥斯（Kolaios）意外漂流到直布罗陀海峡、亚历山大大帝远征至印度西部、罗马人统治欧洲、阿拉伯文化广泛传播、发现新大陆。

航海发现带来了怎样的影响？一个高度发达的孕育出丰富文学作品的语言在占据主导地位之后如何改变了广阔的疆土？关于西非季风系统的知识突然间传播开来又引出了怎样的后果？我们不仅会讲述这些历史上发生的事实，也会讲述它们对人类发展宇宙观产生的影响。

我在这里列举了各种不同的给人类精神带来启迪的影响因素。既然提到了语言，那么我将从两个方面阐述语言在此起到的不可估量的作用。作为交

绪　言

流工具，每一种语言都通过传播在相距遥远的不同族群中发挥着沟通作用。如果我们可以洞察到语言的内部结构和各种语言之间的相关性，那么语言对于深入理解人类历史就能够起到非常重要的作用。希腊语和与希腊语紧密交织的希腊民族对所有与之接触的民族都施展出了一种魔法般的力量。希腊语曾经通过希腊-巴克特里亚王国在亚洲内陆传播知识，然而在整整1000年之后，融汇了印度知识的希腊语又被阿拉伯人带回欧洲的最西部。印度古语和马来语对于盛行在东南亚岛屿世界、非洲东海岸和马达加斯加的贸易与民族往来起到了推动作用。航海家达·伽马很可能就是通过印度商人建立的贸易点了解到了亚洲的岛屿，因而萌生了出海远航的意愿。取得了统治地位的语言与基督教以及佛教一样，对人类的联合起到了积极影响，可惜这些语言让多种地方语言很早就遭受排挤从而彻底消亡。

　　语言学家对各种语言进行了比较，将其作为人文科学的研究对象予以观察，并按照内部结构的相似性对各种语言进行了分类。这些研究表明，语言可以为获得历史知识提供丰富的源泉，这是近六七十年以来科研工作取得的最辉煌的成果之一。语言是人类精神力量的产物，正因为如此，它能够通过结构上的主要特点带领我们溯源到一个流逝久远的黑暗模糊的时代，毕竟并没有历史传统从那时流传下来。比较语言学研究显示，很多民族虽然远隔千里，但却彼此有着亲缘关系，它们从共同的发源地迁移到了外地。比较语言学还原了历史上民族大迁移的路线和方向。比较语言学探索语言的发展变化，语言的形态在历史进程中或多或少地发生了变化，有些语言形式永久地保留了下来，有些已经严重毁坏，有些结构系统全部瓦解。通过这些研究成果，比较语言学可以清楚地辨别出，哪些民族现有的语言与祖先居住地曾经通用的语言更为接近。印欧语系从恒河扩展到欧洲西部的伊比利亚半岛，从西西里岛延伸到欧洲北端，这一绵长的链条为研究最古老的语言形态提供了多种契机。在探索古老语言的过程中，人类也真正作为生动的自然整体得到了研究。这种历史性的语言比较也推导出了某些物产的原产地，它们自古以来就是交换贸易的重要物品。许多真正的印度物产，从大米、棉花、甘松到蔗糖，都有梵文名称，这些名称已经融入希腊语，甚至是闪米特语言。

　　以上简要概括了比较语言学的研究内容，并通过实例加以阐明，比较语

下 篇　宇宙观历史

言学像是一个重要的理性辅助工具。通过科学的、真正的语言学研究，我们可以理清人类种族间的亲缘关系，可以探查出远古时期各个民族的迁徙路线网，它们有可能是从多个地点出发，由此我们就能达成对这些问题的普遍共识。研究语言结构；破解古老的文字以及以圣书体及楔形文字书写的历史纪念碑；完善数学，尤其是完善能够推演地球形状、海洋潮汐和太空的分析计算——这些手段都是逐渐发展形成中的宇宙学可以使用的多种理性辅助工具。物质上的各种发明也属于此类认识宇宙的辅助工具，它们为我们创造了新的感知途径，提高了人类感官的敏锐力，让人类与地球上的各种自然力量有了更深入的接触，也把人类推向了更辽远的宇宙太空。我们在此只提及那些具有跨时代影响的技术发明：望远镜，后来人们把望远镜与测量仪器联系在一起，不过这一联系出现得有些太晚；显微镜，利用显微镜人们观察到了有机物发展的各个阶段；指南针和研究地球磁场的各种装置；用摆锤测量时间；气压计、温度计、湿度计、电力测量仪；使用极轴镜观察星体光或是发光大气层的偏振现象。

　　如上所述，宇宙观历史的形成和发展建立在人类对自然现象的思考之上，建立在一连串重大事件之上，建立在能够扩展人类感官觉察的技术发明之上，其内容浩浩荡荡，不过这里我们只是扼要刻画出主线。我暗自希望，这部简短的宇宙观历史能够让读者更容易领会其精神实质，这样一部画卷极难划定边界，我将本着体现其核心的精神完成此画卷。和《宇宙》第一卷的"自然画卷"一样，我并不追求完整地记录所有细节，而是致力于勾勒宇宙观历史主导思想的清晰脉络，这些主导思想展示出一些路径，自然科学家可以像历史研究者一样行走于其上。本书把有关重大事件及其因果关系的知识作为现有的前提，不予以详述，只是会在文中提及，并综述它们为不断增长的自然知识带来的影响。此处我认为有必要再次强调：完整性是不可能实现的，而且也不是这样一部著作追求的目标。这样决策是为了保留《宇宙》一书特有的风格，也正是这种风格才使得我能够完成此书的撰写。不过这样做又会让我再次陷入另外一些人的指责，他们不看重书里有什么内容，而是纠结于书中是不是有他们自认为应该包括进来的内容。对古老的历史我会特意讲得比近代历史更详细一些。当史料比较欠缺的时候，推论会变得更为复杂，文中

绪　言

提出的观点就需要作者列举很多不为大众所知的实例而予以佐证。在处理素材时，论述方式有详有略，这里我为自己保留了创作的自由，有时候陈述细节会让内容变得灵动有趣。

人类对于自然宇宙的认知最初始于一种直觉的猜测，而不太会产生于对各个自然领域所做的真实观察。同样的道理，在撰写一部关于宇宙观历史的著作时，我认为也有必要先从一个特定的地域写起。在此我们选择地中海地区，居住在地中海沿岸的民族千百年来发展出的知识是我们西方文化得以建立的基础。我们可以勾画出一条人类思想进程的主要脉络，这条主脉给欧洲西部带来了文明的元素，并拓宽了其宇宙观的发展，这条脉流丰沛浩瀚，但是我们并不能确定其源头所在。对自然力量深刻的理解以及对自然一体的认知，并不独属于任何一个"原创民族"。历史上对此的看法纷繁复杂、更迭变幻，有学者时而认为文明的原创民族是生活在迦勒底（Chaldäer）北部的闪米特人，时而又认为它是居住在阿姆河（Amudarja）、锡尔河（Syrdarja）发源地的印度人和伊朗人。自从有人类记载以来，历史上就从未出现过文明的原创民族，没有任何一个地方可以被称为文明的唯一发源地，也没有出现过一种原始自然科学被后来人类野蛮行径所掩盖的现象。历史研究者冲破了神话象征的重重迷雾，寻踪锁定了某些地域，人类文明正是在这些地方依照自然法则萌发生出了最初的嫩芽。远古时期朦胧昏暗，遥不可知，那是确凿可靠的历史知识能够延伸到的最远的边际线，在那里我们看到了若干文明中心，它们同时闪耀，相映生辉。早期的人类文明中心是：公元前五千多年的埃及、巴比伦、古代新亚述帝国（Assyrisches Reich）重镇尼尼微（Ninive）、克什米尔（Kaschmir）、伊朗，以及第一个聚居群出现之后的中国——他们从昆仑山东北坡迁徙到了位于其下的黄河谷地。这些文明中心不由得让人想起天穹上无数繁星中那些尤为璀璨的星辰，想起太空中那些永远的恒星，我们知道它们的亮度，但除了个别几颗以外我们尚不知道它们距离地球有多么遥远。

最早的人类民族感知到了一种原始的自然科学，"野蛮"的民族也曾发展出一种天然的"自然智慧"，这些智慧属于知识的领域，更属于信仰的领域，它们不是本部著作将要探讨的内容。这样的信仰就深深根植在印度最古老的克里希那的教义中，威廉·洪堡认为："世界的真相最初应该是被植入了人类

下篇 宇宙观历史

的脑海,但它渐渐陷入沉睡,被人类遗忘了。我们不断获得知识,这一过程就好像是从前的记忆逐渐苏醒。"我们目前称作"野蛮"的民族是否都处于原始的天然状态?抑或是它们中的很多只是后来才陷入野蛮的境地,就仿佛是一个文明早早沉船毁灭后散落的残片?这些民族的语言结构常常令人做出如此猜想。关于这些问题,我们都不置可否,无以答复。在和此类所谓的原始民族接触的过程中,我们并没有发现他们在认知地球自然力量方面具有过人之处,有些人对奇幻的事物抱持一种热爱,杜撰出各种各样的说法。不过这些"野蛮人"的心中确实怀有一种朦胧的、令人战栗的、认为自然力量皆为统一整体的情感。但这样的情感不同于人们试图用思想来理解自然现象之间关联的尝试。对宇宙的认知是观察和理论推演的结果,是人类长期与外部世界接触的结果,它不是某一个民族的创作,而是民族间相互交流结出的硕果,这些民族间的交流即使没有那么普遍,至少也规模庞大。

《宇宙》第二卷在开始时论述了人类对外部世界的反应是如何影响了人类的想象力,我们从文学史上提炼出了表达生动自然情怀的部分。同样的,在"宇宙观历史"的这一篇,我们也将从人类文明史中汲取那些能够反映自然科学知识发展的内容。表现自然情怀与科学发展的这两部分并非随意组合而成,而是按照特定的原则整理选出,它们彼此间的关系类似于它们出自的学科间的关系。人类文明史本身就包括人类精神力量的发展史以及人类创作的各种作品,这些文学艺术作品都从各个方面充分体现了人类的精神力量。本书将根据时代和民族的不同刻画出人类深刻又鲜活的自然情怀,人们体悟到奇妙丰盛的自然细节,它们激发人类更加细致地观察自然现象,认真探索它们之间在宇宙层面的关联。

人类理性认知的洪流裹挟着自然科学的各种元素,呼啸着奔腾而下,把知识携带到了地球各处,但散布到各地的知识并不均等,随着历史的沉积,有多有少。正因为这些洪流是如此的丰富浩瀚,所以我认为在撰写一部宇宙观历史的时候,要从一个特定的民族群落开始,即从我们现在的科学以及整个欧洲西方文化最早生根的地方着手。相对于埃及、中国和印度的文明,古希腊和古罗马的文化形成从时间起源上看可以被称作一个很新的文化。但无论是从东方还是南方传入欧洲的外来知识都和欧洲本土发展出的科学知识融

绪 言

为一体，在欧洲的土地上传播开来。即使世界格局风云变幻，外来族群入侵，引发了种族混乱的局面，知识的推广也毫无间断。在地球上的有些地方，人们很早就掌握了大量具体的知识，时间上比欧洲要早几千年，但这些地方或者是再度出现了野蛮行径，遮掩了之前文明的光芒；或者是虽然保持了古老文明的精神以及固定且复杂的国家结构（中国），但在科学和技术领域却进展缓慢，与世界的交流则更为稀少——没有与世界的交流就不可能发展出普遍的科学知识。孕育了欧洲文化的民族和那些起源于欧洲后迁徙至其他大陆的民族，通过发达的海上航行进入了最偏远的海域和最遥远的大陆海岸，所到之处都留下了他们的势力影响。欧洲的强势不仅在于掠夺，也在于对他族的威胁。欧洲人代代流传几乎从未中断的科学知识和他们继承下来的科学术语中包含着多种踪迹，循着这些踪迹我们可以看到外来的重要科学发明或技术发明萌芽是如何传入欧洲民族的。这些踪迹就仿佛是人类历史上的里程碑：指南针的知识从东亚传入欧洲，一根自由摆动的磁棒就可以显示方向和磁偏角；化学制品的知识从腓尼基和埃及传入欧洲（如玻璃、用动植物制成的颜料、金属氧化物）；数字从印度传入欧洲，人们通过识别数字符号的位置来确认数值的大小。

自从人类文明离开了原有的位于热带或亚热带的古老发源地，就在欧洲大地上生根发芽。欧洲最北部比亚洲和北美同纬度地区温暖，欧洲大陆就像是亚欧大陆的西部半岛。欧洲的气候更加温和，这得益于它的地理位置和地形结构。这里地形复杂，结构多样，历史学家斯特拉波（Strabo）就盛赞过欧洲的地理形状；南部紧邻地处赤道的非洲大陆；盛行西风，西风穿越广阔的大洋，冬季带来温暖的水汽，而温和的气候又促进了文明的发展——这些我们在《宇宙》第一卷都详细讲过。欧洲的自然地理特征为文明的传播设置了较少的障碍，与亚洲和非洲的情况大为不同——在那里，有平行的山系绵延万里，有雄伟的高原巍峨挺立，有无际的沙海横亘其中，它们难以逾越，阻隔了民族的迁徙和交融。所以，在进入关于宇宙观历史的篇章时，在细数此历史进程上的辉煌时刻时，我们将从地中海讲起：地中海由于其地理状况和所处的位置，对民族交流和自然知识的增长起到了最为积极的影响；在各民族之间持续的交流之下，人类对宇宙的认知越来越丰富。

邦普兰（Aimé Bonpland，1773—1858），与洪堡一起完成了为期五年的美洲之旅，在巴黎担任过约瑟芬皇后的首席园丁。1816年开始旅居阿根廷和巴拉圭。

第一章

作为起点的地中海

Das Mittelmeer als Ausgangspunkt

> 柏拉图在《斐多篇》中从地球全局的角度出发，这样描述地中海的狭窄："我们的居住地从黑海东岸的菲西斯（Phasis）延伸到直布罗陀海峡，这只是地球上一个很小的区域。我们环绕地中海栖息，就好像蚂蚁或者青蛙环绕水塘而居。"
>
> 埃及人、腓尼基人、希腊人聚居在此，创造出璀璨耀眼的高度文明，而这一狭小的海盆正是世界历史上一些关键事件的发生地，对非洲和亚洲的大规模殖民从这里开始，远洋航海从这里张开船帆，人们由此发现了整个西半球。

第一章 作为起点的地中海

地中海的地形

柏拉图在《斐多篇》中从地球全局的角度出发，这样描述地中海的狭窄："我们的居住地从黑海东岸的菲西斯（Phasis）延伸到直布罗陀海峡，这只是地球上一个很小的区域。我们环绕地中海栖息，就好像蚂蚁或者青蛙环绕水塘而居。"埃及人、腓尼基人、希腊人聚居在此，创造出璀璨耀眼的高度文明，而这一狭小的海盆正是世界历史上一些关键事件的发生地，对非洲和亚洲的大规模殖民从这里开始，远洋航海从这里张开船帆，人们由此发现了整个西半球。

地中海现在的形状还能显示出它昔日的模样——地中海曾经包括三个封闭却彼此相依的小海盆。爱琴海南部与一条岛屿形成的圆弧线相连，圆弧线东起小亚细亚西部海岸，穿过罗得岛（Rhode）、克里特岛（Kreta）、基西拉岛（Kythira），在距离马里阿角（Malea）不远处汇入伯罗奔尼撒半岛（Peloponnes）。以西是爱奥尼亚海（Ionisches Meer），锡德拉湾（Große Syrte）、马耳他岛（Malta）就在这里。西西里岛西端与非洲海岸相距只有 90 千米。1831 年费迪南德（Ferdinandea）火山岛突然在夏卡（Sciaca）石灰岩岸的西南部隆出海面，虽然该火山岛很快又沉入海中，但这是大自然做出的一次尝试，试图重新封锁位于格兰托拉角（Cap Grantola）、西西里岛最西端、潘泰莱里亚（Pantellaria）与非洲邦角（Cap Bon）半岛之间的锡德拉湾，使之与西边的第三个海湾——第勒尼安海分离。大西洋的海水经直布罗陀海峡进入第勒尼安海，撒丁岛、巴利阿里群岛（Balearic Islands）以及西班牙瓦伦西亚附近的小火山群岛散落其中。

地中海在三处地方受到陆地阻挡而变得狭窄，这样的形状最初在很大程度上限制了腓尼基人和希腊人的航海探险，但后来又对他们海上活动的扩张产生了十分积极的影响。希腊人很长时间以来都只是滞留在爱琴海和

◀ 描绘拉美西斯二世出征的浮雕作品。拉美西斯二世是古埃及第 19 王朝的法老，在位时间约 67 年，被称为拉美西斯大帝。

锡德拉湾，他们在荷马时代还丝毫不知道意大利本土的存在。腓尼基人首先发现了西西里岛西部的第勒尼安海，那些前往伊比利亚半岛南岸古国塔特索斯（Tartessos）的水手到达了直布罗陀海峡。我们不应忘记，迦太基（Karthago）就建立在第勒尼安海与锡德拉湾的分界线上。地中海海岸线的形状对历史的进程，对航海活动的发展方向，对海上霸权的更迭变化都起到了重要的影响，而海上霸权又继而影响到思想知识的传播。

和南岸的海岸线相比，地中海北岸的海岸线曲折多变、形状丰富、结构复杂，依据斯特拉波的记载，古希腊科学家埃拉托斯特尼（Eratosthenes）就曾盛赞过这一优势。地中海北部延伸出三个半岛，依次是伊比利亚半岛、意大利半岛和希腊半岛，它们拥有曲折深入的海湾，与附近的岛屿和对面的海岸一起构成了多处海峡及地峡。这里的陆地形状多变，其周边散布着无数岛屿，有的因地壳断裂形成，有的因地下火山凸起形成，它们就好像分布在向远处延伸的地壳裂隙上，排列成一行一行。面对这样错综复杂的地势，人们很早就有了地理学见解，领悟到地壳断裂与地球演化的过程，知道水面较高的海水会流入水面较低的海域。黑海南岸的本都（Pontus）、达达尼尔海峡（Dardanelles Strait）、加的斯（Cádiz）、岛屿众多的地中海——这些地方都很适合让人们发展出对水闸系统的理解认知。神秘的《阿尔戈英雄纪》在撰写中融入了古老的神话传说，它为古老的伊奥尼亚地区分崩离析为无数岛屿而激越高歌："海神波塞冬被黑暗诱惑，对宙斯大发雷霆，他举起金色三叉戟，向着伊奥尼亚砸下。"还有很多类似的想象流传于世，它们可能来源于一些并不完善的地理知识。亚历山大里亚学派致力于研究古代事物，它博学宏大，容纳并继续发展了这样的想象。亚特兰蒂斯（Atlantis）大陆位于爱奥尼亚的东部，与其遥遥相对，关于亚特兰蒂斯的传说也与关于爱奥尼亚的传说两相呼应——亚特兰蒂斯最终沉入水中，消失殆尽。我在其他文章中已经论述过此观点的可靠性，这里无须加以评断。德国的希腊研究者卡尔·穆勒（Karl Otfried Müller）讲到过，"萨莫色雷斯岛上流传着一个传说，说那里曾经遭受过一次巨大的洪水袭击，洪水造成了地形上的沧海桑田之变，伊奥尼亚的沉没可以印证这个传说"。至于历史是否真是如此，我们在此也不置可否。

我们经常说，地中海的地形特点对民族交流和宇宙知识的不断扩展起到

第一章　作为起点的地中海

了积极影响，那么究竟是哪些因素促成了这些积极影响？地中海东部比邻小亚细亚半岛，小亚细亚半岛在这里骤然突起，伸入地中海；爱琴海岛屿众多，这些岛屿就像桥梁一样横亘在各个民族面前，使得其文化彼此互通；阿拉伯、埃及和埃塞俄比亚之间存在着一条巨大的地壳裂隙，印度洋的海水在此经由阿拉伯海和红海进入地中海，裂隙的尽头是狭窄的尼罗河三角洲地峡和地中海东南岸。在这样的地理条件下，海洋就变成了一种可以连接彼此的元素，其影响力日益增长。腓尼基人因为首先称霸海上而势力强悍，后来希腊人享有海上霸权也变得国力昌盛，思想文化亦经由海路迅速传播开来。人类的文明起源于埃及、幼发拉底河、底格里斯河、印度的旁遮普（Punjabis）地区和中国，它们都与孕育生命的河流紧密相连，但腓尼基人和希腊人的文明则完全与之不同。希腊的历史风云动荡，尤其是爱奥尼亚民族很早就显示出对大海的强烈征服欲。地中海海盆形状怪异，爱奥尼亚民族相对位于爱琴海的西部和南部，这些便利条件极大地满足了他们出海的渴望。

　　印度洋的海水通过曼德海峡（Bab al-Mandab）进入红海，这一现象进而造成阿拉伯海湾的形成，这是现代地理学才能为我们破解的自然现象之一。欧洲大陆的主轴呈东北—西南走向，另有一条地壳裂隙带几乎与这条主轴成直角，反方向横穿欧洲的土地，这条断裂带上有些地方有海水入侵，有些地方有平行的山脊凸起。这条逆向的断裂带从印度洋延伸到易北河入海口：红海在裂隙带的南部，两岸分布着火山岩，红海东部是波斯湾以及幼发拉底河与底格里斯河构成的平原，接下来是洛雷斯坦（Luristan）的札格罗斯山脉（Zagros）、希腊的山系及周边群岛、亚得里亚海（Adriatisches Meer）、达尔马提亚（Dalmatien）的石灰岩山脉，这些平行的山系和海湾清晰显现出东南至西北的走向。欧洲大陆和地壳裂隙的特定走向取决于地球内部的震动情况及其方向，大陆的东北—西南走向和断裂带的东南—西北走向形成了两个系统，两个测地线系统相交，这种地理状况对人类的命运和促进民族交流起到了至关重要的影响。太阳在不同季节的偏角不同，导致东非、阿拉伯半岛和印度半岛受热不均，再加上陆地板块所处的相对位置，就造成风向随着季节规律变化（季风），为前往阿拉伯半岛南部哈德拉毛（Hadramaut）、波斯湾、印度和斯里兰卡的航行创造了便利条件。每年4月、5月到10月红海海面上

· Das Mittelmeer als Ausgangspunkt ·

下 篇 宇宙观历史

刮起北风，从东非到印度马拉巴尔海岸的洋面上盛行西南季风；每年10月到次年4月盛行东北季风，利于返航，这一时段恰好也是南风吹过曼德海峡和苏伊士地峡（Suezkanal）之间的时节。

地中海沿岸的民族

在这部讲述宇宙观历史的著作中，我们先是描画了宇宙观历史上演的舞台：在得天独厚的地理条件的影响下，外来的文化元素和地理知识得以从四面八方涌入希腊。这里我们首先要细数那些地中海沿岸民族发展出的文明：埃及人、腓尼基人及其居住在北非和西非的移民、伊特鲁里亚人，他们的文化教育非常古老，也高度发达。民族迁徙和贸易往来对此发挥了至关重要的影响。近来我们发现了很多古代的纪念碑和碑文，哲学性的语言学研究也有长足进展，因而我们能够看到的历史范围越来越广阔，所以也越来越认识到：来自幼发拉底河流域的文化从吕基亚地区开始，通过与色雷斯人具有亲缘关系的弗里吉亚人的传播，在最早期也对希腊造成了非常多样的影响。

尼罗河谷在人类历史上起到了非同寻常的重大影响，此处我将援引考古学家莱普修斯（Karl Richard Lepsius）的最新研究以及他考察埃及的成果，莱普修斯的埃及之行揭示了埃及的古代历史全貌。"建立在尼罗河谷的有确切史料记载的王朝可以溯源到古埃及历史学家曼涅托（Manetho）划分的第四个王朝的起始时期，这一时期包括建造了吉萨金字塔群的三位法老（胡夫、哈夫拉、孟卡拉）。"该王朝始于公元前34世纪，比多利安人入侵伯罗奔尼撒半岛要早23个世纪。莱普修斯表示："位于吉萨金字塔和萨卡拉金字塔南部的代赫舒尔金字塔建造于第三个王朝。代赫舒尔金字塔群上雕有石刻文字，但上面至今并未发现埃及国王的名字。埃及古王国的最后一个朝代是第12王朝，该王朝结束于喜克索斯人入侵埃及的时候，大约是荷马出现前的1200年。阿蒙涅姆赫特三世（Amenemhet Ⅲ）是第12王朝的法老，他建造了埃及原初的地下迷宫，并且通过挖掘土地以及在北面和西面建造宏伟的大坝而人工开凿了莫伊利斯湖。喜克索斯人被赶走以后，埃及人建立了第18王朝（公

第一章 作为起点的地中海

元前1600年),新王国时期由此拉开了序幕。拉美西斯二世(Ramesses Ⅱ)是第19王朝的法老,他的胜利被镌刻在石头之上,永久流传于后世。人们曾在底比斯(Theben)向罗马战斗统帅日耳曼尼库斯宣讲了拉美西斯二世的功绩。希罗多德曾经称拉美西斯二世为塞索斯特里斯(Sesostris),大概是把他与他的父亲塞提一世(Sethos Ⅰ)混淆了起来。塞提一世也是一位同样英勇好战又势力强大的统治者。"

这里我认为有必要精准确定历史年代,因为历史是我们脚踩的坚实大地,只有这样才能确定发生在埃及、腓尼基和希腊的重要事件的相对时间。我们在上述篇幅中勾勒出地中海的地理概况,此处我们也要追忆那些逝去久远的年代,要知道尼罗河谷孕育的人类文明比希腊文明早几十个世纪。如果不同时了解时间上和空间上的基本状况,就不可能设计出一幅清晰且令人满意的历史图卷,这是人类思想世界的本性使然。

尼罗河文明的产生有其特定的前提,那里的人们很早就感知到了精神上的需求,而且埃及的自然条件也非常独特,再加上宗教以及政治机构的推动和塑造,文明之花就这样盛开绽放了。和地球上所有的文明一样,尼罗河文明也曾促进民族间的交流,也曾出兵远征,也曾派遣人民驻扎外地。不过历史和纪念碑为我们留下的史料证明,埃及人只是在陆路上进行过短暂的对外征服,但并没有开展过自己的远洋航海活动。和一些较小的却又十分活跃的民族相比,埃及这样一个古老又强大的民族反而并未对外界造成长期的影响。埃及人很长时间以来都在忙于建立民族及王朝,虽有利于集体大众,但对个体却并无益处。从地理空间上看,埃及就好像处于偏远孤立的境地,这大概阻碍了宇宙知识的传播。拉美西斯二世在位期间进行了多次远征,希罗多德记载道:"拉美西斯二世率军到过埃塞俄比亚、叙利亚,经由小亚细亚地区乘船到了欧洲,进入过斯基泰人和色雷斯人的居住地,最终来到黑海沿岸的科尔基斯(Kolchis)和里奥尼河(Rioni)流域。"一部分因为长途跋涉而感到十分困顿的士兵就在这里定居了下来。宗教司祭表示,拉美西斯二世率领船队首先征服了爱利脱利亚海(Erythräisches Meer)(今红海、亚丁湾、印度洋部分海域)的沿岸居民,而后仍在海上航行,直至来到一处海域,因为水浅而无法继续。古希腊历史学家狄奥多罗斯确切表示,埃及国王塞提一世曾经远征印度跨越了恒河,还从巴比伦带回了俘虏。对此,莱普修斯写道:"关于埃及究竟开展过哪些独立的航行活动,只有一项事实是确定的,那就是埃及人很早就开始乘船远行,不仅航行在尼罗河上,还远至阿拉伯海湾。西奈半岛上的瓦迪·玛格哈雷(Wadi Magbareh)以盛产铜矿著称,早在第4王朝时期,法老胡夫就令人在那里开采铜矿。埃及东部库赛尔步道(Kosser Straße)上的位于瓦迪哈马马特(Wadi Hammamat)的碑文可以溯源到第6王朝,正是库赛尔步道把尼罗河谷与红海西岸连接了起来。塞提一世时期埃及人就开始建造苏伊士运河,起初是为了与阿拉伯铜产地互通往来。"埃及把较远的航海活动托付给了腓尼基的船队,据说在尼科二世(Necho Ⅱ)统治期间,他曾令水手环绕非洲航行,人们对此说法真实性一直争论不休,但在我看来这是很有可能的。几乎与此同时,也就是在尼科二世之父普萨美提克一世(Psammetich Ⅰ)到雅赫摩斯二世(Amasis Ⅱ)结束内战后不久的这段时期,希腊军队进入位于亚历山大港东南的瑙克拉提斯(Naukratis),部分人长久驻扎在了这里,由此为日后持续发展的对外贸易、外来文化的进入以及希腊文化逐渐入侵北埃及奠定了基石。这里产生了一种精神自由的萌芽,它在很大程度上摆脱了地域的影响,当时世界正因为马其顿王朝的统治而产生新的格局,而精神自由的萌芽就在这些崭新的条件下快速且旺盛地生长着。萨美提克一世执政时开放了埃及的港口,这是一个尤为重要的时代,因为埃及至少只在北部海岸长期以来处于封闭状态,而日本到现在也还是拒绝外来者进入。

地中海是西方文明起源的摇篮,我们此处要细数除希腊以外的居住在地中海沿岸的民族。介绍过埃及人之后,我们再来看一看腓尼基人。腓尼基人是最活跃的文化传播者,极大地推动了从印度洋到欧洲西部与北部的各族文化的交流。他们在某些精神境界具有局限性,对艺术较为陌生,不像对机械知识那样在行;和擅长沉思的埃及人相比,他们也没有那样非凡的创造性,但腓尼基人是一个非常勇敢且具有强大影响力的贸易民族。他们擅长创建殖民地,其中一处的政治影响力远远超过了他们原有的住地,腓尼基人比地中海沿岸的其他民族都更早地对传播文化和增长自然知识作出了贡献。腓尼基人拥有巴比伦的度量衡制度,并且使用铸造出的金属货币作为交换媒介——至少从波斯人统治以来就如此。然而在政治和艺术方面都十分发达的埃及人却没有发明出货币，这一点也实在令人感到困惑。腓尼基人和许多民族都有往来，他们勇于探索自然地理环境，很早就开始使用字母文字，并利用这些文字传播文化，由此对民族交流作出了最重要的贡献。希腊神话讲到，腓尼基国王阿革诺耳（Agenor）之子卡德摩斯（Cadmus）在希腊本土的东南部建立了一个聚居地并创立了腓尼基文字。尽管这些传说扑朔迷离，我们不能知其真相，但有一点不容置疑，那就是希腊人通过爱奥尼亚人与腓尼基人的贸易往来接受了字母文字，而且很久以来都称之为"腓尼基文字"（卡尔·穆勒）。自从法国语言学家商博（Jean-François Champollion）第一次识破古埃及象形文字结构以来，有很多研究揭露出字母文字的早期状况，根据这些观点，腓尼基文字和所有的闪米特文字都可以看作是最初起源于象形文字的表音文字，即文字完全忽略语义，只是单纯表示读音。这样一种表音文字从属性和基本形式上看是音节文字，它可以满足用形象来表示语言的语音系统的需求。莱普修斯在论述字母文字时表示："印欧民族一贯倾向于严格区分元音和辅音，元音系统在他们的语言中远比辅音重要，并且起到主导发音的作用。当闪米特文字传到欧洲，融入印欧民族中时，印欧民族就对闪米特的音节文字进行了重大且影响深远的改造。"在语言中保留音节文字的诉求在希腊人那里完全得到了满足。腓尼基文字几乎传播到了所有的地中海沿岸国家，甚至流传到了非洲的西北部海岸，这不仅简化了物质层面上的贸易往来，而且还创造了一条联系多个民族的纽带。更重要的是，字母文字因为字形灵活在多地普及开来，它们被赋予了更加崇高的使命。希腊人在智慧与情感以及探索精神与创造性想象力这两大领域收获了丰厚又尊贵的果实，把它们流传给千秋后世，文化的硕果永不泯灭，滋养了一代又一代，而字母文字就是所有这些精神财富的载体。

腓尼基人不仅传播并增进了自然知识，他们也有自己的独创和发明，在很大程度上扩展了某些领域的知识范畴。腓尼基人创建了一个富裕的社会，其财富来自发达的远洋航海，来自西顿（Sidon）出产的白色与彩色玻璃制品、织物和骨螺紫[①]染色技术。和在其他地方一样，这些特长全都推动了数学和化学知识的增长，尤其是促进了科学技术的发展。斯特拉波说道："根据

[①] 学名紫脲酸铵，是从海螺中提取的稀有染料。——译者注

下 篇 宇宙观历史

史料的描述，西顿人是一个勤奋探索星相学和数字学的群体，他们的研究缘起于算术和夜间航行，因为这两者对于贸易和航海都是不可或缺的。"通过航海和往来于亚洲与非洲之间的商贸活动，腓尼基人探索了地球上辽阔的疆域，他们大概在很早的时候就在黑海南岸的本都建立起一个聚居地，而且在诗人荷马时代即探访过基克拉泽斯群岛和爱琴海的很多岛屿；他们去过盛产银矿的西班牙南部［塔特苏斯（Tartessos）、加的斯］和加贝斯湾以西的非洲北部［乌提卡（Utica）、迦太基］，远行至欧洲北部的大不列颠；还在波斯湾的巴林岛上建立了两个贸易地。可以想见，腓尼基人足迹所及何其辽远。

琥珀贸易最早起源于腓尼基人，腓尼基的航海者勇敢又坚韧，他们很可能是先把琥珀运往日德兰半岛的西岸，然后再将之运往波罗的海沿岸埃斯蒂人的领地。琥珀贸易在日后得到了大规模扩展，对"宇宙观历史"而言，它向我们展示了一种奇怪的现象，即人们仅仅是因为热爱一种远方的物产而开辟出一条民族交流的内陆商路，并由此获得了关于大片疆域的地理知识。就像居住在福西亚（Phocaea）的古代马赛人不畏艰险横穿高卢，把英国的锡运送到罗讷河一样，腓尼基人也历经万难把琥珀从日耳曼人住地和位于阿尔卑斯山两边山麓的凯尔特人住地运送到波河（Po River），从中欧的潘诺尼亚（Pannonia）地区运送到第聂伯河（Dnepr），琥珀就这样从一个民族流传到另一个民族。这条琥珀之路第一次把北欧沿海地带与亚得里亚海湾和本都联系了起来。

腓尼基人从迦太基出发，从大约比迦太基早200年建立的位于塔特苏斯、加的斯的定居地出发，对非洲西北部海岸的一些重要部分进行了考察，其所到之处远远超过了位于西撒哈拉北岸的博哈多尔角（Kap Bojador）。迦太基航海家汉诺（公元前6世纪）在手记中提及来到了非洲西海岸的Chretes（今天的苏斯河），Chretes既不是亚里士多德在《气象学》一书中指出的Chremetes（利比亚的河流），也不是今天赞比亚境内的河流。苏尔人（Sur）在那里建立了众多城市，斯特拉波认为其数量多达300个，后来这些城市遭受到摩尔人和居住在西非撒哈拉以南地区的土著人的毁灭。其中大西洋上一个名为Kerne的小岛是腓尼基船队的主要驻地，也是腓尼基殖民地海岸的主要货物堆积站。加那利群岛和亚速尔群岛面向西方，哥伦布之子费尔南多以为亚速尔群岛就是迦太基人偶然间发现的传说中的卡西特里德岛；奥克尼群

第一章 作为起点的地中海

岛、法罗群岛和冰岛面向北方，西边与北边这两条线上的岛屿共同成为民族交流的站点，后来人们就是从那里启程进入了新大陆。这些海岛标志出两条不同的路径，欧洲人正是经此最先踏上了北美和中美洲的土地。考察这一点很重要，可以说对世界历史具有重要意义，因为由此我们可以得知：原住地的或是居住在伊比利亚半岛和非洲殖民地的腓尼基人是否或是具体在什么时候发现了圣港岛（Porto Santo Island）、马德拉群岛（Madeira）和加那利群岛。一连串的事件构成了历史，人们总是愿意先去了解开始的第一个环节。就北线而言，从腓尼基人建立殖民地塔特苏斯和乌提卡到后来人们发现美洲，也就是维京探险家瑟瓦尔德森（Erik Thorvaldsson）发现格陵兰岛，随后又有航海家到达了北美的北卡罗来纳（North Carolina），这之间很可能隔了整整2000年。就西北线而言，哥伦布当年就采用了这条路线，他从加的斯城附近出发，而此举距离腓尼基人在那里建立殖民地已有2500年之久。

让思考变得具有普遍性，这是《宇宙》这部著作的责任。在某些领域中，人类朝着相同的方向做出了一系列努力，如果说我们从本书追求普遍性这一需求出发，把确定一组距离非洲海岸只有315千米的群岛作为这一系列努力的第一环节来看待，那么这不是出于一种产生于内在心绪的杜撰，也不是出于对"乐土之岛"的向往。传说中的"乐土之岛"在地球西方的尽头，被邻近的西沉的太阳温暖照耀。在人们的想象中，最美妙的生活、最珍贵的物产永远都在地球上最遥远的地方。后来希腊人对地中海的认知越来越多，"乐土之岛"这个理想之国也随之被人们置于越来越靠西的地方，被放置在直布罗陀海峡以外。"乐土之岛"的传说很可能与真实的地理情况以及腓尼基人最早的地理发现并没有关系，此传说盛行于腓尼基人后裔之中，但至于腓尼基人最早在什么时代获得了重大的地理发现，历史却没有给我们留下确切的信息。在此，地理发现只是映射出人类想象中的图景，这些图景被注入了无穷的想象。

后来的作家们常常写到一片优美的岛屿，其中就有一位不知名的编者，他编辑了一部《奇幻故事集》。这部书还被误认为是亚里士多德所著。书中引用了亚里士多德的《蒂迈欧篇》，也详尽收录了古希腊历史学家西西里的狄奥多罗斯的言论。作家们提到的大概就是加那利群岛，他们描述了海上突起的巨大风暴，而正是这场风暴让航海者偶然发现了这些小岛的存在。据其描述，腓尼基人和迦太基人的船队"当时正沿着利比亚的海岸扬帆行驶，前往之前就已经建立起的殖民驻地，突然间风暴骤起，水手们被推向大海远处"。此次事件应该发生在伊特鲁里亚（Etruria）海上霸权的早期，也就是居住在伊特鲁里亚的土著居民皮拉斯基人与腓尼基人发生冲突的时期。古罗马地理学家塞波萨斯（Statius Sebosus）和努米底亚（Numidien）国王朱巴一世（Juba Ⅰ）首先提到了这些岛屿，但岛屿的名称并不是布匿语，尽管记录岛屿名称的史料出自布匿语书籍。古罗马统帅塞多留（Sertorius）被赶出西班牙，失去了自己的船队，他和手下逃亡到一组只包括两个大西洋小岛的岛屿，希腊作家普鲁塔克（Plutarch）称这片岛屿有 10000 个体育场那么大，位于巴埃瓜达尔基维尔河（Guadalquivir）入海口以西。有鉴于此，人们猜测普鲁塔克指的是圣港岛和马德拉群岛，老普林斯确切地把这两组岛屿称为"紫色岛"。直布罗陀海峡以西的洋流从西北方流向东南方，且来势汹涌，这种特定的流向长时间以来妨碍了沿着海岸线航行的水手们发现距离大陆最远的岛屿，这些岛屿中只有较小的圣港岛于 15 世纪时有人居住。由于地球的曲度，即使是大气折射强烈的时候，特内里费岛（Teneriffa）的火山峰也不可能被腓尼基的水手看到。但是根据我的研究，从环绕西撒哈拉北岸的博哈多尔角的和缓山丘上，却可以看到特内里费岛的火山峰，尤其是在火山爆发之际，当高高盘踞在火山之上的云团发出反射光的时候。近代也有希腊人说站在泰格特斯山（Taygetos）上可以看到埃特纳火山爆发的盛景。

　　人类的地理知识在不断扩展，很多知识从地中海沿岸的其他地带流传到了希腊，以上我们跟随腓尼基人和迦太基人的脚步，领略了他们与外族交流时行走的两条线路：一条用于与欧洲北部盛产锡和琥珀的国家进行沟通，另一条用于本土和他们建立在非洲西海岸临近热带的殖民地之间往来。现在我们还要踏上一条向南延伸的海上航线，探寻腓尼基人当年的踪迹。腓尼基人曾经跨越北回归线，行驶到克尔讷岛（Kerne）和"西方之角"（Hanno's Westhorne）以东几千千米的印度洋。虽然人们对腓尼基人所说的"黄金国"的确切地点还心存疑惑，无论这些黄金国在印度半岛的西海岸，还是在非洲东海岸，有一点是可以肯定的：这个活跃的善于沟通的很早就拥有字母文字的闪米特民族，从欧洲西海岸的卡西特里德岛出发，向南行驶到曼德海峡以南的地域，深入热带地区，接触到了不同气候带的丰富物产。大不列颠岛和印度洋上同时飘荡着苏尔城的信号旗。腓尼基人在阿拉伯海湾最北部的港口埃拉特（Eilat）、以旬迦别（Eziongeber）以及在波斯湾的穆哈拉格岛（al-Muharraq）和巴林建立了贸易分部，据斯特拉波描述，那里建有多处神庙，风格与地中海的建筑十分相似。腓尼基人经由巴尔米拉城，来到了倍受上天眷顾的阿拉伯地区和位于波斯湾西岸的迦勒底人或纳巴泰人的格尔拉城（Gerrha），在那里展开了采购香料和乳香的贸易。

腓尼基国王希拉姆一世（Hischam I）和以色列所罗门王（Solomon）一同发起了航海考察，这是提尔人和以色列人共同策划的行动，他们从以旬迦别出发，经过曼德海峡，来到"黄金国"俄斐（Ophir）。所罗门王喜欢奢华，他下令在芦苇海建造一支船队，希拉姆给他配备了经验丰富的腓尼基水手和苏尔人的航船。船队从俄斐带回来的商品有黄金、白银、檀香木、宝石、象牙、猴子和孔雀，这些物品的名称不是希伯来语，而是印度语。东方学者格泽纽斯（Wilhelm Gesenius）、本菲（Theodor Benfey）和拉森对此做过深入细致的研究，认为腓尼基人很有可能探访过印度半岛的西岸，因为他们在波斯湾建立了殖民地，与格尔拉人进行贸易往来，而且很早就掌握了季风的规律。哥伦布甚至坚信所罗门的黄金国俄斐就是东亚的一部分，是托勒密所说的黄金半岛的一部分。虽然说很难把印度想象成一个蕴含大量黄金的地方，但我认为，我们在此不必执着于希罗多德在《历史》一书中提到的印度的一种能够挖掘黄金的动物，也无须拘泥于史学家克特西亚斯（Ktesias）讲过的印度草棚里的熔炉。按照他的说法，当地人把黄金和铁放在里面一起熔化。我们需要考虑的是，印度距离阿拉伯南部较近，距离索科特拉岛（Sokotra）也较近，印度人当时就驻扎在那里，而且索法拉海港（Sofala）所在的东非海岸也相距不远。印度人从最早的时候就开始定居在东非海岸，那里与印度本土隔海相望，前往俄斐的航海者可以在爱利脱利亚海（红海、亚丁湾、印度洋的一部）找到印度以外的其他黄金产地。

最早生活在意大利中北部的伊特鲁里亚人不像腓尼基人那样擅长沟通和交流，也没有像他们那样去扩展地理空间，而且伊特鲁里亚人很早就受到向海洋方向迁徙的第勒尼安人带来的希腊文化的影响，是一个阴郁又严肃的民族。他们途经意大利北部，翻越阿尔卑斯山，踏上那里的一条受周边民族保护的"圣路"，与北方的琥珀之国发展陆路商贸，其规模不可小觑。就是通过这条路，来自雷蒂亚（Raetia）的最早的伊特鲁里亚人到达了波河流域以及更南的地区。永远抓住事物最具普遍性、最具持久性的本质，是《宇宙》这本书遵循的原则，所以从这个角度出发，对我们而言最重要的就是理解伊特鲁里亚人的政体对古老的罗马国家机构以及社会生活产生的影响。可以说这种影响以其派生出的边远的外在表现，在政治上对今天的社会仍然发挥作用，毕竟伊特鲁里亚人通过罗马文明推动了人类文化的发展，或者说为其打上了至少为期数百年的独特的烙印。

伊特鲁里亚民族有一个性格特点，这里要特别提到，就是他们青睐某些自然现象，对其有深入的研究。因为神职人员要进行占卜活动，所以每天都会观察大气的气象现象。观察闪电的人研究闪电的方向，他们懂得如何引导闪电，如何避开闪电，并且对闪电的类型做了严格区分：他们认为一种是来自高空云层的闪电，另一种是土地神萨图尔努斯（Saturnus）发出的从下向上飞升的闪电，被称作"萨图尔努斯的土地闪电"。而近代物理学才又开始特别注意到这种区别。伊特鲁里亚人善于运用探查水源和开采泉井的技术，这意味着那些负责寻找水源的人深入研究过岩石层以及崎岖地面的自然特征。西西里的历史学家狄奥多罗斯称赞伊特鲁里亚人是一个擅于研究和洞察自然的民族。这里我们还要补充一点，塔尔奎尼亚（Tarquinia）优雅又强势的神职人员推动了自然科学的发展，这是历史上少见的现象。

我们的文化深深根植于希腊文化，通过希腊文化的包容与传承，我们得以由此汲取所有古老民族的文化及其世界观的重要部分。在《宇宙》这本书开始讲述天赋异禀的希腊文化之前，我们首先提到了人类文明的古老发源地：埃及、腓尼基、伊特鲁里亚。我们分析了地中海的独特形状及其在世界上的地位，分析了这种地理条件如何影响到地中海与非洲西海岸、北欧、阿拉伯及印度洋海域的贸易往来。这里的民族霸权更迭频繁，你方唱罢我登场；在不同文化的影响之下，社会生活也十分活跃动荡，世界上没有任何其他地域像地中海这样如此风云变幻。希腊人和罗马人在地中海叱咤风云，因此这里复杂多变的局势一直延续了下来，尤其是在罗马人攻破了腓尼基人与迦太基

第一章 作为起点的地中海

人的霸权之后。此外，我们所称的历史开端，事实上并非真正的历史开端，而只是后世人的理解认知。如今，一般性语言学和比较语言学取得了极大进展，人们仔细探寻了古代的纪念碑，准确破解了其所含的意义，历史研究者的视野由此而一天天宽广起来，我们能够勘察到的历史正向着更加久远的方向层层延伸，而这些都是我们这个时代享有的优越性。除了以上提到的地中海沿岸的民族以外，还有一些其他民族留下了其古老文化的印记，如居住在亚洲西南部的弗里吉亚人和伊利里亚人（Lycier），以及居住在欧洲最西部的图都勒人（Turduler）和图尔德泰尼人（Turdetani）。斯特拉波在谈及后两个民族时说道："他们是伊比利亚半岛上文明最发达的民族，他们掌握书写技术，拥有关于古老思想的书籍，创作了诗歌，制定了以诗行写成的法律，距今有 6000 年的历史。"我这里仅举此一例，是为了提醒读者铭记历史长河的无情流逝，即便是欧洲本土民族的古老文化又有多少都消失得无迹可寻，而最早的自然知识又是怎样局限在一片狭小的区域之内，我们已不得而知。

在北纬 48° 以上、亚速海（Maeotian）和里海以北，在顿河、邻近的伏尔加河和乌拉尔河之间——乌拉尔河发源于盛产黄金的乌拉尔山南部，是一片平坦的草原，欧洲和亚洲于此分界，仿佛是悄然无息地汇入彼此之中。公元前 5 世纪的希腊作家希罗多德以及更早的希腊思想家锡罗斯的斐瑞居德斯（Pherecydes von Syros）认为，斯基泰人居住的亚洲地区（西伯利亚）归属于欧洲，该地带处在萨尔马提亚人的控制之下。而在南部，欧洲和亚洲之间有着清晰的分界线。不过向西凸起的小亚细亚半岛以及爱琴海上形状复杂的众多群岛，就像横跨在两大洲之间的桥梁，对民族往来、语言文化的交流起到了极大的促进作用。亚洲西南部自古以来就是从东边迁徙来的民族所经的固定通道，就像希腊西北部是伊利里亚人入侵时行走的路径一样。有些爱琴海的岛屿先后经历了腓尼基人、波斯人和希腊人的统治，它们是联结希腊文化和东方国家之间的纽带。

在那久远的年代，在这片变故多发的欧亚交汇之地，弗里吉亚王国（Phrygien）先是被吕底亚王国（Lydia）吞并，而吕底亚王国后来又被波斯王国吞并，此过程中的民族沟通与融合很大程度上扩展了亚洲和欧洲希腊人的精神视野。通过波斯国王冈比西斯二世（Cambyses Ⅱ）和大流士大帝的军事行动，波斯人的统治从昔兰尼（Cyrene）、尼罗河扩张到了幼发拉底河和印度河的丰饶地带。古希腊的探险家和作家卡里安达的西拉克斯（Scylax von Caryanda）曾经深入考察了印度河，一直到达其入海口，印度河流经当时的克什米尔地区。在波斯人统治之前，希腊人和埃及人的往来就已经很活跃，例如瑙克拉提斯和尼罗河三角洲最东端的贝鲁西亚（Pelusium）就是双方交流的圣地，埃及法老普萨美提克一世和雅赫摩斯二世执政时期，双方走动频繁。以上描述的这些军事活动导致很多希腊人背井离乡，他们不仅要在遥远的他乡建立殖民地——我们之后会细说，而且要在迦太基、埃及、巴比伦、波斯和巴克特里亚（Baktrien）的阿姆河流域作为雇佣军组成异国军队的主力。

希腊人对地中海的探索以及希腊殖民地的建立

如果深入考察希腊不同民族的个性和民俗特点，就会发现，多利安人和一部分俄利亚人性情严肃，他们的社会几乎就像手工业行会一样封闭；而爱奥尼亚人却是明快开朗的，充满探索精神和行动力量，不论是对内还是对外都活得叱咤风云。爱奥尼亚人对外在世界有着客观的觉察，同时他们也创造了想象丰富的诗歌和艺术，这使其精神世界变得丰厚优美。在这些先决条件的推动下，爱奥尼亚人在其建立的所有殖民城市都播撒下了先进文化的种子，为那里带来福祉。

希腊这片神奇的地域拥有一种独特的魅力——大地与海洋深深嵌入对方，彼此环绕。如果说是希腊的陆地形状创造了当地水土错综交融的状况，那么陆地的这种形状也从很早就开始诱惑希腊人出海航行并与其他民族进行贸易往来和交流。克里特岛人和罗得岛人首先掌握了这里的海上霸权，后来萨摩斯岛人、福西亚古城人、塔弗亚岛人（Taphos）和塞斯普罗蒂亚人（Thesprotia）在此发起了大量的航海活动，当然这些海上航行起初都是为了掠夺人口和抢劫财物。古希腊诗人赫西俄德的作品表现出一种对航海活动的反感，但这只是个人的观点，或者是那些在陆地上劳作的人因为不了解海上活动而表现出的胆怯，那个时候希腊大陆上的社会习俗刚刚开始形成。最古老的传说故事和神话都与长途远游和海上远航有关。神话中的理想世界和有限的真实世界之间存在强烈反差,而正是这些反差给当时人类年轻的想象力带来了巨大的欢愉。所以人们在神话中创造了众多有关远方的故事,比如,酒神狄俄倪索斯(Dionysos)和英雄海格力斯远征;奇女子伊俄(Io)远游;希腊诗人阿里斯提亚斯(Aristeas)在游记中记载了他越过黑海的旅行;生活在许珀耳玻瑞亚(Hyperborea)的神奇人物阿巴里斯(Abaris)——阿波罗的祭司——在一支神箭的指引下行走天涯,有人以为这支神箭上安装着指南针。历史事件和古老的宇宙观就这样交相反映在关于远游的故事中,而宇宙观持续的发展变化又会映射到神话中。在特洛伊战争中,英雄们从特洛伊返回时,在海上迷失了方向,阿里斯东尼克(Aristonikos)下令让墨涅拉俄斯(Menelaos)亲自环绕非洲航行。这比尼科二世遣人环绕非洲早了500多年,而且墨涅拉俄斯还从加的斯驶向了印度。

我们这里讲述的是马其顿东征亚洲之前的希腊时期,此间发生的三个事件对扩展希腊人的宇宙观产生了非常重大的积极影响,即希腊人从地中海海盆出发分别向东西两个方向挺进,以及在从直布罗陀海峡到黑海南岸本都的这条线上建立殖民地。相较于腓尼基人和迦太基人在爱琴海、西西里岛、伊比利亚岛、北非和西非海岸建立的殖民地,希腊殖民地的政治形态更加多样,对精神文化的发展传播更为有利。

希腊人大约于公元前13世纪开始向东挺进,也就是在埃及国王塞索斯特里斯之后150年,当时乘坐"阿尔戈号"航船的英雄们前往科尔基斯寻找宝物。此举被视为历史上发生过的真实事件,但有关它的叙述却充满了神话色彩,这意味着史实与理想中内心创造的人物及事件融为了一体。简单地讲,希腊人前往科尔基斯是为了完成一个民族奋进的渴望,即开发荒芜的本都。在希腊神话中,普罗米修斯因为偷取火种被宙斯锁在高加索山的悬崖之上,英雄赫拉克勒斯在东游之际营救了普罗米修斯;奇女子伊娥从Hybrites(顿河或库班河)河谷中走出,朝着高加索山的方向迈进;菲力克斯(Phrixus)和赫勒(Helle)也都曾向东跋涉。这些希腊神话故事所刻画的远游路径全都指向同一个方向,也就是向着本都挺进,腓尼基水手很早的时候就曾经冒险到达那里。

下 篇 宇宙观历史

希腊维奥蒂亚地区（Böotien）的奥尔霍迈诺斯（Orchomenos）位于科派斯湖（Kopais）附近。在多利安人和俄利亚人迁来之前，这里是米尼安人（Minyer）建立的海上强国，因为贸易往来而十分富有。"阿尔戈号"的航海活动始于伊奥科斯（Iolcus）古城，该城是居住在帕加西蒂科斯湾（Pagasitischer Golf）的米尼安人的主要驻地。传说中的"阿尔戈号"究竟驶向何方？不同的时代有不同的说法，其目的地并非远方飘缈的Aea，而是里奥尼河的入海口和科尔基斯，科尔基斯是一个更古老的文明的所在地。米利都人在海上叱咤风云，并且在本都建立了数量众多的殖民城市，这让他们对地中海的东端和北端有了较为精确的了解，为神话中的地理内容赋予了一个较为确切的轮廓。同时人们也获得了一系列有关宇宙的新的重要认知。对于附近的里海，人们长久以来只见识过它的西海岸。连古希腊历史学家赫卡塔埃乌斯（Hekataios von Milet）也认为里海就是环绕在地中海以东的汪洋大海，后来还是历史之父希罗多德告诉世人，里海是一个四面封闭的湖盆。不过在希罗多德之后的600年间又有人对此持有异议，直到科学家托勒密出现才停止了争执。

希腊人接着到达了黑海的东北角，此举扩展了他们对民族学的了解。希腊人对这里的民族多样性感到惊讶，深刻体会到翻译的重要性。翻译是比较语言学使用的第一工具，虽说不是一种精确的工具。这里的商路从麦奥提斯沼泽（亚速海）开始，向东经过哈萨克族放牧的草原、斯基泰人的族群，再穿过阿吉派伊人（Argippaeans）和伊塞顿人（Issedones）的住地，最后到达阿尔泰山北麓，那里生活着拥有大量黄金的独目人（Arimaspi）。此处是传说中的动物——狮鹫——的故土，这是许珀耳玻瑞亚国的神话，据说狮鹫与太阳相关密切，这个故事跟随赫拉克勒斯流传到了西方。

以上我们描述了通向亚洲的贸易路线的走向——近年来人们在西伯利亚的淘金活动让北亚地区又再次大名远扬，另外我们知道马萨革泰人在希罗多德时期就囤积了大量黄金，所以可以想见，当时的希腊人沿着这条路径跟本都通商，开辟了一个获得财富和奢侈品的重要渠道。我认为这里的黄金产地位于北纬53°～55°。印度史诗《摩诃婆罗多》和历史学家麦加斯梯尼（Megasthenes）在文稿中提到的陀罗陀人（Daradas）都为旅行者提供了关于黄金产地的信息，而且人们会把黄金产地与寓言故事中经常提到的黄金蚂蚁

第一章 作为起点的地中海

联系在一起,这是因为印度斯坦语的动物名称具有不确定的双重含义。所以根据这些史料和传说的记载,黄金产地应该在北纬35°～37°。有两种推论,一种认为黄金产地位于西喀喇昆仑山脉及帕米尔地区以东的西藏高原,在喜马拉雅山和昆仑山之间,斯卡都(Skardu)以西;另一种认为它在昆仑山以北的朝向戈壁的位置,中国僧人玄奘也把戈壁描述为盛产黄金的地方,他在出行途中总能对周边做出精确的观察。米利都人在本都东北岸建立了殖民地,对于运输北方独目人和马萨革泰人的黄金而言,又创造了许多方便!这些都可以视为开发本都带来的重要结果,其影响一直持续到后来,是希腊人首次向东挺进的成果。在一部叙述宇宙观历史的著作中触及这些内容,我认为是很适合的。

在一半是史实一半是传说的"阿尔戈号"航海活动之后的150年,多利安人迁入伯罗奔尼撒半岛,赫拉克勒斯的后裔也重返这里,这是历史上的重大事件,全面改变了当时的世界格局。那时希腊已经开发了本都,此航线畅行无阻,贸易往来频繁。此次民族迁徙之后,希腊人在这里建立了新的国家和体制,同时也首次开启了设立殖民城市的制度,这种殖民制度代表了希腊历史的一个重要阶段,它对于建立在精神文化基础上的宇宙知识的传播起到了最深远的影响。欧洲和亚洲有了较为密切的联系,原本在很大程度上归功于希腊人建立的殖民城市。这些殖民地组成了一条城市链,从锡诺普(Sinop)、狄奥斯库里亚(苏呼米)(Sochumi)、克里米亚半岛的潘提卡彭(Pantikapaion)开始,一直延伸到西班牙的萨贡托(Sagunt)和北非的昔兰尼,昔兰尼是由锡拉岛的殖民者所创立。

在那个逝去的古老世界中,没有哪个民族建立的殖民地多过希腊,也很少有其他民族的殖民地强过希腊的殖民地。俄利亚人最早设立了殖民地,其中的米蒂利尼(Mytilini)和士麦那(Smyrna)都是当时享有盛名的璀璨城市,后来希腊人又创立了叙拉古、克罗托内(Crotone)和昔兰尼,不过其间也有四五百年流逝过去。印度人和马来人只是在非洲东海岸和南亚群岛尝试过建立定居点,但其影响微弱。腓尼基人创立的殖民体系虽然非常完善,而且跨越的地域更加广阔,从波斯湾延伸到非洲西海岸的克尔讷岛,但腓尼基人并不是一直驻扎在这些殖民地,而是有着长时间的中断。迦太基作为殖民

下 篇　宇宙观历史

地拥有强势的统治力量，同时又具有强大的行动力，从来没有哪个殖民国家创建了比迦太基更为强盛的殖民地。不过，迦太基虽然有着发达的精神文化和形象的艺术，但是和发展出高贵艺术形式并在艺术的馨香中持续绽放的希腊殖民城市相比，迦太基还是远远落于其后。

希腊殖民地的闪光点我们不能忘记：很多人口密集的希腊城市同时在小亚细亚、爱琴海、意大利南部和西西里岛熠熠闪耀；与迦太基一样，古希腊城邦米利都和马赛也建立了其他的殖民地；叙拉古在其权势的巅峰时刻曾经与雅典交锋，也曾与迦太基的军事家汉尼拔（Hannibal）和政治家哈米卡（Hamikar）的军队作战；继苏尔城和迦太基之后，米利都很长时间都是世界第一贸易城市。希腊是一个内部常常处于动荡的民族，但它却可以通过自己的行动力向外发展出如此活跃又强盛的生命力，随着财富的增长，随着希腊本国文化的传播，一种精神上的民族意识的新萌芽遍地生发。共同的语言、共同的圣物创造出一条文化纽带，环绕着最边远的据点。通过这些殖民地，小小的希腊本土渗透进其他民族广阔的生活圈。外来的元素也得以进入希腊文化，但并未夺走希腊文化恢宏且自主的品质。希腊和东方取得联系，和当时还没有变成波斯领土的埃及进行交往——此举比波斯皇帝冈比西斯二世入侵埃及早一百年，这些交流的影响就其性质而言是极为长远而持久的。据说雅典国王凯克洛普斯一世（Kekrops I）在尼罗河三角洲的塞易斯（Sais）建立据点，希腊英雄卡德摩斯在腓尼基建立据点，埃及王子达那俄斯（Danaos）在古埃及的艾赫米姆（Achmim，也写作 Chemmis）建立据点，但以上传说颇具争议，本身带有一种神话色彩，这些英雄所建的殖民地的影响难以界定，远不及希腊殖民地带给世界的效应。

希腊的殖民地不同于其他民族的殖民地，尤其不同于腓尼基人建立的僵化的殖民地，而且它们干预了希腊的整个社会体系。这些特点都源于希腊各民族的独特个性及其各自的不同之处，希腊民族是由多个族群组成的。希腊的殖民地以及整个希腊化时代都存在一组交互作用的力量，一方面是联合，另一方面是分离，彼此交缠角逐。这些对立的事物给人们在思想和感受上带来了多样性，为诗歌创作和音乐艺术赋予了截然不同的色彩，而且也在各处都创造出了生活的丰盛多彩。那些看似敌对的事物，从更高层次的宇宙秩序来看，都在这种丰盛中转化为温柔的和谐。

爱奥尼亚人建立了米利都、以弗所（Ephesos）、科洛封（Kolophon）；多利安人开发了科斯岛（Kos）、罗得岛和哈利卡那苏斯（Halicarnassus）；亚细亚人建立了克罗托内、锡巴里斯（Sybaris）。这是一种充满文化多元性的环境。在意大利南部，还有不同希腊族群建立的殖民地并肩而立。就在这样复杂的背景条件下，荷马史诗以及那些发自肺腑的深情又高昂的语言肆意挥发着其魅幻之力，悄然诉说着人心可以感受到的一切。无论是根深蒂固的民俗文化，还是变化多端的国家体制，都完整保留了希腊文化的特征。希腊各族群共同创造了一个广阔的思想和艺术的王国，此王国被视为整个希腊民族的财富。

上文叙说了开发本都以及在地中海沿岸建立殖民地对宇宙观发展起到的重大影响，在接下来的这个段落中，我将讲述影响宇宙观发展的第三个重大因素。腓尼基人在伊比利亚半岛建立了塔特苏斯和加的斯，在那里设立了奉献给城邦守护神美刻尔（Melkart）的神庙，此外还开创了北非的第一个、比迦太基还要古老的殖民地乌提卡。这些史实告诉我们，腓尼基人已经在大西洋上航行了数百年，而希腊人在同一时期还被直布罗陀海峡挡住了去路。希腊的米利都人打通了本都，开辟了商贸路径，经由这些路线与欧洲北部和亚洲北部进行陆路贸易，很久以后又由此与阿姆河流域和印度河流域展开商贸往来。而希腊的萨摩斯岛人和福西亚人则首先试图向西冲出地中海海盆。

萨摩斯岛人克莱奥斯（Kolaios）原本打算驶向埃及，当时正值埃及法老普萨美提克一世执政，他鼓励埃及人与希腊人展开交往，也有可能是重新恢复两族人的往来。克莱奥斯被由东而来的风暴吹到了利比亚东部沿岸的普拉提亚岛（Platea），又从那里一路被刮到了直布罗陀海峡，且经此到达了大西洋。希罗多德感叹道，这一切"不是没有神的旨意"。此事件之所以重大并且在希腊语盛行之地享有赞誉，并不仅仅是因为人们偶然间发现了伊比利亚半岛上的贸易重地塔特苏斯，而是由此发现了新的地理空间，进入了一个未知的世界，一个只有通过神话故事才能感觉到的世界。在直布罗陀海峡以外，在欧洲西部领土的边缘，在通往西方至福乐土（Elysion）和"日落处的仙女"赫斯珀里得斯（Hespérides）的路上，希腊人首次看到了环绕世界的"大洋",那是河神的滔滔江水,那时候人们以为世间所有的河流都发源于此。

水手们航行至黑海边缘的菲西斯,发现那里又是一片海岸,与本都相连,水手们杜撰海岸那边是"太阳之国"。然而在欧洲西岸,在加的斯和塔特苏斯的南部,人们放眼望去的时候,看到的只是无际无涯的大海。这里是地中海的门户,具有其独特的重要性,1500 年以来皆是如此。航海民族历来不断尝试冲出这个门户,腓尼基人、希腊人、阿拉伯人、加泰罗尼亚人、来自迪耶普(Dieppe)和拉罗谢尔(La Rochelle)的法国人、热那亚人、威尼斯人、葡萄牙人和西班牙人都先后试图挺进大西洋,大西洋很长时间都被视为一个充满泥泞又有雾霭笼罩的浅海。直到后来南欧民族在加那利群岛和亚速尔群岛建立站点,从那里开始最终到达了美洲新大陆,不过诺曼人在更早的时期通过其他路径就已经抵达了美洲。

在亚历山大大帝远征东方的时候,人们对地球形状的认识就已经让亚里士多德想到,印度距离直布罗陀海峡并不遥远。斯特拉波甚至感知到:"在北半球,在那条穿过直布罗陀海峡、罗得岛的,从欧洲西海岸延伸到亚洲东海岸的纬线上,大概还有许多其他适合人类居住的土地。"地中海长轴延长线上之所以会出现这些地理坐标,跟古希腊科学家埃拉托斯特尼对地球的认知关系密切,因为他的观点在当时广为流传,他认为欧亚大陆从西到东最远的距离位于北纬 36° 线上。在这条线上,地壳的上升少有中断。

萨摩斯岛人克莱奥斯的航海发现不仅代表了一个远洋航海活动大展宏图的时代——希腊各族和接受了希腊文化的民族于此共同开创和发展了航海事业,而且它还直接扩展了人类的思想领域。在广阔的大洋之上,人们发现了一种宏伟的自然景象,海水随着日月交替周期性地涨退,彰显出地球与月球和太阳之间存在的神秘关系,人们首次开始持续关注这种现象。希腊人发现北非地中海苏尔特湾(即锡德拉湾,Große Syrte)的潮汐现象不是那么有规律,而且有时还给他们带来了危险。古希腊哲学家波希多尼(Poseidonios)在伊比利亚半岛的伊利帕(Ilipa)和加的斯两地观察潮汐,并把自己的观察结果与腓尼基人的知识做了对照。腓尼基人在这方面更有经验,他们给波希多尼讲了月球对潮汐的影响。

第二章

马其顿亚历山大大帝东征

Feldzüge der Mazedonier unter Alexander dem Großen

> 希腊的发展之势从地理空间上看几乎是辽阔无边的,此外它还斩获了一种深刻的道德文化的高度,因为希腊统治者不懈地追求各民族的融合,追求建立一个世界共同体。这是一个希腊化时代,希腊文化擅长赋予外界以精神内涵。希腊人在很多地点建立了新的城市——其选址透露出统治者心怀的宏伟目标,他们安排并规划出自主的社会组织用以管理这些城市,而且还特别保护希腊的民族风俗以及当地本土的文化。所有这些都表明,希腊为建立一个有机的一体世界制定了蓝图。

亚历山大东征带给希腊的契机
——希腊人对外族文化的吸纳

如果在人类历史的发展过程中寻找欧洲西方国家与亚洲西南部、尼罗河谷以及利比亚交往甚密的阶段,那么我们会发现有一个时期格外重要。在此期间马其顿国王亚历山大东征,波斯帝国灭亡,希腊开始与印度往来,希腊-巴克特里亚王国(Griechisch-Baktrisches Königreich)得以建立并持续了116年,这是历史上多民族共同生活的最重要的阶段之一。希腊的发展之势从地理空间上看几乎是辽阔无边的,此外它还斩获了一种深刻的道德文化的高度,因为希腊统治者不懈地追求各民族的融合,追求建立一个世界共同体。这是一个希腊化时代,希腊文化擅长赋予外界以精神内涵。希腊人在很多地点建立了新的城市——其选址透露出统治者心怀的宏伟目标,他们安排并规划出自主的社会组织用以管理这些城市,而且还特别保护希腊的民族风俗以及当地本土的文化。所有这些都表明,希腊为建立一个有机的一体世界制定了蓝图。原本计划中没有的内容,日后都在实际情境当中自行发展而出,历史上给世界带来多重影响的重大事件都一再证明了这一点。如果我们想象一下,从公元前334年的格拉尼库斯河(Granikos)战役到塞迦人和吐火罗人入侵巴克特里亚并将其毁灭,其间有200多年的时光流逝,也就是经过了52届奥林匹克运动会,那么我们实在要为西来的希腊文化拥有的持久力和神奇的沟通能力感到惊叹。希腊文化融入了阿拉伯人、新波斯人和印度人的文化,持续且强劲地发挥着影响,一直到中世纪。至于其中哪些部分属于希腊原有的文化,哪些部分属于亚洲民族的文化,常常是没有定论的。

希腊人在政治上推行一统天下的原则,更确切地讲,是他们感觉到这种统一原则会带来有益的政治影响,该意识深深根植于希腊人果敢的血脉中,希腊所有的社会结构都证明了这一点。希腊也把统一的原则应用在自己的国

◀ 亚里士多德在教导亚历山大,由画家菲利斯(Jean Leon Gerome Ferris)绘。

下 篇 宇宙观历史

家上,大学者亚里士多德很早就这样谆谆教导国民。在他的《政治学》一书中我们读到:"亚洲民族并不缺少精神上的创造活动,也不缺少艺术的技艺,但是他们生活在卑微和被奴役的状态下,没有胆识和勇气。而希腊人强壮活跃,享有自由,他们把社会治理得很好。如果希腊各族能够统一成一个国家,那么他们有能力统治所有的蛮夷。"亚里士多德在他第二次逗留雅典期间写下了上述文字,那时候亚历山大大帝还没有出兵前往小亚细亚的格拉尼库斯河。虽然亚里士多德自己也觉得一个没有边界的王权统治是违反自然的,但这个一统天下的原则却毫无疑问极大地影响了希腊的统治者,其激励希腊东征的效果远胜于历史学家克特西亚斯撰写的《印度史》。德国诗人施莱格尔(August Wilhelm Schlegel)和他之前的法国历史学家纪尧姆(Guillaume de Sainte-Croix)都认为,此书关于印度的天马行空般的描述对东征起到了重要的推动作用。

前一章我们粗略勾勒出浩瀚的海洋,海洋是一种沟通和联结各个民族的元素,腓尼基人、迦太基人、蒂勒尼人(Tyrrhener,也写作 Tyrsener)和伊特鲁里亚人都先后大力拓展了人类的航海活动。我们讲述了希腊人的海上航行,希腊人建立了众多殖民地,海上权势强盛起来。来自伊奥科斯古城的"阿戈尔号"航海英雄从东边突破地中海,萨摩斯岛的克莱奥斯一路向西冲出了地中海,他们都在努力挣脱地中海海盆的限制。以色列国王所罗门和腓尼基国王希拉姆一世联合海上力量,向南驶入红海,寻找遥远的黄金国俄斐。

本章则主要带领我们经由陆路进入欧亚大陆的内部,这些道路均为陆路贸易和内河航运所设立。在短短 12 年间,希腊先后发动了以下重大事件:马其顿王国东征西亚和叙利亚,引发了格拉尼库斯河战役和伊苏斯(Issos)战役;占领苏尔城并轻易吞并埃及;出兵巴比伦和波斯,在埃尔比勒(Erbil)摧毁了当时的世界霸权大国阿契美尼德帝国;出兵中亚的巴克特里亚和位于兴都库什山脉与锡尔河之间的粟特人居住地;最后英勇挺进印度的"五川之地"——旁遮普地区。亚历山大大帝在所到之处全都建立了希腊人的驻地,其领地的跨度令人叹为观止,从利比亚绿洲的阿蒙神庙,从尼罗河三角洲西岸的亚历山大港,一直延伸到中亚锡尔河的苦盏古城(Khodjent),亚历山大把希腊文化传播到了足迹所至的所有地方。

第二章　马其顿亚历山大大帝东征

希腊的思想领域彼时经历了极大的发展，此处我们必须要从思想的角度来看待马其顿王国的一系列行动，来理解巴克特里亚王国为什么持续了较长的时间。希腊人的精神领域之所以能够扩张，是因为希腊的疆土急剧扩大，跨越了不同的气候带，从中亚锡尔河畔的居鲁波利斯古城（Cyropolis）延伸到印度河三角洲东岸北回归线以南的地区。在这片如此广阔的地域上，大地呈现出千姿百态的地貌：丰饶的沃土、干涸的沙漠、巍峨的雪山错综贯穿其中，这里有无数新奇的动植物物产，这里有肤色各异的人种分布在不同角落。希腊人与东方的部分非常古老又富有异禀的民族建立了活跃的联系，接触到它们的宗教神话、哲学理念、天文知识和占星术。一时间，丰富的新知识以及大量可以用来研究地理和比较民族学的素材全都潮水般涌现在希腊人的面前，人类历史上没有哪个时代提供的精神资源能比其更为浩瀚（1850年之后的开发美洲热带除外）。这样一个知识与思想都极大丰富的新局面激发各路作家生动表述自己的观感，当时所有的西方文学创作都印证了这一点。那时候有些希腊作家以及后来的罗马作家纷纷发声，对历史学家麦加斯梯尼、亚历山大大帝海军将领尼阿库斯（Nearchus）、历史学家阿里斯托布鲁斯（Aristobulos von Kassandreia）以及其他亚历山大东征的陪同者所写的旅行游记表示怀疑。这是可以理解的，因为所有描写壮观自然景象的文字都自然会运用到想象并且激发想象，不过质疑的声音从另一方面也证明了当时思想界的活跃状况。这些有关东征的报道受限于那个时代的特色和影响，报道者常常把事实和个人见解混杂在一起。起初他们受到外界严厉的谴责，后来责难的声音逐渐变得缓和，有了较为公允的评判，经历舆论的跌宕起伏是所有历险者注定的命运。而在我们当今的时代，对历险者的公允评价越来越多，因为我们对梵文有了深刻的研究，对中亚和印度的地理名称有了更为普遍的了解，尤其是对中亚和南亚的概况有了生动的认识，并且见识到了那里的有机物产，另外还在热带地区发现了巴克特里亚王国的硬币。所有这些知识都帮助我们形成了一套评价前人探险活动的标准，希腊博学家埃拉托斯特尼曾经对探险者有过很多批判，斯特拉波和老普林尼也时有微词，他们当时的知识还很片面，不可能达到我们今天所掌握的评价标准。

如果我们沿着经线方向衡量整个地中海的跨度，然后再自西向东衡量

下 篇 宇宙观历史

从小亚细亚到印度北部比亚斯河（Beas）的距离，并把两段距离进行比较的话，就会发现希腊的地理范围在短短几年间就扩大了十倍。由于亚历山大大帝东征以及在外建立殖民城市，希腊人的地理知识和自然知识得以成倍增长。为了详细叙说这些浩瀚的知识素材，我需要首先勾勒出这片土地的地表形态，新近的考察让我们有了相关的实地经验。在这片广阔的疆域上，平原低地交错纵横，荒芜的沙漠和盐碱地在天山延长线以北蔓延开来，幼发拉底河平原、印度河平原、阿姆河平原、锡尔河平原铺陈其中，与这些低地形成鲜明对比的，是巍然屹立的雪山，海拔高度将近 19000 英尺。西藏高原北部的昆仑山向西延伸，成为兴都库什山脉。兴都库什山脉朝着阿富汗的赫拉特古城（Herat）方向蔓延，其间分裂为两大山系，它们包围着阿富汗东北部的努尔斯坦（Nuristan，也译作努里斯坦），其中位置偏南的山系更为雄伟。亚历山大大帝穿过海拔 8000 英尺的巴米扬（Bamiyan）高原，认为自己在那里看到了普罗米修斯的山洞，继而他又登上了科巴巴山脉（Koh-e Baba）的山脊，而且从旁遮普阿塔克（Attok）城以北的卡布拉（Kabura）横渡印度河。希腊人看惯了海拔较低的托罗斯山脉，而这一次他们猛然见到了白雪皑皑的兴都库什山脉高耸眼前，按照苏格兰探险家伯恩斯（Alexander Burnes）的说法，巴米扬高原的雪线在 12200 英尺以上。当他们把托罗斯山脉与兴都库什山脉进行比对时，一定是觉察到了自然的奇妙，他们定然发现了山体上垂直分布着不同的自然带和植物带。当大自然将其恢宏的一面直接展现于人类眼前时，人的感觉会倍受冲击，这种印象会深刻而长久地停留在善感的内心中。斯特拉波形象地描写了亚历山大一行穿越帕罗帕米萨德山区（Paropamisadae）的情景，在了无人迹的深厚积雪中，军队一步一步艰难地踏出一条道路，而树木也在这里消失得荡然无踪。

希腊人本来对于来自印度的物产和艺术品只是间接有些了解，一是通过更早的贸易，二是通过波斯国王阿尔塔薛西斯二世的御医克特西亚斯的讲述——他在波斯行宫生活了 17 年，有的物品人们也只是听说过而已。现在由于马其顿在东征路线上建立了定居地，西方国家的人民遂对印度的物产有了充分了解。丰饶的印度物产包括：水稻，阿里斯托布鲁斯曾经特别描述了水稻的种植；灌木状棉花植株，精细的织物和纸——棉花为这些产物提供了原料；香料和鸦片；米酒和由棕榈树汁液酿成的酒，这种棕榈树的梵文名称是 tala，希腊史学家阿里安（Arrian）著书为我们保留下了这一名称；甘蔗制成的糖，不过希腊和罗马的作家显然常常把蔗糖与竹黄混淆了起来；高大木棉的绒毛，西藏山羊毛围巾，丝绸；白芝麻油，玫瑰油和其他香料；油漆；最后是坚硬的印度磨刀钢。

这些物产很快就成为世界贸易经销的商品，塞琉古帝国的人把其中很多物种移植到了阿拉伯地区，希腊人不仅对这些物产有了物质层面的认识，当他们目睹到亚热带繁盛美丽的自然场景时，还体会到了其他的精神享受。这里的动植物形态高大，希腊人从未见过，他们展开驰骋的想象力，在头脑里勾画出各种生动的画面。有些作家的写作风格一贯平实冷静富有科学性，没有丝毫的热情与兴奋，但是当他们描写大象的习性时，却表现出一种诗意。"树木高耸，树冠擎入半空，就是射出的箭也不能到达树梢，树叶比步兵的盾牌还要大"；竹子是一种树状的长着羽叶的草，但是"一段带有竹节的竹竿却可以制成一条需要配有四根船桨的船"；印度的无花果树从枝干生出根系，其树干直径可以达到28英尺——正如希腊历史学家欧纳斯克利图斯（Onesikritus）真实而形象地说道："无花果树的主干上伸出繁茂的枝叶，就好像是搭起了一个有很多廊柱的树叶凉棚。"不过亚历山大大帝的同行者却从来没有提到过那种高大的树状蕨类植物——在我看来，它是热带地区最恢宏壮丽的饰物；但是他们提到了美丽的伞叶棕榈和人们种植的香蕉树丛，香蕉树生机盎然，枝头上永远都流淌着清新嫩绿的葱翠。

希腊人对外族文化的科学整合

地球上一大片辽阔的土地这时候才真正呈现在希腊人的面前，相关的自然知识如潮水般涌来，物质的客观世界强有力地向人类创造性的主观世界袭来。亚历山大大帝征服东方，希腊的语言和文学广泛传播，并且取得了累累硕果。与此同时，希腊人对当时的全部知识进行了科学审视，并按照亚里士多德的学说和模式对这些知识进行了系统性整理，理清了人们的精神世界。我们要看到，很多有利条件此时此地正幸运地碰撞在一起：当时有无数的新知识大量涌现，而且人类对自然领域的经验性研究已有了长足发展，对自然现象的推导和猜想亦达到了深入的程度；能够清晰界定所有事物的科学语言也正在形成；而亚里士多德同时又为这些发展确立了指引方向。正因为如此，在精神层面上处理知识素材变得容易了许多，这些知识也得到了充分的传播和复制。所以正如但丁所说，两千年以来亚里士多德都是"学者中的大师"。

此后人们一直相信马其顿东征直接导致亚里士多德的动物学知识大涨，但是新近的严肃研究却对此有所动摇，这种信仰虽说没有完全消失，但至少也是变得摇摇欲坠。有一本描写亚里士多德生平的合集，很长时间以来被认为是哲学家赫米阿斯（Hermias）之子阿摩尼奥斯（Ammonius）所著，这本糟糕的书不仅包含了许多历史错误，而且传播了一个错误说法，说亚里士多德陪同他的学生亚历山大大帝至少到达了尼罗河岸。亚里士多德的《动物志》写成的时间略晚于他的《天象论》，根据书中提到的一些时间坐标推算，这两本著作的成书时间应该在第 106 个奥林匹亚周期，最晚在第 111 个奥林匹亚周期，不是在亚里士多德来到马其顿国王腓力二世宫廷的 14 年前，就是在格拉尼库斯河战役爆发前的 3 年，不会晚于这个时间。这种观点认为亚里士多德较早就完成了长达 9 卷的《动物志》，不过有人列举出书中的个别内容，用以驳斥这种看法。诸如：亚里士多德看似清楚了解有关大象、鹿马、巴克特里亚的双驼峰、被误认为是猎豹的长颈鹿以及印度水牛的知识，但印度水牛是在十字军东征期间才引入欧洲的。此处需要指出，按照亚里士多德自己的说法，这种奇怪的长着马鬃的"鹿"并不是发源于亚历山大大帝穿越的旁遮普地区，而是发源于阿拉霍西亚（Arachosien）地区，该地位于坎大哈以西，与格德罗西亚（Gedrosia）一起构成了古波斯的一个总督区。迪亚尔（Pierre-Médard Diard）和杜瓦塞尔（Alfred Duvaucel）曾经从东印度带回这样一只鹿马，送给博物学家居维叶（Georges Cuvier），居维叶甚至将其命名为"亚里士多德鹿"。《动物志》中提到的有关以上动物形态和习性的信息大多很简短，亚里士多德难道不可以通过波斯和交通繁忙的巴比伦获得这些信息，而完全不受限于马其顿东征吗？当时人们还完全不知道用酒精泡制标本的技术，所

第二章 马其顿亚历山大大帝东征

以只有动物的毛皮和骨骼可以保存下来,适用于解剖的软体部分是不可能从遥远的亚洲运回希腊的。亚里士多德投身于物理学研究,撰写描述自然的论文,从整个希腊的领地和海域收集了大量动物用于研究,还创建了他那个时代唯一的图书收藏——这些藏书先是传给了哲学家泰奥弗拉斯托斯,后来又传给泰奥弗拉斯托斯的学生尼留斯(Neleus)。在完成这些事业的过程中亚里士多德得到了腓力二世和亚历山大大帝的鼎力相助,这一点是非常有可能的。有一种说法说亚里士多德得到了800位贤士的礼赠,又有几千位收藏家和鱼塘及飞禽的看管者为他提供动物资源,这种说法只能被视为后人夸大其词,是人们误解了博物学家老普林尼、作家阿特纳奥斯(Athenaios)和历史学家埃里亚努斯的传统。

马其顿东征为希腊这样一个高度文明的民族开辟出一片广阔又美丽的土地,为此处注入了希腊文化的影响,所以从"考察"这个词的原义上讲,马其顿东征可以被看作是一次科学考察。征服者带领来自各个科学领域的学者、自然研究者、地形测量者、历史学家、哲学家和艺术家出兵上阵,这是人类历史上的第一次。亚里士多德的影响不仅来源于他自身的创造,而且还来源于陪同亚历山大大帝出征的思想深邃的亚里士多德学派的哲学家们。其中最耀眼的是历史学家卡利斯提尼(Callisthenes),他是亚里士多德的近亲,在东征之前他就已经撰写了植物学著作,并对面部器官做过精细的解剖研究。卡利斯提尼性格严肃,言谈耿直无所顾忌,这导致亚历山大大帝及其恭维者对他怀恨在心。此时的亚历山大已不再是那个品行高尚的帝王了,但是卡利斯提尼为了自由宁死不屈。在巴尔赫古城停留期间,他无辜卷入亚历山大大帝的随从赫尔莫劳斯(Hermolaus of Macedon)联合贵族男侍发动的阴谋,此事件致使亚历山大大帝对恩师亚里士多德心生怨恨。哲学家泰奥弗拉斯托斯是卡利斯提尼的友人兼同学,他在卡利斯提尼受到排挤之后公开为其勇敢辩护。亚里士多德在卡利斯提尼陪同亚历山大大帝出行之前,曾给予他提醒和告诫,因为亚里士多德自己在腓力二世宫廷效力多年,深谙宫廷世故,所以忠告他道:"一定要尽量少跟国王讲话,如果不得不讲话,那就永远只说赞同国王的话。"

卡利斯提尼在希腊本土的时候就已经是一位熟知自然的哲学家,在亚里士多德学派一些杰出人士的支持下，他在希腊新开辟的广阔土地上拓展了同行的研究成果，并把它们提升到新的高度。吸引自然研究者关注的，不仅是丰茂的植物和剽悍的动物，也不仅是多变的土地形态和大江大河的周期性上涨，还有人类及其种族。人类的种族肤色多样，习性各异，用亚里士多德自己的话说就是："人类是整个创世的中心，也是整个创世的目的，就好像是上帝的旨意只有通过人类才能在世间体现出来。"哲学家锡诺普的第欧根尼（Diogenes von Sinope）的学生欧纳斯克利图斯陪同亚历山大大帝出行，沿途写下报道，古典时代人们对欧纳斯克利图斯微词甚多。从他的保留下来的只言片语中我们可以看到，马其顿东征已经远达"日出的地方"，人们虽然看到了"肤色黝黑的跟埃塞俄比亚人相似"（希罗多德语）的印度人，却对没有发现长着卷曲头发的黑人感到十分惊讶。当时人们非常关注气候对肤色的影响，关注干热和湿热的不同作用。在荷马时代以及在后世受荷马影响的诗人，并不知道空气的热量受到纬度位置以及距离极地远近的影响。希腊人当时认为气温的高低完全取决于其所在地在东方还是西方。地球上接近日出的地方被称作"太阳国"，古希腊悲剧诗人狄奥迪克底（Theodecte）写道："太阳神东升西落永不停息地奔跑，用闪着亮光的煤炭涂黑了人们的皮肤，灼烧卷曲了他们的头发。"

亚历山大大帝东征最先给了希腊人一个对不同人种进行比较的契机，他们把出现在埃及的非洲种族和居住在底格里斯河以外的雅利安人以及皮肤棕黑但头发并不卷曲的古老印度民族进行对比。在此希腊人看到：人类分为不同的族群；人类族群在地表的分布状况更多是历史事件带来的结果，这些族群的形成跟气候条件的长期影响并没有太大关联；人群的肤色与居住地点之间看似存在矛盾。所有这些发现当时肯定让那些观察者在思索的同时又感到极为兴奋。印度内陆直到现在还有一片广大的地区，生活在那里的原住民肤色深沉，近乎黑色，与后来侵入印度的肤色较浅的雅利安人非常不同。温迪亚山区中的贡德人、生活在摩腊婆地区（Malwa）和古吉拉特邦（Gujarat）森林中的比尔人以及居住在奥里萨邦（Odisha）的科拉（Kola）人都属于这样的原住民。拉森是一位思想敏锐的东方学家，他认为，在希罗多德时代亚洲黑色人种居住的范围很有可能沿西北方向延伸到了远比现在更广大的地区，

第二章　马其顿亚历山大大帝东征

希罗多德所称的"日出地的埃塞俄比亚人"跟利比亚的埃塞俄比亚人肤色近似，但头发的质地不同。同样的，在古埃及，那些长着羊毛卷头发、常常被打败的黑人民族的居住地也深入到了努比亚北部。

当希腊人在东征途中看到如此众多从未见过的自然景象时，当希腊人接触到不同的民族及其迥然有异的文化时，他们的视野豁然开阔了，思想天地也随之得到了极大的丰富。可惜这个思想王国缺乏比较语言学的成果，当时没有人从民族的角度出发对语言进行比较，所以这方面没有哲学性的内容——语言比较是受到思想世界影响的，而且连单纯的历史性的内容也没有。哲学性的语言研究对于古典时代而言是完全陌生的。亚历山大东征给希腊人带来了大量的科学素材，他们从那些创造了文明的古老民族长期积累下来的宝藏中汲取了这些知识。这里我想重点提及天文学的发展：希腊人接触到巴比伦，随即获取了关于地球以及与之相关的自然知识，在一番细致研究之后，希腊人关于天文的知识也明显丰富了起来。不过需要提到的是，在居鲁士大帝（Kyros der Große）占领东方都会巴比伦之后，那里的由神职人员组成的天文学院就黯然失色了。传说柏尔神（Belus）建立了巴比伦，柏尔台阶金字塔集神庙、陵墓和观星台于一身，后来它被薛西斯一世毁于一旦，在马其顿东征时就已经孤立于废墟之中。正因为从事天文研究的封闭的神职人员阶层已经解散，大量的天文学派在此间形成，所以卡利斯提尼才有可能把巴比伦长期的星象观察结果带回希腊，据哲学家辛普利丘斯（Simplicius）所说，此举是受亚里士多德之荐。哲学家波菲利（Porphyrius）表示，卡利斯提尼带回希腊的星象知识覆盖了一个久远的时间段，从亚历山大大帝入侵巴比伦之前算起，要往前上溯 1903 年之久。不过《天文学大成》①中提到的最早的迦勒底人的星象观察始于公元前 721 年，即从麦西尼亚战争开始，这很可能是因为托勒密只选择了对他编纂此书有用的天文知识。天文学家克里斯蒂安·伊德勒（Christian Ludwig Ideler）表示："迦勒底人精确掌握月球的平均运动，这一事实促使希腊天文学家运用迦勒底人的知识来建立自己的关于月球的理论，这是确凿无疑的史实。"迦勒底人因为自古以来热爱星相学，从而发展出了对行星的精密观察，他们看似在建构星历表时使用了这些行星知识。

---

① 也译作《至大论》。——译者注

下篇　宇宙观历史

最早的毕达哥拉斯学派描述了太空的真实性状和行星的运转，描述了天文学家明都斯的阿波罗尼奥斯（Apollonius von Myndos）所说的"运行在超长的规则轨道上定期回归的彗星"，至于这些天文知识中究竟有多少来自迦勒底人，此处不便展开讨论。斯特拉波把数学家塞琉西亚的塞琉古称作巴比伦人，用以区别来自古希腊城邦埃律特莱亚的测量海潮的天文学家塞琉古。这里我仅提及一点：考古学家勒特罗内（Jean-Antoine Letronne）认为，以动物名称命名的黄道十二宫极有可能来源于迦勒底人的十二分盘，根据他自己的研究，黄道十二宫出现的时间不会早于公元前6世纪的早期。

希腊人在马其顿东征时期接触到了印度的原住民，这种接触造成了什么样的直接影响，我们不得而知。从科学领域而言，大概没有什么重大收获。因为亚历山大大帝侵入旁遮普地区后，横穿了位于杰赫勒姆河和奇纳布河（Chanab）之间的波鲁斯国王（Poros）的领地，杰赫勒姆河畔长满了苍翠雪松，此后亚历山大大帝仅仅突破至比亚斯河，不过此处的比亚斯河已经接受了来自萨特莱杰河（Satluj）的滔滔之水。亚历山大原本希望一路向东征战到达恒河，但是被其攻击的印度民族反抗情绪高涨，亚历山大也担心波斯和叙利亚爆发大规模起义，所以被迫决定撤军，从而由此陷入一场深重的灾难。马其顿军队所经过的地带都居住着较为落后的民族。在萨特莱杰河和亚穆纳河（Yamuna）之间，有一条并不重要的萨拉斯瓦蒂河（Sarasvati），这条河天然地分开了两组不同的人群，河的东岸居住着信仰梵天的"洁净、高贵、虔诚"的部落，河的西岸居住着"不洁的、没有种姓划分且目无国王的"部落（拉森语）。所以说亚历山大大帝没有到达发展水平较高的印度文明的发源地。直到后来建立了塞琉古帝国的塞琉古一世（Seleukos Ⅰ）从巴比伦出兵，才完成了挺进恒河的大愿，通过史学家麦加斯梯尼使节团多次出使巴连弗邑（Pataliputra），塞琉古一世与印度孔雀王朝君主旃陀罗笈多（Sandrokottos）建立了政治关系。

希腊与中天竺最发达的地区自此开始频繁联系，且长久地持续了下去。虽然旁遮普地区也有过着隐居生活的富有学识的婆罗门，但是我们并不知道那些婆罗门和苦修者是不是了解印度完美的数字系统——这个系统中数字符号的排列顺序就可以反映数值的大小，此外我们也不知道印度最先进的地

第二章 马其顿亚历山大大帝东征

区当时是不是已经发明了这套数字系统。出生在旁遮普的修行者卡拉诺斯（Kalanos）陪同亚历山大出行，后来在伊朗苏萨（Susa）投火自焚；在罗马帝国奥古斯都时代，来自印度布罗奇古城（Bargosa）[①]的一位修行者也在雅典投火自焚。设想一下，如果他们在以身饲火之前以一种方式向希腊人传授了印度的数字系统，让这套数字得到广泛使用，那么在文化发展和便捷运用数学知识方面，整个世界将会经历怎样的重大革命！米歇尔·沙勒（Michel Floréal Chasles）是一位思想敏锐的数学家，他对数学发展的来龙去脉做过全面研究。他的研究成果显示：波爱修斯（Boethius）在《几何学》一书中描述过的毕达哥拉斯算法的方式与印度的通过数字字符顺序显示数值的数字系统几乎相同。但是在相当长的一段时期内，毕达哥拉斯的方式并没有在希腊人和罗马人中得到应用，直到中世纪它才开始普及，尤其是当数字 0 代替了空位以后。那些最有用的发明经常要等待几百年才能被人们接受并予以完善。

[①] 作者可能指 Bary gaza（珀鲁杰），旧称 Bharuch（布罗奇）。——译者注

昆特（Christian Kunth, 1757—1829）是一位德国植物学家。他曾作为洪堡兄弟的家庭教师辅导了他们十年。他早期专注于研究美洲植物，是柏林大学的植物学教授和柏林植物园的副园长，后当选为柏林科学院院士。昆特去世时，亚历山大·洪堡为他写了一篇讣告。

第三章

托勒密王朝时代的宇宙观

Zunahme der Weltanschauung unter den Lagiden

> 　　不论是在商业方面还是在科学方面，托勒密王朝都建立了大量相关设施并且采取了众多行动，所有这些行为之所以能够发生，都源于一种势不可挡的精神追求，即追求了解世界整体和远方，追求与外界的联结和统一，追求整合大量的知识和观点。希腊精神世界彰显出的这种特质长期以来都处在默默孕育之中，通过亚历山大大帝东征，通过亚历山大大帝试图融合西方与东方的努力，这种特质终于带来了累累硕果，显现为伟大的现实。托勒密王朝是希腊文化大幅扩展的时代，而其时代特征就是扩张、交流与融合。此处我描绘的就是这样一个时代的画卷，在认识宇宙整体方面，这是一个可以被视为取得了重要进步的时代。

第三章　托勒密王朝时代的宇宙观

托勒密王朝文化繁荣发展的客观条件

　　亚历山大大帝执政时期追求民族之间的交流和联合，其领土横跨三个大洲，马其顿王国瓦解之后，亚历山大政府播撒到肥沃土地中的多元文化的种子以不同的形式勃发萌芽了。希腊封闭的民族式思维方式越是渐行渐远，古希腊的创造性力量越是失去深度和强度，人们就越容易认识到自然事物之间的关联，这方面取得的进步也就越丰硕，因为民族之间的交流活跃起来并扩展了人类的精神世界，而且自然科学观此间也得到了理性的普及。叙利亚王国、帕加马（Pergamon）的阿塔罗斯王朝、塞琉古帝国和托勒密王朝的杰出统治者，几乎都在同一时期极大地推动了人类宇宙观的发展。希腊化的埃及享有政治统一的优势，同时还坐拥世界地理要塞的地位，因为从曼德到苏伊士和亚喀巴之间的阿拉伯海湾发生塌陷，印度洋与地中海之间的距离缩减至短短几英里。

　　塞琉古帝国没有海上贸易的优势，它的领土不像托勒密王朝那样具有适合航海的形状和结构，而且相较之下塞琉古帝国的地位也受到更多威胁，面临着各族总督瓜分其领土的危险。塞琉古帝国内部以内陆交通为主，主要道路设在河流沿岸，或沿商路延伸，尽管自然环境充满艰难险阻，这些道路依然无惧地穿过了白雪覆盖的山脉、巍峨的高原和荒芜的沙漠。往来此间的商队集结一处，驮运着商品行走于斯，丝绸是其中最贵重的货物，他们从亚洲内部北印度以北的高原出发，经过锡尔河源头以南的石头砌成的商旅驿站，前往阿姆河谷，进入里海和黑海。托勒密王朝的主要交通状况与塞琉古帝国相反，尽管尼罗河上船来船往，尼罗河岸与红海沿岸大道之间交流频繁，但从本意上讲这里还是盛行海上贸易。按照亚历山大大帝的原意，新建的埃及亚历山大港和古老的巴比伦将成为马其顿世界帝国的两大首都，分别屹立于

◀ 这幅油画表现了托勒密一世在公元前 319 年占领耶路撒冷的情景，由中世纪画家让·富凯（Jean Fouquet）绘。

帝国的西部和东部。但是巴比伦后来从未满足过这份期望,塞琉古一世在底格里斯河下游建立了塞琉西亚城(Seleucia),该城通过运河与幼发拉底河相连,发展为重要的贸易和文化中心,一时间繁华极盛,这也是导致巴比伦文明彻底衰落的原因之一。

托勒密王朝的前三位执政者政绩显赫,执政时间持续了整整一个世纪。他们对科学情有独钟,建立了非常杰出的科学机构用来推动文明的发展,而且不断努力扩展海上贸易,海上贸易促使人们对自然和地理的认知迅猛增长。在获取知识方面,至此还没有另外哪个民族取得了如此重大的成就。这些科学知识的宝藏从居住在埃及的希腊人那里传到了罗马人手中。托勒密二世执政时期,在亚历山大大帝去世不到50年的时候,甚至是在第一次布匿战争动摇迦太基的地位之前,亚历山大港就已经成为世界上最大的贸易城市。从地中海通向东南非、阿拉伯和印度的最近且最便捷的路线就是经由亚历山大港。大自然通过阿拉伯海湾天然的走向,勾画出了这条世界交通干道,而托勒密王朝则史无前例地成功利用了这条线路。只有当东方国家的荒芜程度有所下降,而与此同时西方强权国家的嫉妒又有所收敛的时候,这条海上大道才能充分发挥它的重要性。即使是在埃及沦为罗马帝国的一个省份的时候,亚历山大港仍然富可敌国。在罗马皇帝的统治之下,罗马聚集了无数奢华的财富,这些财富又转而惠及埃及,而且满足罗马奢侈生活的财富也主要来源于亚历山大港经营的世界贸易。

托勒密王朝时期人们对自然和地理的认知有了重大进展,原因如下:执政者在非洲内部开展了经由昔兰尼和沙漠绿洲的商旅贸易;托勒密三世征服了埃塞俄比亚和阿拉伯半岛南部;托勒密王朝与印度半岛的西部地区从事海上贸易,贸易范围覆盖了整个西部,从阿拉伯海湾北部的布罗奇古城(Bharuch),沿西海岸经过南卡纳达县(Dakshina Kannada)和马拉巴尔地区(Malabar),一直延伸到半岛最南端的吠陀宗教圣地科摩林角(Kap Komorin)以及斯里兰卡岛。亚历山大大帝的海军将领尼阿库斯曾经历经艰难险阻,耗时5个月,从印度河入海口航行至幼发拉底河流入波斯湾的入海口,此举对航海学发展作出了关键性贡献。

亚历山大大帝的同行者并不缺乏关于季风的知识,他们知道季风对于行

第三章 托勒密王朝时代的宇宙观

驶于非洲东海岸和印度西海岸之间的船只极为有利。为了让印度河成为世界商路的一部分，尼阿库斯乘船花了 10 个月的时间，考察了印度河从杰赫勒姆河畔的尼西亚（Nicaea）到伯蒂亚拉城（Patiala）之间的这一段。尼阿库斯在 10 月初的时候从印度河河口紧急扬帆起航，因为他知道，即将来临的东北季风将会对航程倾注一臂之力，他将沿着与同一纬线平行的海岸线前往波斯湾。尼阿库斯在那个时候就深谙印度洋海域特殊的风向规律，这让他可以满怀勇气地从曼德海峡的欧塞里斯港口（Ocelis）出发，驶入印度洋深处，到达印度马拉巴尔地区的货物集散地穆济里斯［Muziris，位于班加罗尔（Bangalore）以南］——来自印度东海岸的货物也通过内陆交通汇聚到这里，甚至婆罗洲出产的黄金也辗转至此。据历史记载，第一次使用这种航海策略跨越印度洋的，是一位不为人知的水手喜帕鲁斯（Hippalus），但是他的具体生活时代不详。

所有曾经让人类各民族彼此靠近的行动，所有曾经让地球上广大地域得到开发的举措，所有曾经让人类认知得到扩展的行为，都应该是宇宙观历史讲述的内容。其中有一项，属于人类历史上最辉煌的壮举之一，那就是通过尼罗河打通红海与地中海之间的水路。亚洲和非洲大陆几乎没有相连，它们之间出现了极深的地壳裂隙，被海水覆盖。亚里士多德和斯特拉波认为，辛努塞尔特三世（Sesostris Ⅲ）法老首先开始在此开凿运河，就算不是如此，那么尼科二世法老确实是开始了修建运河的工程，不过神职人员的占卜预示不祥，让尼科二世心生恐惧，遂而放弃了挖掘。历史学家希罗多德亲眼看到了一条建成的运河，并对其予以描述，这条运河在布巴斯提斯古城（Bubastis）以北汇入尼罗河，是希斯塔斯佩斯（Hystaspes）统治下的阿契美尼德帝国的杰作，但它命运多舛，之后再次陷入衰落，直到后来被托勒密二世修缮完成。该运河虽然设有水闸，但是也不能全年行船。尽管如此，它还是极大地活跃了埃塞俄比亚、阿拉伯和印度的贸易，并且一直通航到罗马皇帝马可·奥勒留（Mark Aurel）统治时期，甚至可能还持续到了罗马皇帝塞普蒂米乌斯·塞维鲁（Septimius Severus）的时代，使用时间长达 450 年之久。为了促进经由红海展开的民族交流，托勒密王朝在红海岸边建立了两座港口——米尤斯霍尔默斯（Myos Hormos）和贝勒尼采（Berenike），还有一条大道把它们与尼罗河东岸的商贸地克普托斯（Coptos①）连接了起来。

不论是在商业方面还是在科学方面，托勒密王朝都建立了大量相关设施并且采取了众多行动，所有这些行为之所以能够发生，都源于一种势不可挡的精神追求，即追求了解世界整体和远方，追求与外界的联结和统一，追求整合大量的知识和观点。希腊精神世界彰显出的这种特质长期以来都处在默默孕育之中，通过亚历山大大帝东征，通过亚历山大大帝试图融合西方与东方的努力，这种特质终于带来了累累硕果，显现为伟大的现实。托勒密王朝是希腊文化大幅扩展的时代，而其时代特征就是扩张、交流与融合。此处我描绘的就是这样一个时代的画卷，在认识宇宙整体方面，这是一个可以被视为取得了重要进步的时代。

亚历山大港图书馆的建立以及天文学领域的成就

当时人们对自然界进行了大量观察，于是相关的自然知识迅速增多起来。埃及与其他相距遥远的国家频繁来往；政府出资在埃塞俄比亚进行科学考察；人们长途出行猎捕鸵鸟和大象；亚历山大港动物园饲养了野生和稀有的动物——所有这些都促使人们研究博物学，为增长实践知识创造了条件。但是对于托勒密王朝和影响力持续到第三和第四世纪的整个亚历山大学派而言，其根本特点却表现在另一方面：其强项不在于观察研究单个的事物，而在于整合现存的各种现象，在于对早已收集到的信息知识予以排列、比较，让它们结出精神文化的硕果。亚里士多德之前的几百年间，人们对自然现象没有进行任何精确的观察，在解读自然现象时一味听任思想的摆布，随意猜测，而且提出了很多不确定的假设。后来亚里士多德在研究实践性知识方面开创先河。到了托勒密王朝时期，经验性的知识已经获得了较多重视。人们注重观察研究现有的知识和现象。自然哲学在对事物的猜测和臆想方面没有那么狂放，它行走在归纳法相对确凿的道路上，终于接近了经验性的科学研

---

① 即今 Qift。——译者注

第三章　托勒密王朝时代的宇宙观

究。人们在认知方面力求大量积累自然素材，这就要求掌握知识的人博学多才；尽管一些杰出的思想家在他们的研究中展现出博学的知识，带来了可喜的成果，但是随着希腊原有的创造精神的衰落，这些学问却常常显得失去了灵魂，只剩下枯燥的知识。另外，此时的学问没有营造出适合的表现形式，在措辞方面也缺乏生动和优美，这些因素都让亚历山大学派受到了后世严苛的评判。

此时各种机缘聚合一处：外部世界存在多种有利条件，托勒密王朝设立了两大科学机构（亚历山大港博物馆和图书馆）并按照计划予以配置，而且许多具有实践精神的学者也都保持着同事般的紧密联系——正是这些原因使得托勒密王朝取得了相应的科学成就，这也是本书在此将主要叙述的内容。因为拥有百科全书式的知识，所以人们比较容易对所观察到的事物进行对比，比较容易对各种科学观点进行抽象概括。托勒密王朝的前两位君主在亚历山大港建立了一个庞大的科学院，该科学院拥有很多优势，而且其中一项还长期保存了下来，即科学院的成员可以在不同的科学领域自由开展研究，他们虽然身处埃及这个异乡国度，置身于多种民族之中，但是他们保留了希腊人典型的思考方式和敏锐的觉知力。

以上我们对这段历史做了叙述，按照这段叙述的精神和形式，这里仅需举出少量例证，就足以证明下面两点：经验和观察对于天文学和地理学而言，是获得知识的真正源泉，托勒密王朝对于知识的追求和庇护贡献了一臂之力；亚历山大学派时期的治学特色除了勤于收集资讯以外，还表现出一种善于概括观点的特长。不同的希腊哲学流派流传到了埃及，随即被笼罩上了一层东方色彩，他们对很多事物之本质做出了带有神秘主义倾向的解读。尽管如此，在柏拉图学说的这座"殿堂"中，数学仍然是其最坚实的基石。数学知识的进步同时意味着纯数学、机械学和天文学的发展。柏拉图高度重视数学性的思维推导，亚里士多德主要研究涉及一切有机物的形态学，正是这两种方向共同孕育发展了自然科学日后的所有成就，它们像北极星，引领人类精神穿越了黑暗时代的妄想，让健康的科学精神力量免于死亡。

古希腊数学家、天文学家埃拉托斯特尼——亚历山大港图书馆一系列图书馆员中最著名的一位——充分利用了为他所开放的珍藏图书，发展出一套

· *Zunahme der Weltanschauung unter den Lagiden* · 135

地理学系统。埃拉托斯特尼自己就是史学家，研究年代学和历史，他首先把神话传说从文献里的地理描述中剔除了出去，但他还是把地理描写从历史事件的叙述中分离了出来，虽然说这些地理场景的描写为史料带来了很多生趣和魅力。不过埃拉托斯特尼用自己的科学成就很好地弥补了这一损失——他采用数学方式对陆地的结构、形状和规模做出了表述，从地质结构方面对山脉之间的联系做出推论，考察了洋流的影响，还发现某些地域曾经被水覆盖，这些地域至今仍表现出海底干燥后所呈现的种种迹象。埃拉托斯特尼观察到：黑海南岸本都地区曾出现过地势抬升，达达尼尔海峡被打通，直布罗陀海峡也紧随其后通畅起来。这些自然现象引导他开始关注海平面高度这一重要问题，所有环绕陆地的洋面是否高度一致就成了他的研究议题。这与地理学家斯特拉波日后提出的"闸门"理论相吻合。斯特拉波认为位于达达尼尔海峡东岸的兰普萨库斯（Lampsakos）相当于海洋的闸门。埃拉托斯特尼非常长于概括学术观点，有高瞻远瞩之识，比如说这一点表现在他对亚洲地势的推测，他认为，在罗得岛的纬线高度上，有一系列东西走向的连贯的山脉横切整个亚洲大陆。

人们殷切期待把各种各样的知识和观点转变为对世界的概括性认知，这是当时人类活跃的精神活动使然。这种期待促使希腊人首先在埃及的阿斯旺和亚历山大港展开弧度测量，也就是说埃拉托斯特尼试图以此来大致确定地球的大小。这种测量建立在计算步数的基础上，因而数据不准确，但引起我们当代人关注的，并不是测得的结果，而是当时人们的努力和追求，他们将目光从狭小的故国移开，放眼远方，渴望得知整个地球的规模。

在托勒密王朝时代，人们对天体和太空的科学认知取得了令人瞩目的进步，天文学也展现出类似的想要创立普遍性知识的追求。这里我将逐一列举此方面的成就：亚历山大学派最早的天文学家阿里斯蒂勒斯（Aristyllus）和蒂莫查里斯（Timocharis）成功确定了多颗恒星的方位；天文学家阿里斯塔克斯深谙古老的毕达哥拉斯学说，他大胆对整个宇宙的空间结构做出了深刻剖析，他首先认识到恒星天体距离我们小小的行星系统是多么遥不可及，他推测地球在自转的同时也在围绕太阳运转。阿里斯塔克斯与哲学家克里安西斯（Kleanthes）同处一个时代。一个世纪之后，巴比伦的天文学家塞琉古开始

第三章 托勒密王朝时代的宇宙观

进一步论证阿里斯塔克斯提出的日心说，此学说当时还鲜被认同；天文学家喜帕恰斯（Hipparchos）创建了科学天文学，是整个古典时代最伟大的天文学家，他发明了天文星表，而且还在偶然间发现了分点岁差。喜帕恰斯在罗得岛观察恒星运动，当他把自己的观察结果与蒂莫查里斯和阿里斯蒂勒斯的观察结果进行比较的时候，突然灵感乍现，于是就有了分点岁差这一重大发现。埃及人很早以前就持续观察到天狼星升起时间提早的现象，这原本应该让埃及人想到分点岁差的问题。

利用天体现象来确定一个地点的地理方位，是喜帕恰斯天文研究的另一个基本特点。天文学和地理学通过这样的方式联系了起来，两者彼此映照，就好像是经历了一种具有全息力量的沟通，为宇宙天地合一的伟大理念带来了活力。以埃拉托斯特尼制作的世界地图为基础，喜帕恰斯绘制了一幅新的世界地图，这幅地图的结构建立在天文观察的基础上，只要有条件使用天文数据，该地图在确定经纬度方面都采用了通过月食和阴影测量得到的结果。

发明家克特西比乌斯（Ktesibius）发明了精准水钟，这是对以前的水钟的发展与完善，它可以准确显示一天中的时间。在确定方位方面，从古老的日规和日晷，到后来发明的星盘、浑天仪和折光瞄准具尺，它们都为亚历山大学派的天文学家提供了越来越好的量角器。

这些仪器就好像赋予了人类新的感官，帮助人们获得更为精确的有关行星运行的知识。只是在探测天体的绝对大小、形状、质量和物理性状方面，数千年来人类都毫无进展可言。

亚历山大港博物馆的许多自行从事天文观察的天文学家，本身就是非常杰出的几何学家，不仅如此，托勒密时代本来就是数学知识发展的最璀璨的时代。数学家欧几里得（Euklid）创建了数学这门科学，阿波罗尼奥斯（Apollonius von Perge）确立了希腊几何的最高水平，阿基米德（Archimedes）取得了辉煌的数学成就——他曾到访埃及，通过天文学家及数学家康农（Conon von Samos）与亚历山大学派建立了联系。这几位举足轻重的数学家都诞生在同一个世纪。从柏拉图的所谓的"几何分析"、梅内克穆斯（Menaichmos）的"椭圆、抛物线、双曲线"，到开普勒、第谷、欧拉（Euler）、克莱罗（Alexis Claude Clairault）、达朗贝尔（Jean le Rond d'Alembert）和拉普拉斯（Pierre-

Simon Laplace）的时代，历史走过了一条漫漫长路，这条道路标志着一系列重大的数学发现，如果没有这些发明，人类将不可能探查到天体运动的规律及其在太空中的相对关系。望远镜就像一个感官式的辅助工具，可以穿透太空，把天体向我们拉近。数学也是如此，数学则是通过理性精神的相互联结而探向遥远的太空，把太空中的一部分变为人类理性能够推演的领域。在我们当今这个非常便于扩展知识的时代，人类的智慧之眼仅仅通过运用当代天文学允许的各种演算方法，就发现了海王星的存在，而且在用望远镜对准海王星之前，就计算出了它的位置、轨道和质量。

第四章
罗马帝国时代

Römische Weltherrschaft

如果我们追随人类文明发展的脚步，回顾宇宙知识逐渐增长的进程，那么罗马帝国时代就是这一领域最重要的时代之一。环绕地中海海盆的那些肥沃丰饶的土地，第一次紧密聚合在同一个国家联盟之下。特别是地中海以东的大片疆域都列入了罗马帝国的领土范围。

我们的文明，即整个欧洲大陆所有民族的精神发展，都根植于地中海沿岸人民的文化之中，尤其是希腊人和罗马人的文化。我们所谓的"古典文学"——可能这种定义过于狭隘——之所以获得了这个称谓，是因为它涵括了关于人类文化源头的知识，涵括了能够激荡人类早期思想和情感的内容，这些思想情感对于一个民族是否可以"进阶为人"以及是否能够升华精神而言至关重要。

第四章 罗马帝国时代

罗马帝国的建立对科学发展的推动

如果我们追随人类文明发展的脚步，回顾宇宙知识逐渐增长的进程，那么罗马帝国时代就是这一领域最重要的时代之一。环绕地中海海盆的那些肥沃丰饶的土地，第一次紧密聚合在同一个国家联盟之下。特别是地中海以东的大片疆域都列入了罗马帝国的领土范围。

这里我要再次重申，我力图以遒劲主线勾勒设计的这幅宇宙观历史的画卷，就因为这样一个国家联盟的出现，在表述上获得了一种客观的统一性。我们的文明，即整个欧洲大陆所有民族的精神发展，都根植于地中海沿岸人民的文化之中，尤其是希腊人和罗马人的文化。我们所谓的"古典文学"——可能这种定义过于狭隘——之所以获得了这个称谓，是因为它涵括了关于人类文化源头的知识，涵括了能够激荡人类早期思想和情感的内容，这些思想情感对于一个民族是否可以"进阶为人"以及是否能够升华精神而言至关重要。但这种观察角度绝不意味着寻找文化元素的源头不重要，在希腊和罗马文化的滔滔洪流中，有各种文化以多种多样的方式，通过目前还未被充分研究的路径，从尼罗河河谷、腓尼基、幼发拉底河以及印度进入地中海。这些异域文化元素能够被接受并保存下来，我们也还是要首先感谢希腊文化和被伊特鲁里亚人与希腊人包围着的罗马人。那些古老民族的辉煌古迹就一直矗立在那里，而我们又是多么晚才研究、破译了它们，才鉴定出其起源年代！我们又是多么晚才读懂了象形文字和楔形文字！几千年来浩浩荡荡的军旅和商队从这些碑文前匆匆走过，但是从未有人知晓它们的含义。

地中海海盆的北岸有两个地理结构复杂的半岛，对于一些欧洲国家而言，这两个半岛是它们理性文化和政治文化的发源地。这些国家拥有不可磨灭的与日俱增的科学知识宝藏和创造性艺术资源，它们也把文明传播到了美洲大陆。与此文明一起来到美洲的，首先是奴隶制度，接下来就是势不可挡的自

◀ 罗马帝国首位皇帝屋大维（奥古斯都）。

下 篇　宇宙观历史

由解放运动。不过就我们所处的大陆而言，文化的统一性和多样性完美地组合在一起，就像是特别受到了命运的眷顾。欧洲的民族各不相同，反差强烈，其情感倾向也都迥然不同，但是地中海文明接纳、运用并改造了来自这些民族的多样化元素。即使是大西洋对岸的美洲殖民地和居住地也保持了这种文化上的多元和反差，这些殖民地中的一部分已经变成了强大自由的国度，而至于另一部分，我们祝愿它们在未来也能够蜕变为自由的国度。

罗马皇帝统治下的罗马帝国的疆域，从绝对面积上看，不及秦朝和东汉时期的中国，不及成吉思汗时期的蒙古帝国，也不及当前的俄罗斯帝国。但是除了唯一的扩张到美洲新大陆的西班牙帝国以外，还没有任何一个王朝的疆域比从奥古斯都到君士坦丁大帝的罗马帝国更为辽阔，这是一片肥沃丰饶的土地，拥有良好的气候条件，并且处在重要的地理位置。

罗马帝国从欧洲西部边缘延伸到幼发拉底河，从大不列颠和卡莱多尼安（苏格兰东部）延伸到非洲西北部和利比亚的沙漠边缘，在这片广袤无垠的疆土上，地表形态变化万千，有机物产繁茂丰盛，奇妙的自然现象层出不穷。而生活在这里的各个民族都迥然不同，其文明程度反差鲜明，有些先进发达，有些还停留在野蛮状态，他们拥有古老的知识和流传已久的技能，仿佛处在人类智慧即将觉醒的最初的朦胧晨光之中。罗马人在帝国南北展开远征，到达"琥珀海岸"，在埃及执政官伽卢斯（Aelius Gallius）和古罗马作家巴尔布斯（Balbus）的带领下，他们远赴阿拉伯地区，也进入了加拉曼特人的领地。这些远征有些进展顺利，有些则充满了艰难险阻。从奥古斯都时代起，希腊地理学家就开始测量整个罗马帝国的疆域，制作了路线图和特殊的地形图（这方面自然是比中国晚了数百年），这些图被分发给罗马帝国各省的执政官。这是欧洲能够提供的最早的统计学方面的成果。罗马道路四通八达，横穿许多面积广大的行省，路上设有里程碑。哈德良皇帝间断地用了11年时间游历了自己的帝国，从伊比利亚半岛到以色列南部山区的犹地亚、埃及和非洲西北部的马格里布，都留下了他的足迹。世界上如此广阔的地域就这样俯首臣服于罗马帝国，罗马人开发了这片疆土，在此建造了发达的道路体系。小塞内卡（Lucius Annaeus Seneca）所著的希腊题材悲剧《美狄亚》中有一段唱词，合唱团预言道"地球表面畅行无阻"，不过就整个地球表面的状况而

第四章 罗马帝国时代

言,并非这样,当时还有很多地域未经开发。

罗马帝国享有相当长时间的和平阶段,它把多个国家统一为一个王朝,幅员辽阔,跨越了不同的气候带;其执政官可以带领大量不同领域的专业人才轻易地穿行在各个行省之间。在这些条件的协助下,这一时代本应取得更多的自然科学成就,而不只是描述性地理学的进展。我们本以为罗马帝国会以一种特别的方式推动整个自然科学发展,并促使人们领悟到自然现象之间的关联,但如此高远的期望并没有能够实现。在罗马帝国分裂前的近400年的时间里,只有医生兼药理学家迪奥斯科里德斯(Dioscorides)和医学家盖伦(Galenus)作为自然观察者脱颖而出。前者对植物进行了广泛研究,显著扩展了人们已知植物种类的数量,他深受古希腊哲学家兼科学家的泰奥弗拉斯托斯的影响。盖伦掌握精湛的解剖技术,有大量的自然发现,观察了多种类型的动物,"他的科学地位与亚里士多德非常接近,而且大多数情况下可以被视为超越了亚里士多德"——这是博物学家居维叶对盖伦的评价。

除了迪奥斯科里德斯和盖伦以外,还有第三个名字在闪耀——托勒密,不过当时也就仅出现了这三位杰出的科学家。托勒密建立了自己的天文学学说,他同时也是地理学家,对此我们不做详述。此处我们要强调的是,他是一位勤于实验的物理学家,测量到大气折射,是光学的一个重要领域的首位创建者。尽管有机生物学和比较解剖学取得的长足进展非常重要,但是这一时期的关于光线走向的物理实验尤其吸引我们的注意,这些实验比阿拉伯人所做的同类实验要早500年。这是迈向一条全新科学轨道的第一步,是追求"数学物理"的第一步。

以上提到的这些卓越的科学家都生活在罗马帝国时期,都是希腊人,数学家丢番图(Diophantus)思想深邃,被称为"代数之父",但他出生在之后的时代。罗马帝国的文明带有一种矛盾性,就精神文化而言,更加古老、更加有秩序的希腊人胜过罗马人。但在亚历山大学派逐渐衰落以后,科学和理性研究之光趋于黯淡,并散落于各处,这些光芒直到后来才在希腊和小亚细亚的大地上重新点燃。罗马帝国广阔得不可思议,它容纳了各种各样反差强烈的文化元素,因此和所有不受限制的王朝一样,罗马帝国政府的主要追求在于防范国家联盟分崩离析的危险,一是通过军事武力,二是通过多重分层的行政区域彼此之间的内部对抗,三是通过交替实行严厉与缓和的政策来掩盖皇室家族的内部矛盾。罗马帝国的专制所向披靡,人民默默承受一切,开明的君主能够让人民暂时享有阶段性的安宁。

  罗马帝国取得世界霸权,这要归功于罗马人伟大的性格,归功于其长久传承的严肃的社会习俗以及一种与高度自信交织在一起的爱国情怀。但是在霸权建立以后,随着当时国情带来的不可避免的影响,这些美好的品质逐渐被削弱并发生了变化。在帝国精神兴起的同时,个人的带有民族特色的活跃思想熄灭了。进行交流的公共场所消失了,个体的独特性也未能保留下来——这本是自由制度的两大支柱。在这片太过庞大的土地上,罗马这座"永恒的城市"成为其中心所在,但是这座帝国并没有提供一种能够长期对这片广大土地赋予灵魂的主导精神。基督教后来变成罗马帝国的国教,不过那时候帝国已经受到了重创,新兴基督教带来的教化作用也因为内部派系在教义上的矛盾而大幅减弱了。而且"知识"与"信仰"也是从那个时候就开始以不同的形式激烈交锋,在接下来的千百年中严重阻碍了科学研究的发展。

  罗马帝国疆域辽阔,而辽阔的土地又决定了其政治体系,虽然说罗马帝国没有能够激活和加强人类的创造力量——这一点与那些小的局部独立的希腊共和国正好相反,但它却也提供一些独特的优势,此处将一一道来。这是一个思想繁荣的时代,此乃人类经验和多方观察带来的结果。此时客观事物的世界显著扩大了,这就为后来的科学思考自然现象的时代做了充分的准备工作。罗马统治者推动了民族间的往来,拉丁语传播到了整个西方世界和北非的部分地区。米特里达梯一世(Mithridates I)执政时,希腊-巴克特里亚王国被毁,此后,希腊文化仍然作为本土文化在东方盛行。

  根据地理面积判断,在东罗马帝国定都拜占庭以前,拉丁语的普及率就已经超越了希腊语。这是两种非常具有禀赋的语言体系,都拥有大量璀璨的文学经典,当它们汇入居住在这片广大土地上的众多民族的社会生活中时,就成为一种促成更多民族融合并统一各个民族的工具,而且也是一种提高文明和文化水平的工具,正如老普林尼所言,"拉丁语把这些人变成了人,给了他们一个共同的祖国"。尽管罗马人从整体上对其他野蛮民族的语言很是鄙视，但也还是有个别反例存在。罗马人以托勒密王朝为典范，把一部北非布匿人的作品翻译成了拉丁语。罗马元老院亲自下令，组织翻译布匿作家马果（Mago）关于农业的文献作品。

地理学与博物学领域的成就

　　罗马帝国在欧洲西部——至少是在地中海北岸——延伸到了大陆的尽头；但帝国在东部，即使是在漂流过底格里斯河的图拉真皇帝的统治之下，却也只是到达了波斯湾的经度位置。在我们此处描述的这个时代，恰恰是罗马帝国以东的地区在民族交流和对于地理知识至关重要的陆路贸易方面取得了最大的进展。希腊-巴克特里亚王国灭亡之后，安息帝国的势力兴盛发达，从而促进了罗马人与塞雷尔人的往来，不过这只是一种间接的交往，因为安息帝国的中间贸易繁荣活跃，干扰了罗马人和亚洲内陆民族的直接交往。来自远东中国的军事行动如风暴一般控制了从天山到昆仑山这片神秘土地的政治局势，尽管其势力影响并不是很长久。中国的军事势力击退了匈奴，致使于阗和喀什两个小国俯首称臣，胜利的号角响彻里海东岸。这是汉明帝统治时期班超将军的一次重大远征，发生在罗马皇帝韦斯巴芗和图密善的时代。中国的历史作家认为这位勇敢又幸运的将军还怀有一个更加宏大的计划，他们写道："班超本想攻打罗马帝国，但是受到了波斯人的劝阻。"[①] 就这样，太平洋沿岸、陕西和阿姆河流域之间产生了联系，阿姆河流域从早前开始就与黑海地区有着频繁的贸易。

　　在亚洲，大型民族迁徙的方向是从东至西；在美洲是从北向南。公元前150年，大概是在科林斯城和迦太基遭受毁灭的时候，匈奴人在中国长城附近袭击金发碧眼的亚洲印欧人种，从而引发了第一次民族迁徙。500年之后，这些民族才扩展到欧洲的边界。民族迁徙的浪潮就这样一波接着一波缓慢地从黄河上游延伸到顿河与多瑙河。而在欧亚大陆的北部，也存在着反方向的

---

① 此故事可能是出自《后汉书·西域传》。——译者注

下 篇 宇宙观历史

民族迁徙，这些从西向东的民族流动让人类家族的一部分成员与另一部分成员首先陷入敌对的状态，继而又使他们迈进和平贸易的阶段。民族迁徙活动就像穿行于静止海域之间的洋流，长驱直入，是影响全世界的重大事件。

罗马皇帝克劳狄一世（Claudius I）统治时期，来自斯里兰卡的使团途经埃及来到罗马。马可·奥勒留执政时，罗马的将官曾经出现在中国宫廷，他们从水路经过越南北部红河三角洲一带到达中国。罗马帝国与印度和中国展开了广泛的交往，我们之所以在此提及其最初的踪迹，也是因为，天球、黄道十二宫、以七颗行星命名的星期制度极有可能是通过这些方式，在公元初的几百年传播到了中国和印度。古印度伟大的天文学家兼数学家，诸如伐罗诃密希罗（Varāhamihira）、婆罗摩笈多（Brahmagupta）、阿耶波多（Aryabhata），都出现得比我们这里描述的时代要晚。印度本土更早的使用自己特有方式创造的发明，当然也有可能在亚历山大港数学家丢番图出现之前，就通过盛行于托勒密王朝和罗马皇帝时代的世界贸易而涌入西方。这里我无意对某个民族在某个时代取得了某种成就而做出高下区分，能描绘出思想传播可能走过的路径，足矣。

斯特拉波和托勒密的宏大著作非常生动地证明：当时思想传播的路径是多么丰富，而世界交流的进展又是多么活跃。斯特拉波是一位思想浩瀚深邃的地理学家，他虽然不像希腊天文学家喜帕恰斯在测量方面那样精准，也不像天文学家托勒密那样对地理学抱持着一种数学精神，但是在知识素材的丰富性和设计方案的宏大性方面，他的著作超过了古典时代所有地理学家的研究成果。斯特拉波目睹过罗马帝国的大片疆土——这是他引以为豪的地方，"从亚美尼亚到第勒尼安海岸，从黑海到埃塞俄比亚边界"的土地上都留下了他的足迹。斯特拉波接过了历史学家波利比乌斯的大旗，撰写了43卷的《历史学》，而且在83岁那年他仍然满怀勇气地开始编写长达17卷的《地理学》。他写道："在他身处的那个时代，罗马人和安息人享有统治霸权，他们对世界的开发程度超过了亚历山大东征，古希腊博学家埃拉托斯特尼的知识是在亚历山大东征的基础上积累起来的。"与印度的贸易当时已经不再被阿拉伯人掌控，斯特拉波对埃及拥有大量船只感到惊讶，这些船从红海港口米尤斯霍尔默斯出发，直接前往印度。驰骋的想象力带领着他，让他在遐想中越过印

第四章 罗马帝国时代

度,来到了亚洲东岸。斯特拉波认为,在直布罗陀海峡和罗得岛的纬度位置上,有一条连贯的山脉东西向横穿欧亚大陆,因此,他隐约预感到在欧洲西岸和亚洲之间还存在着另一块陆地。他写道:"雅典所在的纬线附近有一条均匀的环形带,它穿过大西洋,除了我们赖以生存的欧亚大陆位于这条环形带上以外,这里很有可能还存在一块甚至几块陆地,那里生活着跟我们不一样的人。"16世纪初西班牙的作家们翻遍了古典书籍,认为在其中可以找到关于未知陆地的细微线索,但是他们没有注意到斯特拉波的这句话,真乃是一桩怪事。

斯特拉波精辟地说道:"就像所有的艺术杰作一样,那些志在表现全局的艺术品首先在乎的并不是是否完成了单个的细节"。因此,他要在自己的巨著中重点着眼于整体的塑造。他喜欢归纳出普遍性的思想,但这一特点并没有阻碍他同时展示大量物理学和地理学的精确结论。斯特拉波研究了太阳经过天顶时对回归线和赤道上最高气温的影响,而古希腊博学家波希多尼和波利比乌斯也曾经对此做过探索。斯特拉波考察的内容还包括:导致地球表面变化的原因都有哪些;原本闭合的湖泊为何会被湖水突破;海洋的普遍高度——阿基米德就曾经研究过海水的高度;海水的洋流问题;海底火山爆发、贝壳化石和鱼类遗迹化石;地壳的周期性震荡——这是最吸引我们关注的,因为它已经成为近当代地质学的核心内容。斯特拉波强调指出:海洋和陆地之间的界线发生变化,主要是因为陆地的抬升和下降,而并不是因为陆地被海水淹没,实际上海水淹没陆地的幅度相对很小。他表示,"不只是单个的岩石或者大小不一的岛屿,就连整块大陆都可以被抬升。"跟历史学家希罗多德一样,斯特拉波也关注到民族的起源问题和种族之间的区别,他非常奇特地把人称为"生活在陆地和大气中的需要很多阳光的动物"。恺撒的《高卢战记》和史学家塔西陀的《阿古利可拉传》都对人类种族的区别做出了非常精确的总结。

斯特拉波的《地理学》内容浩瀚,蕴含了丰富的地理事实,以上我们概括总结了他的宇宙观。不过遗憾的是,这部著作从罗马古典时代到公元5世纪都几乎不为人知,甚至就连善于采撷知识的老普林尼都没有引用到这本书。斯特拉波的《地理学》直到中世纪晚期才对自然科学的发展方向产生了影响,

下 篇 宇宙观历史

但是其影响程度不如托勒密的地理学。托勒密的地理学更多是数学式的，像表格那样冷静，几乎完全脱离了自然学的观点。直到 16 世纪，托勒密的理论书籍都是所有远游者的指导手册。如果人们发现了新事物，就会认为这些东西几乎都出现在托勒密的书中，只不过是以其他称谓显示。就像博物学家很长时间以来都使用生物学家林奈（Carl Linnaeus）的经典分类目录来表示新发现的动植物一样，最早的美洲新大陆的地图也被标注在托勒密设计的地球总图上。公元 2 世纪亚历山大港的地图学家阿伽图达蒙（Agathodaemon）绘制了托勒密的地图，那时候远东高度文明的中国人已经把西部的省份划分为了 44 个郡县。不过托勒密的地理学有一项优势，它不仅可以用图形反映整个旧大陆的轮廓，而且还可以通过经度、纬度和白昼长度以数字的方式确定地理位置。虽然该地理学首先重在呈现天文学成果，而不是表示陆地到海洋的距离和陆地之上道路的长短，但托勒密标示出的 2500 多个地理坐标的位置并不准确，我们无法识别这些地理坐标的确定是建立在什么基础之上，也无法根据当时的行程指南来判断这些地理坐标具有多么大的准确性。因为那时候罗马人还完全不知道磁针指向北方的道理，也就是说他们没有使用指南针，而比托勒密早 1250 年的中国人就已经在周成王的车上配备了设计成"车形"的指南针，安装在里程表的旁边。由于希腊人和罗马人无法清楚判断方向，所以就连他们制作的最详细的行程指南也非常不准确。

当前我们对印度语和古波斯语的了解越来越深入，我们对此知道得越多，就越不由得惊叹：很大一部分托勒密使用的地理专有词汇都可以看作是西方与南亚及中亚地区贸易往来的历史纪念碑。这些贸易往来的最重要的成果之一，就是确认了里海是完全封闭的。在人们经历了对此长达 500 年的错误认识之后，托勒密的地理学重新确立了这一正确认知。希罗多德和亚里士多德当时就已经判断出里海是封闭的，所幸，亚里士多德是在亚历山大出征亚洲之前写下了他的《天象论》。历史之父希罗多德从从事农业生产的斯基泰人那里汲取了大量信息，他们对处于库马河（Кума）、伏尔加河和乌拉尔河之间的里海北岸非常熟悉，没有在那里看到任何能够显示里海流向北冰洋的迹象。亚历山大当年东征的时候，率领军队由伊朗东北部的达姆甘（Damghan）潜入马赞德兰周边潮湿的树林，在戈尔甘（Gorgan）以西的地方看到了里海，

第四章 罗马帝国时代

水面激滟，仿佛是向北无限延伸，这些原因导致他们产生了错误认识。"这一场景让人们猜测，"希腊作家普鲁塔克在《亚历山大的一生》中写道，"眼前看到的海域即是本都的一个海湾。"马其顿东征从整体上看有力推动了地理学的发展，但是也引发了个别持续了很长时间的错误认知。顿河被误认为是锡尔河，高加索山脉被误认为是兴都库什山脉。托勒密留居亚历山大港的时候，从当时环绕里海的国家——阿尔巴尼亚（Albania）、阿特罗帕特尼王国（Atropatene）、希尔卡尼亚（Hyrkanien）——那里获得了准确的地理信息，也从古代伊朗人那里听到了很多相关的资讯。古伊朗人成群地骑着骆驼组成商队，把印度和巴比伦的商品运往顿河和黑海。托勒密误认为里海的长轴是从西向东延伸，与希罗多德的正确认知相悖，这可能是因为他隐约知道里海东岸的卡拉博加兹湾以及咸海的存在——卡拉博加兹湾（Kara-Bogas-Gol）的水域曾经非常辽阔。拜占庭时代的历史作家梅南窦（Menander Protektor）在书中首次确切提到了咸海，他继承了诗人兼史学家阿伽提亚斯（Agathias）书写历史的大业。

有一种传说认为里海是由四个海湾组成，因此是开放的；还有一种假说认为，月球上的阴影是地球上陆地和海洋的轮廓映射到月球上所致，所以按照这个假说，里海也应该是开放的。托勒密打破了这一持续了很长时间的错误认知，重新恢复了里海闭合的面貌，但遗憾的是，托勒密没有放弃另一个关于存在不明的"南方之国"的传说——有人认为这片南方国土把东非与中国连接了起来。该传说把印度洋描述成一个内陆湖泊，它起源于很多广泛盛行的观点，这些观点层层流传，从地中海东岸苏尔城的地图学家马里努斯（Marinus von Tyrus）传到喜帕恰斯、塞琉西亚的塞琉古的耳中，甚至还传播到了亚里士多德那里。在这部叙述宇宙观发展的宏大著作里，我们举出个别事例足矣，为的是让人们意识到辨识和认知事物是一个充满波折的漫长过程，那些还没有被研究透彻的东西经常会再度被无知所淹没。当人们通过扩展航海和陆地贸易越来越相信对整个地表形态有所了解的时候，希腊人永不沉睡的想象力也就变得越发活跃，尤其是在亚历山大学派、托勒密王朝和罗马帝国时期。希腊人擅长把古老的传说与确切的新知识以一种颇有道理的组合方式融会起来。一幅世界地图，几乎还未被设计完全，就被他们匆匆勾画完成了。

• Römische Weltherrschaft •

下 篇 宇宙观历史

前面已经提及,托勒密创建了自己的光学,而阿拉伯人为我们保存下了他的光学知识,尽管其内容有大量流失。托勒密由此而成为数学物理的一个分支的创建人,不过希腊数学家亚历山大的席恩(Theon)表示,从折射的层面来看,阿基米德的反射光学就涉及这一分支。自然研究者在不同的实验条件下有意引发物理现象产生并对其进行多方测量的做法,是科学发展上的重大进步,这与单纯观察和对比物理现象的研究方式截然不同。我们在古希腊假托亚里士多德之名所著的《论问题》和古罗马哲学家小塞内卡的著作中可以发现很多对自然现象进行观察比较的例证,这些都值得纪念。托勒密研究了光线穿过密度不同的物质时的折射情况,他创造了不同的条件反复进行实验和测量,这是他特有的工作方式。托勒密以不同的入射角把光从空气引向水和玻璃,或者把光从水引向玻璃,然后把实验测到的结果列成表格。此类物理现象不能简单归因于光波的运动,比如亚里士多德就认为光线反映了眼睛和可见物之间的光波的运动。像托勒密这样特意制造物理现象产生并予以研究的工作方式,对于我们此处所讲述的那个时代而言,是独一无二的。此外,当时自然研究领域值得一提的仅有药理学家迪奥斯科里德斯所做的个别化学实验——这些我在别处已经讲过,还有就是收集蒸馏器中溢出液体的技术。当人们能够获取含有矿物的酸,并把它作为溶解和释放物质的有力工具时,化学才真正开始作为研究学科。从这个意义上看,罗马卡拉卡拉大帝时代的哲学家阿弗洛狄西亚的亚历山大(Alexander von Aphrodisias)描述的蒸馏海水的方法值得引起我们高度重视。这种方法展现出一条人类获得知识的道路,人类正是在这条道路上逐渐认识到物质的多相性及其化学组成,认识到物质之间存在的相互吸引力。

有机自然科学领域出现了几位生物学家:亚历山大港的解剖学家马里努斯;希腊医生以弗所的鲁弗斯(Rufus von Ephesus)——他擅长解剖猴子,能够区分感觉神经和运动神经;还有古罗马医学家盖伦——他的光芒照亮了后世的医学发展。此外并无其他值得提到的名字。历史学家埃里亚努斯的《论动物的特性》和诗人奥皮安(Oppianus)所写的关于捕鱼的训诫诗中虽然都零散分布着一些有关动物的论述,但它们并不是建立在各自研究基础上的事实。罗马的马戏团400年间杀戮了无数珍稀动物(大象、犀牛、河马、驼鹿、狮子、老虎、豹、鳄鱼、鸵鸟），而人们却完全没有把它们用在比较解剖学的研究上，如今想来十分不可思议。之前已经讲到过迪奥斯科里德斯对整个植物学的贡献，他对阿拉伯人的植物学和药学产生了强烈而深远的影响。年逾百岁的罗马医生卡斯图（Antonius Castor）有一座植物园，可能是根据古希腊哲学家泰奥弗拉斯托斯的花园和本都国王米特里达梯六世（Mithridates VI）的植物园仿建而成。不过对于科学研究而言，卡斯图的植物园很可能并不比奥古斯都大帝的骨骼化石收藏更有用，也不比另一个我们所知道的博物标本收藏更有用——这个收藏被视为古罗马作家阿普列尤斯所有，不过证据很不充足。

以上讲述了人类在罗马帝国时期获取的宇宙知识，此处已接近尾声，这里我们还须讲到老普林尼的壮举，他写下了37卷的《博物志》，志在描述当时已知的关于宇宙的方方面面。整个古典时代都没有过类似的尝试，如果说这部作品在写作过程中逐渐被赋予了一种"自然艺术百科全书"的色彩，因而各部分内容之间出现了缺乏关联的状况，但不可否认的是，整部作品在设计与描叙上做到了对自然全貌的呈现。老普林尼本人在给罗马皇帝提图斯的献词中也毫不畏惧地使用了"百科全书"的希腊语名称来称呼自己的著作。

老普林尼《博物志》的第一卷概括清晰，内容一目了然，同时描绘了太空与地球的盛况。它讲述了天体的位置与运行、大气层的天气过程、地表形态以及地球上的一切存在，从地表植物到海洋中的软体动物再到人类，面面俱到。老普林尼在书中彰显了人类的内在精神秩序，同时他也在人类最高贵的艺术作品中看到了对这种精神秩序的歌颂。此书讲述了自然科学的基础知识，但是有些知识元素分布零散，几乎没有被整理过。"我将要踏上的道路，"老普林尼信心昂扬地对自己说道，"还从未有人走过。我们今人当中没有，古希腊人当中也没有，还没有人试图描绘整个自然的全貌。倘若我的努力没有成功，那么至少还有人做过这样美好又光耀的尝试。"

老普林尼的思想渊博浩瀚，他希望创作一幅彰显自然全貌的大型画卷，但是他在写作中被繁杂的细节所干扰，也没有对自然做真切的观察，所以未能把握住这幅画卷，因而这部著作是不完善的。这不仅是因为作者疏忽或是

下 篇 宇宙观历史

对所讲述的内容经常缺乏了解,也是因为对内容的排列归类有误。我们看得出来,《博物志》的作者气度优雅,生活忙碌,经常因为失眠而在夜间工作,而且还引以为豪。老普林尼担任西班牙执政官和南意大利舰队督察长,他太过频繁地委托身边未受过良好教育的手下收集信息,致使这部书变得像一部没完没了的松散的合集。追求知识的汇总,辛苦收集观察到的结果和当时的认知水平能够提供的事实,这本身绝无可以指责的地方。老普林尼的创作之所以没有完全成功,是因为他没有控制好书中的庞杂内容,没有把对自然的描述服务于输出更高远、更普遍的观点,没有坚守住比较自然科学的角度。埃拉托斯特尼和斯特拉波就曾萌发出那种更高层次的远见,不仅是关于地形学的,而且是关于真正的地质学的。但老普林尼只引用过埃拉托斯特尼一次,而从未引用到斯特拉波。老普林尼论述了亚里士多德的《动物志》,该书含有解剖学内容,亚里士多德把动物按照其内部组织形态的主要区别分成了几大类型,但是老普林尼并未能从中汲取思想灵感。他也没有领悟到,在把观察结果上升为一般性结论的时候,唯一确切的方法就是归纳法。

《博物志》的开篇从泛神论的角度展开,老普林尼在遨游太空之后降落到了地球上。他领会到必须要把自然的力量与盛况当作一个宏大的协力运作的整体来叙述,所以在第3卷开始时对一般性地理学与特殊的地理状况进行了区分,但他随即陷入了对国家、山脉与河流名称的冗长列举,标注出大量枯燥的专有名词,也就很快忽略了对内容进行分类。第8卷至27卷,第33卷、34卷、36卷、37卷的大部分内容都是关于自然三大领域的概要叙述。小普林尼在一封给友人的信中贴切地形容道:"舅父的书是一部内容丰富、博学、深奥的著作,跟自然本身一样浩瀚无边。"有人指责老普林尼在书中混杂进了对文化的评述,认为这是不必要的,而且显得很异类。但在我看来,这却是尤其令人兴奋的地方,他常常满怀欣喜地描述自然给人类文明和精神发展带来的影响,只是选择的交汇点不是那么成功。比如他对矿物和植物的描述实际上变成了美术史的一个片段,当然以我们今天的知识水平来衡量,这个片段几乎比《博物志》中描写自然的所有内容都重要。

从风格上看,老普林尼的突出之处是其精神内涵,是作品本身的生机,而不是对自然的形象描绘。读者有一种感觉,《博物志》中的种种体验好像不

第四章 罗马帝国时代

是作者在真实的自然中获得,而像是从书本中挖掘出来的,尽管老普林尼有幸领略过多地的自然风物。全书散发着一片严肃又抑郁的气氛,每当老普林尼提及人类的境况与命运时,这种惆怅当中又加入了一份苦涩的味道。而此时作者往往行文一转,把目光转向自然,仰望宇宙则可带来鼓舞和慰藉,这样的体悟几乎与西塞罗的感受一样,只是没有他措辞那么简洁。

老普林尼的《博物志》是罗马人传承给中世纪的最伟大的丰碑,它的结尾确实体现出一幅宇宙画卷的真髓。我们在1831年才发现的新版本中看到,老普林尼在结束全文的时候,把目光投向了不同地域和国家的博物志,他盛赞地处地中海和阿尔卑斯山这两条天然边界之间的南欧,盛赞意大利的天穹——"这里的气候温和宜人,很早就协助人类迅速摆脱野蛮"。

罗马帝国的统治起到了统一并融合文化的作用,其影响是长期持续的,所以在本部关于宇宙观历史的著作中,我们有理由较为详细、较为浓墨重彩地刻画这些影响,即使是在罗马帝国的统一权势变得薄弱、被入侵的野蛮人破坏的时候,仍然可以在一些边远的细微之处发现罗马帝国的陶染。诗人克劳狄安(Claudius Claudianus)生活在罗马皇帝狄奥多西一世及其儿子的时代,那是罗马帝国的晚期,气氛忧郁感伤,文学也节节衰退。而克劳狄安却迸发出喷薄的创作力,带来新的诗歌景象,他放声高歌罗马帝国的统治者,只是有些太过颂扬了。

外在的强制措施、完善的国家行政以及长期的奴隶制度当然可以一统天下,它们可以消解各民族独立存在的现象。但是有关人类共同体、有关人类所有民族享有同等权利的情愫却起源于一个更加高贵的源头。这种情愫深深根植于人类情感的内驱力和宗教信仰。基督教的主要功绩在于协助创造了人类一体的概念,它对各民族自身的习俗及其建立的机构产生了"人性化"的积极影响。"人性"这一概念与最早的基督教教义深深交织在一起,但它在历经了漫长的岁月之后才逐渐获得了影响力,这是因为当基督教出于政治原因在拜占庭被定为国教的时候,基督教教徒已经被卷入恶劣的派系之争。此外,与其他民族往来的长途交通受到了阻碍,帝国的根基也多次遭受外来入侵的动摇。在很长一段时间,基督教国家、教会的地主、团体就连各层人士的个人自由都无力保护。

下 篇 宇宙观历史

　　这些人为的阻碍以及很多其他阻挡人类精神进步和社会升华的困境都将逐渐消失。个人自由和政治自由是人类行进的准则，它深深扎根在人类不可磨灭的信念中，即人类族群本为一体，享有同等的权利。威廉·洪堡也曾在《关于爪哇语》一文中表示："人类族群是同一个兄弟般的家族，是为了实现内在力量自由发展这同一目标而形成的统一整体。"这种人性论的思考以及对人性的追求具有普遍性，虽然有时会受到阻碍，有时又会进展迅猛。然而仰观宇宙万物，洞察其生息运作，则可以让有关人性的思考得到升华，并赋予其以深刻的精神内涵。本书此前描述了罗马帝国这个宏大的世界历史时代以及当时的法规，描述了基督教的产生，我们着重表现的是：罗马帝国时代如何扩展了人类的宇宙观，如何对人类的智慧和文明产生了温和长久的影响，尽管其影响生效缓慢。

第五章

阿拉伯人的侵入

Einbruch des arabischen Volksstammes

> 阿拉伯文化是欧洲文化中的一个异类元素，它影响了六七百年以后葡萄牙和西班牙的航海大发现，促进了物理学和数学的发展，扩展了有关地球和太空的知识，实现了通过测量确定地球形状的壮举，并且识别了物质的多相性以及物质蕴含的内在力量。
>
> 罗马帝国之后欧洲被多个民族入侵，遭受重创，两个世纪以来都处在蛮荒之境，而阿拉伯人则在一定程度上驱散了笼罩欧洲的蛮荒，他们是闪米特人的一支原始部落。阿拉伯人把欧洲带回到希腊哲学这一永恒的源头，他们不仅为保存科学成果作出了贡献，而且还大力扩展了自然知识的储备，并为科学研究开辟了新的道路。

第五章 阿拉伯人的侵入

阿拉伯民族的自然环境及其精神特质

我们在关于宇宙观历史的这部著作中展现了人类对宇宙的认知过程,此前已经描述了四个重要时期。它们是:①人们试图突破地中海海盆的时代,水手们向东到达了本都和黑海东岸的菲西斯,向南到达了俄斐和热带盛产黄金的国家,向西经由直布罗陀海峡进入了"环绕大地的大西洋";②马其顿亚历山大大帝远征的时代;③托勒密王朝;④罗马帝国时代。接下来我们将讲述阿拉伯人带来的强烈影响。

阿拉伯文化是欧洲文化中的一个异类元素,它影响了六七百年以后葡萄牙和西班牙的航海大发现,促进了物理学和数学的发展,扩展了有关地球和太空的知识,实现了通过测量确定地球形状的壮举,并且识别了物质的多相性以及物质蕴含的内在力量。此后人们发现了美洲新大陆,从此开始深入探索。科迪勒拉山系布满火山,高原横亘绵延,高山上不同的气候带层层叠压。美洲南北跨越了120个纬度,不同的植被在此蔓延生长。这些都不可否认地表明:在人类历史上,美洲的发现让人们得以在最短的时间内见识到了最丰盛的自然景象。

从这时开始,宇宙知识的增长不再与单独的政治事件或是与对局部地区有影响的事件相关联。从这时开始,人类的智慧通过自身的力量孕育出了巨大的成果,而不再主要依靠外部世界的激励。人类在多个领域施展智慧,通过不断涌现的新思维创造了新工具,人们利用这些工具研究动植物纤细的组织——它们正是生命的基底,或者窥探遥远的太空。17世纪初有了望远镜,这一伟大发明随即带来了一系列丰硕成果——伽利略发现了木星的卫星,发现了金星盈亏和太阳黑子;牛顿创建了引力学,因而整个17世纪是天文物理学发展至此的一个最重要的时代。这表明,当天文观察和数学研究携手同进、

◀ 巴格达一度成为无与伦比的科学、医学、哲学和教育中心,尤其是阿拔斯王朝的翻译运动得到蓬勃发展。图为穆斯坦西里亚学园,成立于1227年,是世界上最古老的大学之一。这一庭院建筑在1258年的蒙古入侵中幸存下来。

下 篇 宇宙观历史

彼此相助的时候,人类智慧在伟大的发展进程中再次进入了一个意义显赫的标志性时代,而且从此以后疾走如飞,步履不息。

距离我们现在的时代越近,就越难把人类智慧发展进程中的单独事件剥离出来,因为人类从事的活动变得更加多样,而且国家和社会进入了新秩序。与此同时,有一条无形的纽带把科学的所有领域都更加紧密地联系在了一起。如果说考察那些单独的、可以用一部"自然科学史"来反映其发展进程的学科,或者说考察化学和描述性植物学,那么我们可以把一直持续到当代的全部科学史都梳理一遍,可以做到把那些科学发展极为突出的时刻以及新观点得以普及的时刻都分离出来。但是,面对"宇宙观历史",想要把思想史上的突破与某个特定时代挂钩的做法却是危险且不可行的。因为就其本质而言,宇宙观历史只应萃取科学史中那些直接扩展了"宇宙"作为自然整体这一概念的重大事件。因为只有宇宙所有领域的科学知识同时持续发展,人类的智慧才会提升。在罗马帝国衰亡之后,一种新鲜的异域文化元素出现在欧洲本土之上,欧洲大陆首次直接从一个热带国家那里接纳了这种元素。至此,本书的叙述到了一个重要的岔路口,在我看来,此处放眼纵览前方的道路是很有裨益的。

罗马帝国之后欧洲被多个民族入侵,遭受重创,两个世纪以来都处在蛮荒之境,而阿拉伯人则在一定程度上驱散了笼罩欧洲的蛮荒,他们是闪米特人的一支原始部落。阿拉伯人把欧洲带回到希腊哲学这一永恒的源头,他们不仅为保存科学成果作出了贡献,而且还大力扩展了自然知识的储备,并为科学研究开辟了新的道路。罗马帝国皇帝瓦伦提尼安一世统治时期,最初起源于芬兰而非蒙古帝国的那支匈人在公元4世纪的最后25年间突破顿河,攻打奄蔡人,后来又与奄蔡人一起攻打东哥特人,从此,欧洲陷入动荡。而亚洲东部则早在公元前的几个世纪就开始受到游牧民族的冲击。匈奴人袭击了金发碧眼的有可能是印欧人的乌孙人。乌孙人与盖塔人为邻,居住在中国西北部黄河上游的谷地。这场民族纷乱的战线从抵御匈奴的长城开始,延伸到了欧洲最西端,穿越了天山以北的中亚地区,战乱纷扰之处疮痍满目。在未到达欧洲之前,这些亚洲民族的纷争没有任何宗教动机。有研究者已经确切证明,当蒙古人吹着胜利的号角一路东进入侵波兰和西里西亚地区的时候,

第五章 阿拉伯人的侵入

他们还不是佛教徒。而亚洲南部阿拉伯民族引发的战事则境况完全不同，其战事带有一种独特的色彩。

亚洲的陆地轮廓较为齐整，不像欧洲那样复杂多变，阿拉伯半岛在亚洲西部赫然凸显，形状奇特，构成了一个看似独立的部分，该半岛地处红海和波斯湾之间，北部以幼发拉底河和地中海叙利亚沿岸为界，是亚洲三大半岛中最西部的半岛。阿拉伯半岛靠近埃及，比邻欧洲地中海海盆，这样的地理位置为其在世界政治势力和贸易上都带来了巨大的优势。希贾兹（Hedschas）民族就生活在阿拉伯半岛中部，这是一个高贵强壮的民族，虽然没有知识，但绝不粗鲁，他们富有想象力，世世代代满怀虔诚地观察着天地日月星辰的变化。数千年来，希贾兹人与世界其他地区几乎完全没有接触，他们绝大部分时间都在四处游牧，然而这个民族却在突然之间崛起了。他们通过与拥有古老文明的民族往来掌握了知识，继而影响并统治了从直布罗陀海峡到印度河的广大地区，最远到达 Bolor 山脉①和兴都库什山脉相交的地方。9世纪中期以来，希贾兹人同时与欧洲北方国家、马达加斯加、东非、印度和中国进行贸易往来，并把多种语言、硬币和印度数字传播到了各地。他们还建立起了一个通过宗教信仰凝聚而成的强大且持久的国家联盟。在这些远征途中，希贾兹人常常只是途经很多大的省份，并未长久停留，他们来去匆匆，"像云团一样蜂拥而至，随即又被风吹散，消失得无影无踪"，不过他们也会受到当地人的威胁。没有任何其他的民族迁徙像希贾兹人这样给世界带来了如此多的生机。

一个民族的生活状况除了受到其内心精神特质的影响以外，还受到许多外部因素的影响，如土地条件、气候状况以及距离海洋的远近，所以我们在此首先要描述阿拉伯半岛内部不均衡的地形结构。阿拉伯人给欧洲、亚洲、非洲带来了巨大的改变，虽然说这些变化源起于伊斯玛埃利人（Ismaeliten）所居住的汉志地区（Hedschas，又称希贾兹地区），主要归功于一个孤独的游牧民族，但阿拉伯半岛海岸沿线的其他地区千百年来并不是和世界没有往来。为了认识到重大或者特别事件之间的关联和可能性，我们必须要追溯到那些

---

① 位于兴都库什山以北，今巴基斯坦北部，也作 Palola。——译者注

下 篇 宇宙观历史

逐渐孕育了这些事件的源头。

美丽的也门位于爱利脱利亚海①沿岸，地处阿拉伯半岛西南部，土地丰饶，盛行农业，是示巴王国古老文明的所在地。这里盛产乳香、没药、阿勃参麦加香膏，它们都是与邻国贸易交流的重要商品，被销往埃及、波斯、印度、希腊和罗马。"幸运的阿拉伯"这一地理名称就源起于这些物资，历史学家狄奥多罗斯和地理学家斯特拉波曾经首次提出这个概念。在阿拉伯半岛东南部的波斯湾有一座古城格尔哈（Gerrha），与腓尼基人的据点艾尔瓦德岛和巴林岛两相对望，格尔哈是印度商品流通途中的一个重要中转地。虽然阿拉伯半岛的整个内陆地区都是沙漠，干旱荒芜，没有树木，但阿曼却有一系列由地下水渠灌溉的丰饶绿洲。旅行家韦尔斯泰德（James Raymond Wellsted）四处游历考察，建立了卓越的功勋，他写的《阿拉伯半岛之行》向我们描述了半岛的三座山脉。其中最高的是绿山（al-Dschabal al-Achdar），山顶上森林葱郁，倾洒着浓浓绿意，该山脉在马斯喀特的海拔高度达到了 6000 英尺。洛希亚城（Loheia）以东的也门山区、汉志的海岸线、阿西尔（Asir）地区以及麦加（Mekkah）以东的塔伊夫（Ta'if）都是高原，那里的气温持续较低，12 世纪的阿拉伯地理学家穆罕默德·伊德里西（Muhammad al-Idrisi）就已经注意到了高原的低温情况。

埃及的西奈半岛和约旦的佩特拉岩石古城有着同样多变的山势，西奈半岛是喜克索斯人统治前的古埃及的铜产地。此前我讲过腓尼基人在红海最北部建立了贸易据点，也讲过腓尼基国王希拉姆一世和以色列国王所罗门共同发起的始于亚喀巴湾（Golf von Akaba）以旬迦别（Ezion-Geber）的"俄斐淘金之行"。阿拉伯半岛和印度人定居的索科特拉岛是来往于印度和东非海岸之间的世界贸易的中转站。印度和东非国家的物产通常被人们误认为是来自哈德拉毛和也门的商品。先知以赛亚（Jesaja）唱道："骆驼从示巴王国出发，即将到来，它们将带来黄金和乳香。"佩特拉城（Petra）是贵重物品的聚集地，这些物品是为苏尔（Tyrus）和西顿（Sidon）两地准备的。佩特拉城是纳巴泰人的主要居住地，纳巴泰人是历史上一个强大的商业民族，根据

---

① 红海的旧称。——译者注

第五章 阿拉伯人的侵入

语言学家坎西（Quatremère de Quincy）的研究，他们最早居住在幼发拉底河下游的格哈尔山区。阿拉伯半岛北部长久以来都与其他文明国家保持着活跃的往来，这是因为：半岛北部临近埃及；阿拉伯民族在叙利亚和巴勒斯坦之间的边界山区以及幼发拉底河流域进行扩展；此外还有一条著名的商路从大马士革经过霍姆斯（Homs）、巴尔米拉（Palmyra）通向巴比伦。伊斯兰教先知穆罕默德出生于一个高贵但却已经没落的古莱什族家庭，他在受到启发成为先知和宗教改革者之前，也曾参与商贸活动，他参观过叙利亚边界布斯拉（Bosra）的商品展会、乳香之国哈德拉毛的展览会，造访最多的则是麦加附近乌卡兹（Okadh）为期20天的展览会，这里每年都有诗人汇集一堂，进行诗歌比赛，大部分都是贝都因诗人。我们在此讲述阿拉伯半岛各地与世界往来的细节及其缘由，是为了描绘出一幅更加生动的画面，来呈现那些将给世界带来变化的重要思想和事件。

阿拉伯民族向北拓展的事实让我们联想起历史上的两次事件，虽然其具体细节仍然笼罩在黑暗之中，不为人知，但它们却都证明了：在默罕默德出现的数千年以前，阿拉伯半岛的居民就已经分别向西、向东两个方向朝着埃及和幼发拉底河突围，卷入了浩大的世界争端。喜克索斯人公元前2200年于古埃及第十二王朝期间侵入埃及，推翻了古埃及法老的统治。历史学家目前普遍认为喜克索斯人起源于闪米特人或阿拉姆族人。古埃及祭司和历史学家曼涅托曾表示："有人认为这些游牧人民（喜克索斯人）是阿拉伯人。"有些历史资料把他们称作腓尼基人，在古典时代"腓尼基人"这个概念被扩展，也用于表示约旦谷地的居民和所有阿拉伯民族。东方研究者埃瓦尔德（Heinrich Ewald）特别提到了亚玛力人，他们最初居住在也门，后来途经麦加和麦地那（Medina）向迦南（Kanaan）和叙利亚方向推进，阿拉伯的文献称他们在约瑟（Josef）时代曾经统治埃及。喜克索斯这支游牧民族如何能够推翻强大有序的古埃及，这是人们不禁要问的问题。崇尚自由的人对抗长期以来习惯了奴役的人，所以大获全胜。但是胜出的阿拉伯人当时并不是出于宗教狂热入侵埃及，这与近代的情况大相径庭。基于对亚述人的恐惧，喜克索斯人在尼罗河东部支流区建立了军事集合点和阿瓦里斯要塞。这一情形也许说明有敌军层层逼近，或有声势浩大的民族迁徙正在向西推进。阿拉伯人第二次向外突围距离上一次有1000年之久，史学家狄奥多罗斯给另一位史学家克特西亚斯复述过这一事件。阿里奥尤斯（Ariäus）是希木叶尔王国（Himyar）一位势力显赫的诸侯，后来成为底格里斯河流域亚述古都尼尼微的创始人尼努斯（Ninus）的盟友，与他一起打败了巴比伦人，然后满载猎物返回了阿拉伯半岛南部的家乡。

虽然说从整体上看，自由的游牧生活是汉志地区的主导生活方式，是当地人口众多的民族自行选择的生活，但那里的城市——麦地那和麦加——却也是经常被外族人光顾的美丽地方，古老神秘的克尔白圣殿就坐落在麦加城。在靠近海岸或是商路的地方，没有一处看起来是完全蛮荒的样子，并不像是与外界隔绝——商路穿行其间，仿佛河谷一般蜿蜒绵长。英国历史学家爱德华·吉本（Edward Gibbon）总是能够确切理解人类社会的境况，他认为阿拉伯半岛上的游牧生活与希罗多德和希波克拉底描述的斯基泰人的游牧生活有本质区别。亚洲西北部的斯基泰人作为游牧民族从来没有在城市中驻扎过，但是阿拉伯半岛上的乡村人民一直与城市人往来密切，直到现在还是如此，乡村人认为城市人跟他们有着同样的出身。吉尔吉斯斯坦平原是古代斯基泰人所住平原的一部分，面积超过德国，但是数千年来这里还从未诞生过一座城市。1829年我在西伯利亚考察的时候，那里的帐篷超过了40万个，有三个游牧民族生活在此，这意味着其人数达到了200万。所有的游牧民族都在不同程度上与世隔绝，他们的生活方式各有差异（即使我们愿意认为他们拥有同样的精神特质），那么这些不同的生活方式又给精神发展带来了怎样的影响？——这个问题此处我们就不再详述。

阿拉伯人在医药学方面的贡献

阿拉伯人是一个被自然眷顾的民族，他们拥有发展精神文化的内在特质；阿拉伯半岛具备相宜的自然条件，而且半岛的海岸地区很早就开始与周边的文明古国开展贸易。所有这些都可以为我们解释，为什么阿拉伯人在成功侵入叙利亚、波斯以及后来占领埃及之后，能够迅速迸发出对科学的热爱

第五章 阿拉伯人的侵入

并开始热衷于科学研究。当时世界上存在一种奇妙的秩序：基督教的聂斯脱利（Nestorius）派对知识的传播起到了重大作用，在阿拉伯人到达学识渊博却又争端不断的亚历山大港之前，聂斯脱利派给阿拉伯人带来了很多裨益，而且还在伊斯兰教铁蹄的保护下长驱直入传到了东亚。阿拉伯人是通过叙利亚人才接触到了希腊文化的。叙利亚人是一个与阿拉伯人有着亲缘关系的闪米特民族，而叙利亚人自己又是在距此150年前通过被诋毁为异端的聂斯脱利派了解到希腊文化的。当时有些医生在希腊的研究学院和聂斯脱利派基督徒在埃德萨古城（Edessa，位于美索不达米亚）建立的著名医学院接受了教育，他们在穆罕默德时代就已经生活在麦加，而且与穆罕默德和第一代哈里发①阿布·伯克尔（Abu-Bekr）为友。

埃德萨医学院开启了人们对矿物和植物的药用成分进行科学研究的先河，该医学院是本笃会的卡西诺山学院（Monte Cassino）和萨莱诺医学院（Salerno）的榜样。东罗马帝国皇帝芝诺执政时期，基督教狂热主义盛行，埃德萨医学院被迫解散，聂斯脱利派成员流落至波斯，他们在那里很快取得了重要的政治地位，并在胡齐斯坦（Chuzestan）一个名叫Dschondisapur的地方新建了一座受人欢迎的医学院。7世纪中期，基督教聂斯脱利派还成功地把自己的知识和信仰传播到了当时的中国唐朝，彼时距离佛教从印度传入中国已有572年之久。

通过一些有学识的僧侣和那些被东罗马帝国皇帝查士丁尼一世（Justinian Ⅰ）迫害的最后一批雅典柏拉图学派哲学家，西方文明的种子被播撒到了波斯。当阿拉伯人第一次入侵亚洲国家的时候，此前已经在那里落脚的西方文明给阿拉伯人带来了诸多福祉。即使聂斯脱利派教士的知识水平并不高明，他们也确实在自己特有的医药学方面启发了阿拉伯人。阿拉伯人长期居住在自由的自然环境中，和希腊与罗马的城市人相比，他们对所有的自然事物都保有更加敏锐的感知力。我们这里必须要强调，阿拉伯时代对于宇宙观的发展意义重大，这与此前描述的阿拉伯人的民族性格息息相关。

但是对于思想世界而言，对于各种思想的内在关联而言，我们很难把一个绝对的开端与一个特定的时代联系在一起。有些科学知识很早就零零散散

---

① 哈里发是阿拉伯语 Khalīfah 的音译，意为继承者或代理者。——译者注

地出现了，通往这些知识的研究道路上也都留下了前人的脚印。古罗马时期的希腊医生兼药理学家迪奥斯科里德斯从硫化汞中提取出了水银，而他与阿拉伯化学家贾比尔（Dschābir ibn Hayyān）相距并不遥远！托勒密作为光学家与阿拉伯物理学家海什木（Alhazen）的差距也没有那么大！然而正是在很多人前仆后继踏出了这些新路径之后，即使他们取得的成就各有不同，物理学各领域和自然科学才真正得以开始确立。在走过了只是单纯观看自然、观察天地间偶然出现在眼前的各种自然现象的初级阶段之后，人类终于步入了研究自然的旅程，开始探寻现有的物质与现象，测量各种运动的强度与时长。此类研究最早始于亚里士多德时代，不过那时的自然研究主要集中在对有机物的探索。接下来是人类认知自然现象的第三个也是更高的一个阶段，即研究自然力量的阶段，人们探寻自然力量参与之下的"万物生成"的过程，并且探寻物质本身，物质可以被分解，之后又会生成新的组合。能够使物质发生分解的途径就是进行"实验"，实验可以令新的现象随意产生。

在古典时代，人们几乎未曾踏上自然研究的第三阶段，从整体上看，主要是后来的阿拉伯人把人类的自然科学提升至这一境界。阿拉伯人居住在一片热力四射的大地上，繁茂的棕榈树随处可见，大部分地区都处于热带气候，北回归线大致在马斯喀特和麦加的位置穿过阿拉伯半岛。这里的有机物生命力格外旺盛，植物王国散发着浓郁丰盈的香气，流淌着香脂般的汁液，为人类提供了丰厚有益的物质资源，当然其中也暗藏一些威胁。阿拉伯人很早就专注于本地物产以及那些通过贸易获得的、来自南印度马拉巴尔、斯里兰卡和东非海岸的特产。在这些热带地区，即使是在一片很微小的空间内，有机物也都会发展出极具特点的形态。每个区域都生长着特有的作物，自然的丰盛和慷慨让人们目不暇接，因此人与自然的交流相较于其他地方更为深入。在这种情况下，人们需要对那些用于医学、手工业以及作为寺庙和宫殿奢侈品的重要物资进行仔细区分，而且要探寻它们的原产国，因为商人们出于经济利益有意隐瞒了它们的原产地。有很多商路都始于波斯湾的货物中转站格尔哈和也门的乳香产地，它们穿过阿拉伯半岛的整个内陆地区，一直延伸到腓尼基和叙利亚。那些珍贵自然物产的名称也就这样流传开来，唤起各地人士竞相追逐。

第五章 阿拉伯人的侵入

从科学发展的历程来看，亚历山大学派药理学家迪奥斯科里德斯创建的药物学是阿拉伯人的创造发明，不过在更早的时候，世界上最古老的印度医药学给阿拉伯人提供了丰富的知识源泉。阿拉伯人发明了制作化学药物的技术，关于制药方面的官方规定最早也起源于阿拉伯人，它们都通过意大利的萨莱诺医学院在南欧传播开来。草药学和药物学作为治疗学的首要需求，同时引导出了植物研究和化学研究两个方向。长期以来植物学都囿身于一个狭小的圈子，用途单一，而药学的出现则让它逐渐进入了一个更广阔自由的领域。植物学研究有机物组织的结构，研究物质结构和自然力量的结合，研究植物在哪些条件下会以种属的形式出现，研究植物根据气候和高度在地表的分布规律。

阿拉伯人在地理、化学、天文学和数学领域取得的成就

阿拉伯人占领了其他亚洲国家，为了维持统治地位，随后把巴格达打造成为一座权力和文化的中心。在短短的 70 年间，阿拉伯人途经埃及、昔兰尼、迦太基，横跨北非，最远到达伊比利亚半岛。当时的阿拉伯民众及其将领知识水平低下，可以想见，他们在征服途中烧杀掠夺，干下了许多野蛮行径。但那个关于阿拉伯征服者阿姆鲁（Amru）烧毁亚历山大港图书馆的传说（为了给 4000 个浴室供暖）却不足为信。该传说只是源于两位作家的说辞，而两位作家生活在图书馆被烧的 580 年之后。阿拉伯世界经历了和平时代，经历了曼苏尔（Mansur）、哈伦·拉希德（Harun ar-Raschid）、马蒙（Ma'mūn）、穆阿台绥姆（al-Mu'tasim）等哈里发的辉煌盛世，不过整个阿拉伯民族的精神文明并没有因此而获得一种自由的飞跃。至于统治者的宫廷和公共的科学机构是如何把许多卓越人才聚集一堂的，我们此处就不再赘述。阿拉伯文化扩展得非常广阔，而且本身复杂多样，又极不均衡，本书无意展现阿拉伯文化的个性特征，对于其中哪些特性源于民族的构成，源于民族天性的自然发展过程，哪些特征源于外界刺激和偶发条件，本书也无意做出分

下　篇　宇宙观历史

辨。解答这些重要问题，就要碰触到思想史的另一个层面。我们这里讲述的历史并不完整，我们聚焦观察的是：阿拉伯民族在数学、天文和自然科学方面为人类普遍的宇宙观作出了哪些具体贡献。

中世纪的文化含有炼金术、魔法和神秘想象等元素，它们散发出一种优美的诗意，但在经院哲学辩证法的透析之下，它们全被否定，连其诗意也被去除。这些元素当然也存在于阿拉伯地区，让真正的科学成果受到污染，就像在中世纪的其他地方一样。但是阿拉伯人坚持不懈地独立研究，通过译文艰辛地学到了前人的科学成果，他们扩展了人类对自然科学的理解并且创造出许多独有的建树。哲学家海因里希·里特尔（Heinrich Ritter）指出，当时处于民族迁徙中的日耳曼人和阿拉伯人在文化发展水平上存在巨大的差异。日耳曼人在迁徙之后才发展出自己的文化，而阿拉伯人不仅从故土带来了宗教，还带来了发达完善的语言，阿拉伯诗歌绽放出的娇艳花朵对普罗旺斯方言和德国恋歌都有影响。

阿拉伯人跨越的地域非常广阔，东起幼发拉底河，西至西班牙的瓜达尔基维尔河，南到非洲中南部，他们在学习和传播文化方面具有引人瞩目的特点。阿拉伯人拥有一种在世界历史上绝无仅有的灵活性，他们擅长融合，能够与战败的民族融为一体，这一点与以色列人令人生厌的阶层思想大为不同。尽管阿拉伯人一直在迁徙，但他们并没有遗失自己的民族性格，也没有放弃纪念故土的传统。有些阿拉伯人独自踏上前往其他遥远国家的征程，并不一定都是因为贸易活动，很多人单纯是为了汲取知识，这是其他民族没有过的行为。即使是来自中国的佛教僧侣，即使是马可波罗（Marco Polo），即使是被遣往蒙古帝国的基督教传教士，也都只是在相对较小的空间内活动。7世纪末倭马亚王朝统治时期，阿拉伯人已经扩张到了喀什、喀布尔和旁遮普地区，他们与印度人和中国人来往密切，把亚洲的一些重要知识带到了欧洲。历史学者雷诺（Joseph Toussaint Reinaud）对东方文化做过细致精确的研究，他发现阿拉伯文化中融入了许多起源于印度的科学，是取之不尽的知识源头。蒙古人入侵中国虽然阻碍了阿姆河上的交通，但很快他们就成为阿拉伯人与世界交流的一个环节。阿拉伯人通过自己的观察与艰辛研究，获得了浩瀚的地理知识，他们考察了从太平洋沿岸到西非海岸、从比利牛斯山到非洲内陆

第五章 阿拉伯人的侵入

旺加拉（Wangarah）沼泽地的广阔领土。据历史学家弗兰（Christian Frähn）研究，受哈里发马蒙之命，托勒密的《地理学指南》早在813年至833年间就被翻译成阿拉伯语。在翻译这部著作的时候，阿拉伯人甚至有可能使用了希腊地理学家泰尔的马里努斯（Marinos von Tyros）著作中的一些章节，这些章节没有能够在欧洲流传下来。

阿拉伯文化给世界贡献了一系列杰出的地理学家，这里我们提到其中的两位成员——伊斯塔赫里（al-Istakhrī）和阿非利加努斯（Leo Africanus），也就足够了。在葡萄牙人和西班牙人发现新大陆之前，地理学还从未一次性地获得过如此丰盛的成果。先知穆罕默德去世50年后，阿拉伯人就进军到了非洲最西端的海岸，到达了摩洛哥的萨非港。后来有一些被称为Almagrurin的探险者乘船进入"深色的大海"，此外还有阿拉伯人的船只造访过特内里费岛，我一向认为这些传闻都是很有可能的，但最近这些说法又遭到了怀疑。人们在波罗的海国家和斯堪的纳维亚国家北部挖掘出大量阿拉伯硬币，但它们不是阿拉伯人从海路携带到这里，而是由遥远的内陆商路辗转至此。

阿拉伯人的地理学并不只是描述地形和计算经纬度。阿拉伯地理学家马苏第（Abul Hasan Ali Al-Masu'di）很大程度上丰富了确定经纬度的方法，也不局限于描述河流山川，它更多的是驱使热爱自然的阿拉伯人专注于研究土地孕育的有机物产，尤其是专注于植物世界。伊斯兰教徒对解剖动物心怀厌恶，这就阻碍了他们在动物学研究上取得进步。在这方面，阿拉伯人学习了亚里士多德和盖伦的译作，并对此感到满足。不过波斯科学家伊本·西那（Avicenna）①所著的《动物史》与亚里士多德的《动物志》还是存在差异，伊本·西那的这本书现在保存在巴黎国家图书馆。伊本·贝塔尔（Ibn al-Baytar）出生于西班牙的马拉加，是植物学家、药学家和医生，他游历了希腊、波斯、印度、埃及。人们在他身上看到了一种精神追求，那就是对东西方国家不同地区的有机物产进行比较的不懈努力。所有这些追求都是因药学知识而起。阿拉伯人拥有药学知识，就此掌控了基督教国家的医学学派。为了构建这些学派，出生于布哈拉（Buchara）的伊本·西那、生于西班

---

① 其阿拉伯文名字后两个单词是 ibn Sīnā。——译者注

下篇 宇宙观历史

牙科尔多瓦的伊本·鲁世德（Ibn-Rushd）、出生于叙利亚的小塞拉皮翁医生（Serapion der jüngere）以及出生于幼发拉底河流域马尔丁（Mardin）的马里迪尼（Masawaih al-Mardini）都竭力使用了阿拉伯商旅和海上贸易能够提供的一切医药资源。我在此特意提到这些阿拉伯医学家的出生地，可以看到它们彼此相距十分遥远，然而阿拉伯人对医学情有独钟，正是这种特有的精神倾向让自然科学在如此广博的地区传播开来，这就好像是同步进行的科学研究可以显著开拓自然科学界一样。

由此，印度文化也被纳入了这个科学圈。印度是一个古老的民族，在公元8世纪哈里发哈伦·拉希德统治时期，就已经有很多重要的印度科学著作从梵文翻译成阿拉伯文，其中很可能包括《遮罗迦本集》（*Charaka Samhita*）和《妙闻集》（*Susruta-samhita*）这些经典的阿育吠陀医学文献。伊本·西那是一位杰出的医学家、自然科学家、文学家，人们常常把他与中世纪的神学家大阿尔伯特（Albertus Magnus）相提并论，伊本·西那在他的《医典》中留下了相当明显的线索，证明了印度文化对当时的影响。如英国植物学家约翰·罗伊尔（John Forbes Royle）所言，伊本·西那知道喜马拉雅雪松，知道它真实的梵文名称。不过在11世纪还没有阿拉伯人到达过白雪皑皑的喜马拉雅山区，伊本·西那认为该雪松是一种高大的刺柏属树种，它的油脂可以制成松节油。哲学家伊本·鲁世德的儿子们生活在神圣罗马皇帝腓特烈二世（Friedrich II）的宫廷。腓特烈二世精通源于印度的动植物知识，这要归功于他与阿拉伯学者以及掌握阿拉伯语的西班牙犹太人交往密切。西班牙科尔多瓦酋长国的第一位埃米尔——阿卜杜拉赫曼一世（Abd ar-Rahman I）——在科尔多瓦亲自修建了一座植物园，在穿越叙利亚和其他亚洲国家的旅行途中他令人四处收集罕见植物的种子。他还在利莎发宫殿（Rissafah）种下了第一棵刺葵树，在一首诗中他满怀伤感地歌咏了这棵树，以表达自己思念故乡大马士革的殷切之情。

阿拉伯人对自然科学最重要的贡献在于深刻影响了化学的发展，阿拉伯人开创了化学的新纪元。不过在阿拉伯人那里，化学和炼金术以及新柏拉图主义的想象紧密交织在一起，就像星相学和天文学一样密不可分。人们对药学以及对技术的迫切需求使得化学领域出现了很多新的发明创造，其中有些

第五章　阿拉伯人的侵入

是炼金术和冶金学的刻意追求，有些是偶然发生的幸事。波斯炼金术士贾比尔和之后的化学家、医学家拉齐（Razes）取得的研究成果最为重要。这个时代的标志是：人们能够制作硫酸、硝酸、王水、水银制剂、类金属制品，并且掌握了酒的发酵技术。化学方面最早的研究和进步对于宇宙观历史的发展非常重要，因为人类首次认识到物质的多相性，认识到那些并不是通过运动来显示的自然力量，认识到物质除了具备毕达哥拉斯和柏拉图推崇的完美形式以外，它的成分组合也很重要。区分物质在形式和组成上的差异，是我们认知物质的基础方式，我们认为通过形式与组成这两种抽象的准则即可理解宇宙的全部。人类对物质一方面进行测量，一方面进行分解。

阿拉伯化学家了解印度文化（有关吠陀炼金术的书籍），掌握埃及最古老的科学技术，接触到了伪德谟克利特（Demokrit）著作和哲学家辛奈西斯（Synesius）关于炼金术的书籍，甚至还通过蒙古人获得了中国的科学知识。至于阿拉伯人从这些民族中具体汲取了什么经验，现在难有定论。根据著名东方文化学者雷诺的最新研究，我们至少可以确定，火药以及利用火药来推动中空抛体的技术不是阿拉伯人发明的。化学家哈桑·拉玛（Hasan al-Rammah）写书是在 1285 年至 1295 年期间，那时候他还不知道这种技术。而早在 12 世纪，也就是德国炼金术士贝特霍尔德·施瓦茨（Berthold Schwarz）出现的 200 年前，就有人使用火药在德国哈茨的拉默尔斯贝格矿山炸石头。意大利科学家桑克托留斯（Sanctorius）认为温度计是伊本·西那发明的，不过这个说法并不可靠。历史还需再等待整整 6 个世纪，直到伽利略、科尼利斯·德雷尔（Cornelis Drebbel）和西芒托学院（Accademia del Cimento）出现。他们通过研究温度测量，发明了温度计这个伟大的工具，由此挺进了一个充满未解现象的世界。人们从而理解了发生于大气层中、不同海水层中以及地球内部的各种现象之间的关系，这些自然现象都周期性规律出现，让人惊讶不已。至于说到阿拉伯人在物理学方面对世界作出的贡献，我们只能提到海什木的光线折射理论——可能部分受到托勒密光学的启发，以及有关摆的知识，伟大的天文学家伊本·荣尼斯（Ibn Junis）首次使用摆来测量时间。

阿拉伯地区的天空晴朗清澈，空气的透明度高，阿拉伯人在文化还尚未萌生的远古时代就已经非常关注日月星辰的运动，他们除了崇拜木星以外，还崇拜邻近太阳的较少被见到的水星。尽管如此，部分博学的阿拉伯人在实践天文学上取得的杰出成就，还是在一定程度上归功于迦勒底人和印度人的影响。阿拉伯地区的大气状况虽然非常有利，但这也只是外在条件，只有当自身的精神特质以及与其他发达民族的交流孕育出精神硕果的时候，外在的有利条件才会发生积极影响。在美洲的热带地区，又有多少地方［库马纳（Cumaná）、圣安娜德科罗（Santa Ana de Coro）、派塔（Paita）］的空气比埃及、阿拉伯、布哈拉更加透明、更加清澈！热带气候宜人，天空永远碧蓝如洗，明亮的星星和星云在夜空闪耀，所有这些都会影响到人的心绪。但是只有当那些与气候全然无关的存在于内心的或是外在的驱动力去推动一个民族发展思想、发展数学精神的时候，或者只有当人们在社会生活中为了满足宗教和农业的需求而必须对一年中的时间进行划分的时候，那些气候方面的有利条件才会真正带来有效影响。腓尼基人擅长贸易和计算，迦勒底人和埃及人擅长设计、建设、测量土地，他们很早就发现了许多算术和几何学中的实践规律，不过所有这些知识都只是为数学和天文学的产生所做的准备工作。只有那些文化更加发达的民族才有能力勘破更大的自然玄机，他们认识到，太空中规律出现的变化反映在地球的各种自然现象上，而对于地球上千变万化的现象，他们也在寻找那个"静止的极点"（席勒语）。人们相信所有的行星都在进行规律的运动，这种信仰极大地推动了科学家在气流汹涌的大气层中、在洋流中、在磁针的周期运动中以及在地表有机物的分布中发现宇宙的规律和秩序。

阿拉伯人在 8 世纪末就已经翻译了印度的星表。上文提到过《妙闻集》，这本书是印度医学知识的古老象征，被哈里发哈伦·拉希德朝廷中的学者翻译成为阿拉伯语。这说明，梵文文化很早就进入了阿拉伯国家。阿拉伯数学家比鲁尼（Albyruni）曾亲自前往印度，在那里学习天文学。我们最近才得以见到他的著作，从他的书中我们可以看出，他对印度以及印度的传统和各种科学知识了如指掌。

虽然阿拉伯天文学家取得的成就在很大程度上归功于其他一些古老的文明民族，尤其是印度人和亚历山大学派，但是阿拉伯人有一种特有的实践精

第五章 阿拉伯人的侵入

神,他们进行了大量的天文观察,完善了测量角度的工具,以极大的热忱对古老的星表和星空进行对照并修正了星表,所以阿拉伯人显著推动了天文学的发展。法国东方文化和科学史研究者塞迪洛(Louis-Pierre-Eugène Sédillot)在他的《希腊数学和东方数学之比较》一书中指出:"阿拉伯天文学家阿布·瓦法(Abul-Wefa)在其《天文全书》的第七卷描述了月球二均差的发现。"月球二均差在朔望和潮汐力矩期间消失,在卦限时达到最大值,很长时间以来都被视为是丹麦天文学家第谷·布拉赫的发现。天文学家拉普拉斯在《宇宙体系论》中指出,伊本·荣尼斯在开罗所做的天文观察对于计算木星和土星这两颗最大的行星的摄动和长期的轨道变化非常重要。哈里发马蒙曾经命令观测者在辛贾尔大平原(Sinjar)的巴尔米拉和拉卡(ar-Raqqa)之间进行弧度测量,伊本·荣尼斯记录了这些观测者的名字。相较之下,弧度测量的结果并没有那么重要,重要的是它向我们证明了阿拉伯民族拥有悠久的科学文化。

此处需要指出,阿拉伯的科学之光也照耀到了其他地区:在西方的基督教国家西班牙,卡斯蒂利亚国王阿方索十世(Alfons X)下令召开了托莱多(Toledo)天文学大会,其间拉比①埃布·哈赞(Ebn Sid Hazan)担任了领导角色;在东方,世界征服者成吉思汗的孙子蒙哥汗(Möngke Khan)在伊朗马拉盖的一座山上建造了天文台,安置了许多天文仪器,来自波斯古城图斯的天文学家纳斯雷丁(Nassir Eddin)在那里进行天象观察。我在这部宇宙观历史的书中提到这些细节,是因为它们让我们想起阿拉伯人在传播科学以及积累科学成果方面起到的重要作用。而这些科学成果在开普勒和第谷的伟大时代为理论天文学的建立和正确理解天体运动作出了显著贡献。一束天文学的亮光在鞑靼人居住的亚洲地区燃起,这束光在15世纪向西扩张,直到点亮了撒马尔罕。帖木儿帝国的天文学家乌鲁伯格(Timuride Ulugh Beig)在撒马尔罕天文台旁边按照亚历山大博物馆的模式建造了一座天文学院,他令人在此绘制星表,此星表完全建立在他自己的观察结果之上。

对于阿拉伯人在地球和太空两个领域取得的科学成就,我们已经给予了充分的赞扬,在此我们还要讲述阿拉伯人在孤独的思想之旅上撷取的数

---

① 拉比(Rabbi),犹太民族中一个特别的阶层,是老师也是智者的象征。——译者注

学成就。根据数学家科尔布鲁克（Henry Colebrooke）和奈瑟曼（Georg Nesselmann）在英国、法国、德国所做的关于数学史的最新研究，我们可以确定：代数产生于阿拉伯地区，发源于印度文化和希腊文化这两条并无关联的思想洪流。波斯数学家花拉子米（Chowarezmier）受哈里发马蒙之命撰写了《代数学》，我的朋友东方学研究者弗里德里希·罗森（Friedrich August Rosen）指出，这本书并非建立在希腊数学家丢番图的代数学基础之上，而是以印度的数学知识作为基础，可惜罗森很年轻的时候就去世了。伊比利亚的实际统治者阿尔曼索尔（Almansor）当政时期，就已经有印度天文学家被召唤到阿拔斯王朝显赫的朝廷之中。根据东方学者卡西里（Miguel Casiri）和科尔布鲁克的研究，丢番图的著作直到 10 世纪末才被数学家阿布·瓦法翻译成阿拉伯语。印度古代代数学缺失了如何一步一步求得结果的部分，这方面阿拉伯人要感谢亚历山大学派。阿拉伯人继承并发展了这部分美好的精神遗产，塞维利亚的约翰（Johannes Hispalensis）和克雷莫纳的杰拉德（Gerhard von Cremona）两位译者在 12 世纪将其引入中世纪的欧洲。数学家米歇尔·沙勒在《代数学历史》中写道："印度的代数学著作以及我们继承的亚历山大学派的代数学著作都包含一元一次不定方程式和一元二次不定方程式的详细解法。如果说这些印度著作早在 200 年前，而不是现在才流传到欧洲，那么它们毫无疑问会推动现代数学分析学的发展。"

阿拉伯人通过特定的方式和途径获得了印度的代数学知识，而他们也于 9 世纪的时候在波斯和幼发拉底河流域以同样的方式接触到了印度的数字体系。波斯人当时被派到印度河的关卡收税，北非阿拉伯人的海关已经普遍开始使用印度数字。数学家米歇尔·沙勒为了正确阐释罗马哲学家波爱修斯（Boethius）在其几何著作中提到的所谓的"毕达哥拉斯正方形数表"，做了大量重要且细致的数学史研究，他认为：西方的基督教信徒极有可能比阿拉伯人更早接触到印度数字，他们知道将 9 个数码字符按照不同位置进行排列的使用方法，并将其命名为"算盘系统"。

数字系统是我早年就关注的问题，我曾于 1819 年和 1829 年分别在法兰西文学院和柏林科学院呈交过两篇相关文章，这里不是详细探讨该议题的地方。但是面对一个还有待更多发现的历史问题，此处还是有一些疑问需要提

第五章　阿拉伯人的侵入

出：伊特鲁里亚人的算盘和亚洲内陆的算盘都使用数码字符的排列位置来显示数值大小，那么是不是可以认为这种数字系统既是东方的产物也是西方的产物？抑或是该数字系统跟随托勒密王朝推行的世界贸易从印度半岛西部流传到了亚历山大港，而在毕达哥拉斯主义再度兴盛期间被认为是"毕达哥拉斯盟友会"首创者发明的？这些不同的民族在第 60 个奥林匹亚周期①之前是不是有过联系，我们全然不知，也没有任何迹象显示存在这种可能性。当一些拥有高度文明的民族感到有相似需求的时候，他们有可能独立孕育出同样的解决方法，为什么不可以呢？

阿拉伯这个东方民族从希腊人和印度人那里汲取了最初的精神灵感，然后自行创造出了代数学，虽然它在符号方面还存在较大的缺憾，但却对中世纪意大利数学家的辉煌时代产生了积极的作用。阿拉伯人在数学方面的另一贡献是，他们通过自己的文字和贸易把印度的数字系统快速推广到从巴格达到科尔多瓦的广大地区。阿拉伯人的这两项贡献对自然科学中数学部分的发展产生了不同的但却是强大的推动作用，为天文学中的抽象领域、光学、自然地理学、热力学和磁力学的研究打开了方便之门。如果没有这些数学辅助工具，那么以上学科的大门将无法开启。

民族学领域的学者曾多次提出一个问题：如果当初迦太基人战胜了罗马并且统治了欧洲的西方国家，那么这将会给世界局势带来什么影响？威廉·洪堡在《关于爪哇语》一书中写道："我们同样可以问，如果阿拉伯人长期独有科学知识并且占据欧洲的话——历史上一度如此——那么我们今天的文化会处于一个什么样的境地？对我而言，这两种设想无疑都不会带来好的局面。我们当前的社会设施、法律、语言、文化都要归功于罗马人的影响，归功于罗马帝国带来的罗马精神和特质，而不是起源于外在的偶然的命运。罗马人带来了有益影响，而且我们和罗马人之间存在精神上的相似性，这让我们易于接受希腊人的文化和语言。而阿拉伯人只是对希腊文化中的科学结果感兴趣，诸如那些描述自然、物理、天文和纯数学的部分。"阿拉伯人精心保存了自己的民族语言，他们的语言形象又犀利，在表达情感和至理名言的

---

① 第 60 个奥林匹亚周期为公元前 540 年—前 537 年。——译者注

时候，阿拉伯人善于赋予其一种充满诗意的色彩。尽管阿拉伯人跟我们一样立足于古典时代的根基，但是根据阿拔斯王朝时期的文化来判断，阿拉伯人大概不会创作出高尚超然的诗歌和造型艺术作品，而在欧洲文化的鼎盛时期，诗歌与造型艺术作品和谐地交融在一起，令人引以为傲。

第六章

大航海时代

Zeit der großen ozeanischen Entdeckungen

> 15世纪属于世界历史上少有的一种时代，人类的精神追求此时全都显示出特定的共同特征，并且表现出对前行目标不可动摇的追逐。这是探险家哥伦布、卡伯特、达·伽马的时代。一致的追求、卓越的成就和欧洲民族的行动力量赋予了这一时代永久的辉煌。15世纪横亘在人类文明两个不同阶段的中间，是一个过渡时期，既属于中世纪，也属于近代。这是一个成就了最重大的地理发现的时代，新发现的美洲在南北方向几乎跨越了所有的纬度圈，那里的地势高低起伏、落差显著。

北欧人在 11 世纪首次发现美洲

15 世纪属于世界历史上少有的一种时代，人类的精神追求此时全都显示出特定的共同特征，并且表现出对前行目标不可动摇的追逐。这是探险家哥伦布、卡伯特、达·伽马的时代。一致的追求、卓越的成就和欧洲民族的行动力量赋予了这一时代永久的辉煌。15 世纪横亘在人类文明两个不同阶段的中间，是一个过渡时期，既属于中世纪，也属于近代。这是一个成就了最重大的地理发现的时代，新发现的美洲在南北方向几乎跨越了所有的纬度圈，那里的地势高低起伏、落差显著。这一时代让欧洲人见识到了双倍的自然造物，同时也给人类智慧提供了新鲜的宏大资源，人们可以充分利用它们来完善自然科学中的物理和数学部分。

各种能够被觉察到的个体形态以及自然力量的合力运作构成了客观的物质世界，它以一种澎湃汹涌之势冲击着人类的智识，就像当年亚历山大大帝东征曾经带来的效应一样，但是这一次的势头更加猛烈。感官觉察到的物质世界丰富多样，画面层出不穷，令人目眩，不过所有这些事物的细节都渐渐被融合成一个具象的整体，而且人们在其普遍性中领悟到了事物的自然属性。这是真实观察带来的成果，并不是依靠猜测得出的结论，那些猜测只是不同形式的想象而已。天穹也为人类的肉眼展现了新的探索领域，那些从未见过的星座和单独旋转的星云都一一出现在视野中。从来没有一个时代像此时一样，为人类打开了拥有如此丰富内容的宝库，提供了如此浩瀚的研究比较地理学的资源。人们之前在地理空间和物质世界所做的发现都没有像这次一样给全世界带来了如此巨大的变革，人们的视野范围扩大了，物产和商品数量翻倍，殖民地的疆域大到不可想象的地步。这次地理大发现改变了文化习俗，也导致一部分人长期身陷奴役，而这些被奴役的人在日后觉醒，取得了政治自由。

一个民族每一个时期在智识上取得的重要进步都是发源于之前的历史积

◀ 位于葡萄牙港口城市锡尼什的达·伽马雕像。

累。长久屈从于笼罩全人类的黑暗并不是人类的命运。人类的理性发展是一种永恒的生命历程,而文化传承则滋养着这个历程。哥伦布时代之所以能够如此迅速地完成时代使命,是因为之前有一系列杰出人士播撒下了丰盛的种子,他们像一道光芒划过了整个中世纪,划过了那些黯淡的岁月。仅13世纪就孕育出罗吉尔·培根、邓斯·斯科特斯(Duns Scotus)、麦格努斯、博韦的樊尚(Vinzenz von Beauvais)等思想大家。理性精神被唤醒之后,很快就在地理学方面取得了硕果。1525年,为了调停西班牙和葡萄牙的国界争端,相关人士在西班牙的耶尔维斯(Yelves)召开了一次地理天文会议,葡萄牙制图师和探险家迭戈·里贝罗(Diogo Ribeiro)在会议结束打道回府的时候,就已经绘制出了从火地岛到加拿大拉布拉多半岛的美洲轮廓图。相较之下,对美洲西岸的探索进展比较缓慢。不过西班牙探险家卡布里略(Juan Cabrillo)1543年已经到达了蒙特雷(Monterrey)北部的地区,虽然这位勇敢的伟大水手在新加利福尼亚圣巴巴拉(Santa Barbara)的运河中丧生,但是指挥航行的船长费莱托(Bartholomäus Ferreto)还是坚持北上一直到了北纬43°,即温哥华奥福德山(Orford)的位置。西班牙人、英国人和葡萄牙人在航海活动中竞争激烈,他们都瞄准了同一个目标,所以仅用了50年的时间,探险者就确定了西半球的陆地轮廓,也就是美洲海岸线的主要走向。

既然这一章的主题是讲述欧洲民族如何发现了大西洋的西岸——这一发现给世界带来的影响史无前例,人类对自然的理解认识也因此而变得更正确、更宏大——那么我们就必须先要对史实进行严格判定。诺曼人首先发现了美洲的北部地区,这是不争的事实,哥伦布后来发现了美洲的热带地区,两者不能混为一谈。在公元1000年左右,那时候阿拉伯帝国的阿拔斯王朝正处于兴盛时期,伊朗帝国的萨曼王朝也是经济繁荣、诗歌盛行,探险家红胡子埃里克(Erik Thorualdsson)的儿子莱夫·埃里克松(Leifr Eiríksson)由北路而来,发现了从美洲北端直到北纬41.5°的广阔地带。一次由挪威而起的偶然事件率先导致了这一重大发现。9世纪下半叶探险家纳多德(Naddodd)打算行驶至法罗群岛(Färöer),爱尔兰人之前就已经去过那里,但是风暴将纳多德一路带到了冰岛。875年,阿纳尔松(Ingólfur Arnarson)在冰岛建立了第一个诺曼人定居地。欧洲人很早就发现了格陵兰岛,格陵兰岛是一个半岛,它以西的陆地被海水分割得七零八落,看似与美洲本土大陆分离,100 年以后(983 年)才有人从冰岛迁徙到格陵兰岛居住。纳多德最早称冰岛为"雪岛"。欧洲人的移民行动从冰岛开始,途经格陵兰岛,然后沿着西南方向进入美洲新大陆。

法罗群岛和冰岛必须被视为中转站,被视为通往美洲大陆北部的起点。这与早年迦太基起到的作用类似,苏尔人定居迦太基,从那里开始到达了加的斯海峡和塔特苏斯港(Tartessos),后又从塔特苏斯港出发,一站接一站到达了北非大西洋的克尔讷岛——迦太基人的出海岛。

尽管冰岛和拉布拉多海岸相距不远,只是隔海相望,但是诺曼人首次定居冰岛与莱夫·埃里克松发现美洲之间还是相隔了 125 年。美洲北端是一个偏远荒凉的角落,北欧的维京人高大、强壮但却十分贫穷,因为这片土地的资源非常匮乏。一位德国人在文兰(Vinland)(位于纽芬兰)发现了野生葡萄,因此把该地冠名为"文兰"(意为葡萄生长地),那里的土地肥沃,气候相对于冰岛和格陵兰岛温和一些,故而吸引了一些人前来定居。莱夫·埃里克松把从波士顿到纽约之间的海岸称为"好的文兰",即现在的马萨诸塞州(State of Massachusetts)、罗得岛州(State of Rhode Island)、康涅狄格州(State of Connecticut),其纬度跨度相当于从意大利的奇维塔韦基亚(Civitavecchia)到泰拉奇纳(Terracina)的这一段,但是北美洲这一部分的年平均温度只有 8.8℃至 11.2℃。诺曼人主要定居在这片区域。他们与分布在这个地区以南的好战的因纽特人经常发生战事。格陵兰岛的第一位主教格努普松(Erik Gnupsson)是冰岛人,他在 1121 年前往文兰进行传教活动。在法罗群岛土著人唱诵的古老民谣中还能发现文兰这片被殖民的土地的原有名称。

冰岛和格陵兰岛的探险者坚毅果敢,富有行动力,他们在美洲东岸由北向南扩张并建立了定居地,一直到北纬 41.5°,而且还在巴芬湾(Baffin Bay)东岸北纬 72°55′的一个岛屿——最北部的丹麦殖民地乌佩纳维克(Upernavick)的西北部——竖立起三块边界碑。人们于 1824 年秋天在那里发现了刻着卢恩字母的石碑,据语言学家拉斯克(Rasmus Christian Rask)和考古学家马格努森(Finnur Magnússon)研究,石碑上刻着"1135 年"字

下　篇　宇宙观历史

样。出于捕鱼的需要，殖民者定期从巴芬湾东岸出发前往兰开斯特海峡（Lancastersund）和白令海峡（Beringstraße）的一部分，他们比探险家威廉·帕立（William Edward Parry）和约翰·罗斯（John Ross）早了600多年发现北极地区。史料确切地描述了捕鱼地点，格陵兰岛主教座堂所在地加达（Gardar）的主教们1266年发起了第一次极地探险航行。这个位于西北部的捕鱼地点当时被称作"克罗克斯加达草甸"（Kroksfjardar）。据记载，那里汇聚了大量从西伯利亚飘来的浮木，人们会捡来使用，此外那里还生活着众多的鲸豚、港海豹、海象和海狗。

直到14世纪中期为止，我们都还有关于欧洲北方以及格陵兰岛、冰岛与美洲本土之间往来的确切记载，之后史料就中断了。1347年的时候还有一艘船从格陵兰岛出发驶向加拿大东南岸的新斯科舍（Nova Scotia），前去收集建筑木材和其他物资，在返回途中，船遭遇风暴，被迫停靠在冰岛西部的斯特劳姆弗约特（Straumfjörd）。这是斯堪的纳维亚史料为我们提供的关于诺曼人殖民美洲的最后一个消息。

以上内容都是建立在严谨的史料基础之上。通过丹麦历史学家卡尔·拉芬（Carl Christian Rafn）与哥本哈根皇家北欧历史研究院的缜密考察和卓越努力，关于诺曼人航海前往美洲纽芬兰岛、文兰的古代北欧传说和史实证明都被单独印出，且配有令人满意的评论和注释。航行的距离、方向以及日出和日落的时间点都确凿可寻。

此外还有一些不是那么确切的历史线索，有人认为爱尔兰人在公元1000年之前发现了美洲。加拿大东北角的土著对定居在文兰的诺曼人讲道："在南部切萨皮克河湾（Chesapeake Bay）的另一边，生活着一群白人，他们身穿白色长袍，手里举着长杆，杆上缠着一块布，一边走一边大声喊。"这段场景被认为是在描述信仰基督教的诺曼人举行宗教仪式，他们手持旗帜，行走歌唱。在最古老的传说中，在一些关于冰岛探险家卡尔斯艾弗尼（Thorfinn Karlsefni）的故事以及描写北欧人定居冰岛的《定居之书》（Landnámabók）中，弗吉尼亚（Virginia）和佛罗里达（Florida）之间的南部海岸被冠名以"白人之国"。上述史料将这片海岸确切称作"大爱尔兰"，并声称爱尔兰人在该地定居。根据持续到1064年的史实来看，在莱夫发现文兰之前，来自冰岛一个强势家族的阿里·马松（Ari Marsson）很可能于982年在一次从冰岛出发向南航行的途中，被风暴带到了"白人之国"的海岸，他在此地经受了基督教洗礼，居住在那里的奥克尼群岛人和冰岛人认出了他，禁止他离开"白人之国"。

一些研究北欧古代历史的学者在研究中发现，冰岛最古老的历史文献中提到了冰岛最早的居民，他们被称为"来自西边大海的人"，定居在冰岛东南岸的帕皮利（Papyli）和附近的帕拜岛（Pabay）。他们不是直接从欧洲，而是从弗吉尼亚和北卡罗来纳，即美洲的大爱尔兰地区（"白人之国"）移民过来的。所以学者们认为，很早就进入美洲的爱尔兰人后来定居在了冰岛。但是爱尔兰的修士和地理学家迪奎尔（Dicuil）在著作中并没有证实这种观点，他在825年写下了一部重要的自然科学著作——《关于测量地球》（*De Mensura Orbis Terrae*）。此书的成书时间比诺曼人从探险家纳多德那里得到关于冰岛的消息还要早38年。

欧洲北方的基督教独修者和生活在亚洲内陆的虔诚的佛教徒都善于考察人迹罕至的偏远地带，并为那里带去了文明。人类传播宗教信条的热忱在历史上时而引发战事，时而又为和平的思想和贸易往来开拓了道路。印度、巴勒斯坦和阿拉伯国家的宗教体系极力挥洒着这份热情，而对于秉持信仰无差别论的多神论者希腊人和罗马人而言，这种热情显得颇为异样，但正是这样的宗教情结在中世纪上半段推动了地理学的发展。考古学家勒特罗内对迪奎尔的著作做了注释，他敏锐地指出，爱尔兰传教士自从被诺曼人从法罗群岛赶走后，就在795年开始踏上冰岛。诺曼人来到冰岛的时候，在那里发现了爱尔兰人的书籍、钟和其他物品，这些都是之前来此的被称为"帕帕尔人"的爱尔兰传教士留下的，他们也是迪奎尔的"神父"。从迪奎尔的史料见证可以推断，这些物品归属于从法罗群岛迁移至此的爱尔兰传教士，倘若如此的话，为什么当地传说会把他们称作"来自西边大海的人"？民间传说称，马多克（Madoc）王子——威尔士的格温内斯（Königreich Gwynedd）国王奥瓦因·圭内斯（Owain Gwynedd）之子——在1170年航海前往西部的大陆，而这一事件与冰岛传说中的"大爱尔兰"有何关联？所有这些疑问至今都还笼罩在迷雾之中，不得而知。"凯尔特美洲人"这一

下 篇　宇宙观历史

种族概念渐渐消失了，曾经有一些轻信传言的旅行者认为自己在美国的很多地方发现了"凯尔特美洲人"。自从学者们引入了一种严肃的比较语言学研究法之后，"凯尔特美洲人"这个概念就被淘汰了，这种研究方法是建立在语法形态和语言有机结构之上，而不是建立在偶然的语音相似性的基础之上。

首次发现美洲是在 11 世纪之前或是 11 世纪，但是这次发现并没有能够明显扩展人类对自然的认知，完全不同于 15 世纪末哥伦布再次发现美洲时带来的效应。这是因为，首次发现美洲的民族自身就处在一种文化荒芜的状态，而且被发现的地区寒冷寂寥，自然萧疏。斯堪的纳维亚人缺乏科学知识储备，所以除了满足自己的生活需求以外，他们未能对定居地进行研究考察。生活在格陵兰岛和冰岛的北欧人首先发现了美洲，这里气候恶劣，人们需要对抗气候条件带来的各种挑战。冰岛是一个自由邦，组织形式完善，独立了 350 年，后来随着公民的自由权没落，屈从于挪威国王哈康六世（Haakon VI）。冰岛文化的精华在于撰写历史、汇总民间传说以及以神话为题材的诗歌，它们都反映了 12 和 13 世纪的历史实况。

欧洲北方的古老传说蕴含着丰富的民族珍宝，然而它们却在故土之上遭受威胁，转而流传到了冰岛，但它们在这里得到了拯救和悉心守护，并且传承至后世，这是民族文化史上一个奇特的现象。875 年，阿纳尔松率人首次定居冰岛，从此带来了一系列影响，拯救古老传说就是其中之一。斯堪的纳维亚神话和北欧人关于天体演化的想象是一片没有特定形式的迷雾般的疆域，对于诗歌领域和创造力的世界而言，这种拯救是一个重要事件。唯独自然科学知识在冰岛没有得到发展，尽管有些经常身在旅途的冰岛人参加过在德国和意大利举办的教学活动。虽然格陵兰岛人在北美洲相对较南的地区有所发现，但是人们跟文兰地区的往来很少，而且文兰的植被也没有表现出特别的形态样貌，所以那里的定居者和水手对这些发现并没有兴趣，而是完全沉浸在欧洲人的感知方式之中，以至于欧洲南部那些文化发达的民族没有获悉关于美洲新殖民地的消息。即使是在冰岛内部，这个消息也没有传开，哥伦布造访冰岛时就没有听说此事。那时候冰岛和格陵兰岛在政权上都已经分离了 200 年，因为格陵兰岛在 1261 年就失去了共和宪法，沦为挪威属地，形式上不得与外界和冰岛进行往来。哥伦布在他的现已罕见的《关于地球上五个有人居住的地区》一文中写道:"我于1477年2月前往冰岛,那里的海水当时没有结冰,很多来自英格兰布里斯托尔(Bristol)的商人在此。"如果哥伦布在冰岛听到了关于美洲殖民地的消息,知道大西洋对岸有一片连绵的广阔土地——赫鲁兰(Helluland)、文兰和马克兰(Markland),那么他一定会把冰岛附近存在大陆的消息跟其他航海项目联系起来,他从1470年到1473年都在从事相关活动。历史上有过一次关于首次发现美洲功归于谁的著名的诉讼审理,1517年才结束,当时满腹狐疑的检察官亲口谈起一张航海图,声称西班牙水手马丁·平松(Martín Alonso Pinzón)在罗马看到过它,图上还标示出了美洲新大陆。如果冰岛人那时候果真向外传播了发现美洲的消息,那么在那场诉讼中人们就会更多提到冰岛之行。倘若哥伦布要造访一个他在冰岛听闻的大陆,那么他在首次踏上发现之旅时一定不会从加那利群岛出发向西南方向航行。挪威的卑尔根和格陵兰岛之间直到1484年都还存在着贸易联系,那是哥伦布踏上冰岛后的第7个年头。

哥伦布的地理大发现

哥伦布再次发现美洲大陆并首次发现了美洲的热带地区,这一次地理大发现与11世纪那次完全不同,因为它为世界历史带来了举足轻重的影响,并极大地扩展了人类的自然宇宙观。15世纪末哥伦布率人出海踏上征程,本来绝无发现新大陆的打算,而且哥伦布和探险家韦斯普奇至死都坚信他们只是到达了亚洲东岸的土地,但是整个航程却表现出一种被精心设计过的感觉,像是在科学统筹安排之下完成的。哥伦布一行一路西下,经过了提尔城人和萨摩斯岛人克莱奥斯开拓的直布罗陀海峡,驶过了阿拉伯地理学家口中的"宽不可测的深蓝色大海"(意为大西洋),一行人径直向目标驶去,而且他们对目的地的距离十分有把握。他们不是被风暴偶然带至美洲,这与探险家纳多德、斯瓦瓦尔森(Gardarr Svavarsson)发现冰岛和阿尔弗松(Gunnbjörn Úlfsson)发现格陵兰岛的情形不同。哥伦布此行也没有途经任何中间站。德国杰出的宇宙学家马丁·倍海姆（Martin Behaim）曾经陪同葡萄牙探险家迪奥戈·康（Diogo Cão）在其重要考察途中前往非洲西海岸，他们于1486年至1490年生活在亚速尔群岛，该群岛位于伊比利亚海岸和宾夕法尼亚州海岸之间，它到宾夕法尼亚州的距离占上述两地距离的五分之三，但是哥伦布的美洲之行并没有从亚速尔群岛出发。16世纪的意大利诗人塔索（Torquato Tasso）在他的诗作《解放耶路撒冷》中纵情歌咏了哥伦布此举的雄心壮志，这是希腊英雄赫拉克勒斯连想都不敢想的壮举：

英雄（指赫拉克勒斯）不敢远航出海，
他为人类的理性制定了界限，
画地为牢，勇气受损。

终于迎来了这样一天，
在技艺高明的水手眼中
赫拉克勒斯的足迹已成为儿戏；

一位来自热那亚的男人
率先投身于那未知的海域，
毫无畏惧。

但是葡萄牙航海家巴罗斯（João de Barros）却在他1552年出版的《征服亚洲的时代》一书中写道："这个来自热那亚的哥伦布只是一个虚荣的幻想连篇的吹牛者。"就是这样，民族间的仇恨总是试图给一些辉煌的人物蒙上阴影，这种做法贯穿了整个历史，贯穿了发展程度不同的人类文明的所有阶段。

哥伦布、奥赫达（Alonso de Hojeda）、卡布拉尔发现了美洲的热带地区，从宇宙观历史的角度来看，这次发现不能被视为一个独立事件。只有当我们宏观了解了处于大航海时代与阿拉伯科学盛世之间的这段时间，我们才能够正确理解发现美洲对于扩展自然科学和丰富人类精神世界带来的重大影响。哥伦布的时代是一个不断追求开拓地理空间的时代，是一个开发地理知识的时代，正是长期多方位的准备和铺垫工作，才赋予了该时代如此这般的独特个性。此前出现了一些果敢的思想勇士,他们不仅启发人们追求独立思考的自由,也激励人们研究单个的自然现象;彼时意大利再次接触到了希腊文化著作,艺术也蓬勃发展,为人类的思想插上了双翼,令其长存人间,这些都极大地影响了精神文化之源;东亚的科学知识推广到了世界,亚洲的僧侣把知识传播给了蒙古帝国诸侯和身在旅途的各国商人,这些知识流传到欧洲西南部那些擅长探索世界的民族,流传到那些热切期待能够抄近路抵达东方香料之国的民族。这些都是促进大航海时代发展的前提条件,除此之外,15世纪末航海技术发展迅猛,航海器具、磁力仪器和天文测量工具日臻完善,确定航船地理位置的方法应运而生,天文学家约翰·缪勒［别名雷格蒙塔努斯（Regiomontanus）］发明的日月星历表被广泛使用。上述技术储备极大地推动了那些航海民族实现探索世界的愿望。

地理大发现的思想先驱者

此处我们不去涉及科学史上的种种细节,因为这不是本书的宗旨所在。但是在那些为哥伦布和达·伽马时代做了筹备工作的思想家当中,我们要提到三位代表人物:麦格努斯、罗吉尔·培根、博韦的樊尚,此排序是按照时间先后。其中罗吉尔·培根更为重要,他学识渊博,思想也更为丰富,是来自英国伊尔切斯特（Ilchester）的方济各会修士,在牛津和巴黎接受过科学教育。三位都是各自时代的先锋,对所处时代产生了重大影响。辩证的推论方式和经院哲学的逻辑教条长期以来都处在论战状态,而且双方交锋无果,"经院哲学"这一称谓并不确切,它含有多重意义。在这些喋喋不休的论战中,我们可以觉察到阿拉伯人带来的积极影响。上一章我们描述过阿拉伯人的民族特性,阿拉伯人喜欢与自然打交道,而且还翻译了亚里士多德的作品,他们对自然的热爱让亚里士多德的学说广泛传播起来,这种传播与阿拉伯人热衷钻研实验科学紧密相关。柏拉图哲学长期以来遭受错误理解,各种曲解在不同的哲学流派中盛行,一直到12世纪末和13世纪初。按照法国历史学家阿玛布尔·约丹（Amable Jourdain）的说法,许多教父都自认为在柏拉图哲学中找到了他们宗教信仰的模板。柏拉图的《蒂迈欧篇》中包含很多关于物理学的具有象征意义的意象，尽管亚历山大学派的数学家早就证实了它们是毫无意义的，但神职人员对它们充满热情，所以一些有关宇宙的无稽想法通过这些宗教权威人士又复活了。就这样，柏拉图主义，更确切地说是新柏拉图主义思潮作为主导哲学，从古罗马天主教思想家奥古斯丁开始，以不同的形式一直延续到神学家阿尔琴（Alcuin）、新柏拉图主义哲学家与诗人爱留根纳（Johannes Scotus）、伯纳德（Bernard von Chartres）的中世纪时代。

亚里士多德哲学后来取代了新柏拉图主义，并从两个方向上对思想的发展起到了决定性作用，一个是理论哲学，一个是对实验性自然科学的哲学思考。第一个方向虽然看似与本书的叙述对象相距较远，但是它推动了一些高尚又极具天赋的杰出人物于经院哲学时代在完全不同的科学领域成就了自由独立的思考，仅此一点就让我们在此处不能不提到它。一种伟大的自然宇宙观不仅需要做大量的观察——这是科学哲思的根基，而且还需要对人类的内心世界予以充分的准备和支持，因为只有这样，人们在知识和迷信之间旷日持久的斗争中面对危险人物的时候才不会出于恐惧而退却。这样的人物一直到近代都有，他们围堵在某些实验科学的大门前，妄图阻碍人们进入科学的殿堂。在文明发展史上，人们一方面感到有权利追求自由思想，另一方面又有去远方探秘的强烈渴求，这两种状态同时促进了人类历史的发展，我们不能将两者分开。回望历史，那些自由的独立思想家自成一系，从中世纪的邓斯·斯科特斯、奥卡姆的威廉（Wilhelm von Occam）、尼古拉·库斯开始，经过后来的拉米斯（Petrus Ramus）、康帕内拉（Tommaso Campanella）、布鲁诺（Giordano Bruno），一直到笛卡儿（René Descartes），贯穿了历史的多个发展阶段。

思想和"真实存有"之间横亘着一条似乎不可逾越的鸿沟，能够进行识别的人类心智与被识别对象之间也存在各种不同的关系。对待这两点的不同态度把辩证法主义者划分为唯实论和唯名论两个著名学派。中世纪时期这两个学派之间的斗争几乎已被遗忘，但我们在此要予以纪念，因为它对实验科学最终的建立起到了本质上的影响。唯名论者认为普遍性的概念只是人类

第六章 大航海时代

想象中的一种感性存在。两派之争持续不断，战势左右摇摆，最后唯名论在14、15世纪胜出。唯名论者更加反感空泛的抽象概念，他们坚持展现经验的必要性，坚信需要扩展认知的感性基础。这样一种方向至少间接影响了人们对待实验科学的方式。阿拉伯文化进入欧洲思想界以后，与吸纳各种知识的神学产生了一番较量，这为后世带来了积极影响。即使是在那些唯实论思想单独发挥作用的领域，阿拉伯文化的输入也大力传播了人们对自然科学的热爱。提到中世纪，我们往往习惯赋予它一种太过统一的特征，但是我们应该看到：中世纪的不同时期，无论是在纯思想方面还是在实验科学方面，都在为日后的科学发展做着准备工作。扩展人类宇宙观的地理大发现及其带来的可能性都在此间蓄势待发。

对阿拉伯学者而言，自然科学是与医药学和哲学紧密相关的，在基督教的中世纪，自然科学除了与哲学还与神学的教义学脉脉相通。教义学力求独霸思想界，这是其属性使然，它不断排挤物理学、有机生物形态学以及与星相学血脉相通的天文学领域中的实践研究。犹太拉比米夏尔·萨克斯（Michael Sachs）表示，阿拉伯人和犹太拉比悉心研读了包罗万象的亚里士多德，他们对亚里士多德的研究成果进入欧洲思想界以后，在学者中唤起了一种从哲学层面对所有学科进行整合的趋势。因此伊本·西那、伊本·鲁世德、麦格努斯、罗吉尔·培根作为杰出的思想家，代表了他们所处时代的全部知识的精华。这些名字在中世纪时期全都闪耀着荣誉的光芒，这与当时人们对哲学的普遍认同有关。

出身于波尔斯泰德伯爵家族的麦格努斯在分析化学领域也可被视为一位观察实践者。他在研究实验中期待看到金属的变化，不过为了达到这一目的，他不仅完善了处理矿砂的实际操作，而且还丰富了人们对化学力量普遍运作方式的看法。他的著作含有一些关于有机物构造和植物形态学的极为敏锐的观察。麦格努斯通晓植物学，知道植物也有睡眠，知道花朵会周期性地绽放与闭合，知道植物体内的汁液会通过叶面蒸发而减少，也知道维管束分裂对叶面轮廓形状造成的影响。麦格努斯对亚里士多德的所有物理学著作以及《动物志》都做了注释与评论，不过就《动物志》而言，他读的是迈克尔·斯科特斯（Michael Scotus）从阿拉伯文翻译成拉丁文的译本。麦格

下　篇　宇宙观历史

努斯著有一部《地理自然志》，这就是一部自然地理学的著作。其中的部分内容让我感到非常惊讶，他认为一个地区的气候状况同时取决于纬度和海拔，而且发现太阳光入射角度会对土地受热情况产生不同的影响。诗人但丁在《神曲·天堂篇》（第97至99行）中盛赞麦格努斯，但实际上盛赞的不是麦格努斯本人，而是他的得意门生阿奎那（Thomas von Aquino）。麦格努斯在1245年把阿奎那从科隆带到了巴黎，1248年又把他带回德国。诗中写道：

> 站在我右边的
>
> 是我的兄长和老师
>
> 来自科隆的艾尔伯图斯[①]，
>
> 我是托马斯·阿奎那。

罗吉尔·培根与麦格努斯是同时代人。罗吉尔·培根直接扩展了自然科学，并把自然科学构建在数学和实验中产生的各种现象的基础上，从这个角度而言，他是中世纪知识界最重要的人物。两位哲学家都生活在13世纪。人们对罗吉尔·培根有一种赞誉，认为他对研究自然科学的形式和方法产生了深远的积极影响，这种影响超过了他本身的发明创造。罗吉尔·培根呼唤人们独立思考，坚决反对哲学学派对权威信仰的盲从，但他自己还是对希腊古典文化心心念念，对其精确的语言及其关于数学和实验科学的描述都予以赞誉，而且还在他的《大著作》中专门就此写下了一个章节。罗吉尔·培根受到过教宗克莱孟四世（Clemens Ⅳ）的支持与庇护，但也被教宗尼古拉三世（Nikolaus Ⅲ）和尼古拉四世（Nikolaus Ⅳ）指控宣扬魔法而被送进了监狱。他一生多舛，遭遇了与各时代中那些伟大的精神先驱相同的命运。他通晓托勒密的《光学》和《天文学大成》。因为他总是像阿拉伯人一样把希腊天文学家喜帕恰斯称作Abraxis，所以可以推断他也只是读过这些书的从阿拉伯文翻译成拉丁文的译本。罗吉尔·培根对于可燃易爆化合物的化学实验以及关于透视和凹面镜焦点位置的理论光学研究都是他取得的最重要的科学成就。他的《大著作》思想深邃浩瀚，蕴含了很多有可能付诸实践的策划和设计方案，

[①] 即麦格努斯。——译者注

但书中并没有什么明显的线索可以表明他进行了成功的光学发明。在数学方面他谈不上有格外的深度。罗吉尔·培根的特别之处在于他拥有非常活跃的想象力。中世纪的僧侣追随自然哲学的路线，僧侣们面对大量无法解释的重大自然现象时会深感困惑，而且很长时间以来他们都是心怀恐惧地窥探着那些神秘问题的答案，所以当罗吉尔·培根感染到他们的时候，这种想象力就被拔高到一种病态的夸张程度。

古希腊精神的回归

印刷术发明以前书籍的传播依靠手抄，手抄本造价昂贵，这就让收集大量手抄单本的工作变得更加困难，所以当思想知识界 13 世纪再次开始扩展的时候，人们对百科全书式的著作产生了一种偏爱。这一情形值得我们特别关注，因为它推动了知识的传播和普及。此间出版的百科全书包括：神学家坎蒂普雷的托马斯（Thomas von Cantimpré）长达 20 卷的《自然的百科全书》（1230），其中每一卷都是建筑在上一卷的基础之上，坎蒂普雷的托马斯在比利时鲁汶担任教授；神学家博韦的樊尚的《大宝鉴》（1250），此书是他为法国国王路易九世（Ludwig IX）及其王后普罗旺斯的玛格丽特（Margarete von der Provence）所著；雷根斯堡神父、天主教学者梅根伯格的康拉德（Conrad Meygenberg）的《自然之书》（1349）；康布雷主教、神学家皮埃尔·戴伊（Pierre d'Ailly）枢机主教的《世界之图》（1410）。这些百科全书都是《哲学珠玑》之前的先行者。《哲学珠玑》为德国修士格列高尔·赖什（Gregor Reisch）所著，1486 年首次出版，在接下来的半个世纪中它以一种奇特的方式推动了知识的传播。这里我们要特别强调皮埃尔·戴伊的《世界之图》，我曾在一篇文章中讲到，《世界之图》一书对发现美洲起到的作用比哥伦布与佛罗伦萨数学家托斯卡内利（Paolo Toscanelli）的书信往来更加重要。哥伦布对古希腊和古罗马作家有所了解，亚里士多德、斯特拉波、小塞内卡都在自己的书中表示东亚位于直布罗陀海峡附近，哥伦布熟悉所有相关段落。如哥伦布之子费尔南多所言，主要就是这些描述让哥伦布产生了跨越大西洋前往印度的想法，而哥伦布的所有这些知识都是通过阅读《世界之图》得来的。哥伦布带着这本书在大西洋上启航，他在 1498 年 10 月从海地岛写给西班牙国王的一封信中，逐字翻译了《世界之图》中关于"地球可居住地区面积"一章中的片段，这一段给他留下了极为深刻的印象。哥伦布大概不知道，该书的作者皮埃尔·戴伊也曾经逐字抄写过早前的罗吉尔·培根的《大著作》。亚里士多德、伊本·鲁世德、大祭司以斯拉（Esra）、小塞内卡都认为从欧洲出发跨越大西洋到达东亚的距离要短于两地间的陆上距离，他们的说法混杂在一起，竟然能够说服西班牙国王欣然支付高额费用支持哥伦布的航海活动，这是一个奇特的时代！

我们之前讲过，13 世纪末人们对研究自然力量有一种格外的偏爱，这种研究形式以及通过实验来进行的科学论证也都同时表现出更加哲学化的方向。这里我们还需概括介绍古典文化自 14 世纪末被唤醒以来对各民族的精神生活以及对普遍性宇宙观产生的影响。此间有几位禀赋高超的人物丰富了人类的思想世界。古希腊文化一度在自己的故土遭受压迫，当它被多种偶然条件推动再度在西方国家获得稳定的一席之地时，那里正好洋溢着一种有利的氛围，人们期待接受更加自由的精神世界。阿拉伯人对希腊古典文化的研究忽略了所有跟语言相关的内容，它主要集中于少数几位古典作家。阿拉伯人钟爱自然科学，所以首要研究的是亚里士多德的物理书籍、托勒密的《天文学大成》、迪奥斯科里德斯的植物学和化学以及柏拉图关于宇宙的想象。亚里士多德的辩证法被阿拉伯人与物理学联系在一起，而在基督教中世纪早期则是被神学家与神学联系在了一起。人们虽然从古典文化中挖掘出适合特定用途的内容，但是还远远未能从整体上领会希腊文化的精神，没有深入到语言的有机架构，没有展现出对诗歌创作的欣赏，也没有探究语言艺术领域和叙述历史方面的绝妙宝藏。

在人文主义者彼特拉克（Francesco Petrarca）和乔万尼·薄伽丘出现的 200 年前，英国哲学家索尔兹伯里的约翰（Johann von Salisbury）和法国神学家阿伯拉德（Pierre Abélard）就已经对传播古典著作起到了积极作用。他们对古典作品表现出的优美深有感悟，在这些作品中，自由、适度、自然、精神都始终紧密交织在一起。这份美学体验虽然激荡在他们心中，掀起了片片涟漪，但其影响后来却又消失得无影无踪。事实上是14世纪的两位诗人密友——彼特拉克和乔万尼·薄伽丘——重新发现了希腊古典文化，他们让一度逃离意大利的希腊缪斯再次回到意大利并在这里长久享有居留之地，他们为重塑古典文化付出了最辛苦的努力。这两位都师从意大利神学家及人文学者卡拉布里亚的巴拉姆（Barlaam von Kalabrien），根据历史学家阿诺德·海伦（Arnold Heeren）在《古典文化史》一书中所言，巴拉姆深受希腊国王安德洛尼卡二世（Andronikos Ⅱ）的庇护，曾经在希腊生活了很长时间。彼特拉克和乔万尼·薄伽丘开创了收集罗马希腊文献手稿的先河。如语言学家克拉普罗特（Julius Klaproth）在《关于亚洲的回忆》中所说，彼特拉克甚至还意识到了语言比较对研究历史的意义，他具有敏锐的哲学认知能力，他的哲学追求的是一种更加普遍的宇宙观。希腊研究的重要推动者包括：拜占庭帝国学者赫里索洛拉斯（Manuel Chrysoloras），他作为希腊使节被派往意大利和英国；特拉布宗帝国主教贝萨里翁（Bessarion）；拜占庭学者卜列东（Gemistos Pletho）；雅典古典文化学者哈尔科孔季莱斯（Demetrios Chalkokondyles），荷马第一版印刷书①的问世就归功于他。这些全都发生在君士坦丁堡不幸被占领（1453年5月29日）之前。唯有希腊学者拉斯卡里斯（Constantin Lascaris）是在君士坦丁堡被占领之后来到的意大利，他的前辈曾经是拜占庭皇帝。法国文化学者维尔曼在《文化历史杂谈》中提到，拉斯卡里斯带来了珍贵的古希腊著作手稿系列，这些手稿后来流落到了西班牙埃斯科里亚尔修道院（Real Sitio de San Lorenzo de El Escorial）很少使用的图书馆。在美洲被发现之前的14年，第一本希腊书才被印刷出版，尽管印刷术的发明发生在1436年到1439年之间，是由居住在斯特拉斯堡和美因茨的古腾堡（Johannes Gutenberg）和居住在荷兰哈勒姆（Haarlem）的考斯特（Lorenz Jansson Koster）同时独立发明的，这段时间恰好是第一批希腊学者移居意大利的幸运时期。

---

① 指荷马史诗，《伊利亚特》和《奥德塞》的古希腊文本首次以印刷书籍面世。——译者注

下 篇 宇宙观历史

地理知识、航海技术和天文学的发展

西方国家从13世纪起开始挖掘古希腊文化源泉，诗人但丁出生在1265年，这是南欧文化史上一个重要的时代。此间亚洲内陆和非洲东部发生了一些特定事件，它们推动了贸易途中绕过非洲这一愿望的实现，也加快了哥伦布大航海的到来。蒙古帝国军队仅仅用了26年就从中国的北京和长城一路进军到了中欧的克拉科夫（Krakau）和莱格尼察（Legnica）两地，这让欧洲的基督徒深感恐惧。一些强壮硬朗的欧洲僧侣被任命为传教士和使节出使蒙古帝国，传教士柏郎嘉宾（Pian del Carpine）和尼古拉斯·阿斯塞林（Nicolas Ascelin）被派到蒙古国拜访军事统帅孛儿只斤·拔都（Batu Chan），法国方济各教会传教士鲁不鲁乞（Rubruquis）前往蒙古国哈拉和林（Karakorum），造访蒙哥汗。鲁不鲁乞在他的著作《东游记》中对13世纪中期的多种语言和民族的地理分布情况做出了精细且重要的叙述。他首先认识到，匈人、巴什基尔人和匈牙利人都属于乌拉尔语系的民族，他还在克里米亚半岛坚固的城堡中发现了保留了哥特语的哥特人。鲁不鲁乞的描述让意大利的两大航海民族——威尼斯人和热那亚人——对东亚地区无尽的财富垂涎三尺。他还见识到了杭州的"银墙金塔"，不过并没有提到那个大型贸易地。25年之后，历史上最伟大的旅行家马可波罗的中国见闻让杭州扬名世界。鲁不鲁乞的游记既包含真相也包含一些天真的错误，他的手稿由罗吉尔·培根为后世保留了下来。鲁不鲁乞写道："中国东临大海，那里的海域中有一个幸运的国度，无论何地男女，只要迁徙至此，就会停止衰老。"英格兰骑士曼德维尔（John Mandeville）比鲁不鲁乞还要轻信传闻，所以他的作品更是广为流传。曼德维尔描写了他在印度、中国、斯里兰卡、苏门答腊岛的见闻。《曼德维尔游记》内容丰富，以第一人称写成，形式独特，在很大程度上激发了人们远游世界的渴望。

马可波罗是一位追求真相的旅行家，经常有人笃定地表示，《马可波罗游记》——尤其是关于中国港口和印尼群岛的部分——对哥伦布产生了重大影响，还表示哥伦布在第一次探险途中随身携带了马可波罗的著作。我之前

第六章 大航海时代

已经证明，哥伦布和其子费尔南多提到过教宗庇护二世（原名 Aeneas Silvius Piccolomini）的关于亚洲的地理著作，但是从未提到过马可波罗和曼德维尔。哥伦布父子两人对中国杭州、泉州，印度芒格奥和日本的了解，可能来自佛罗伦萨数学家托斯卡内利在 1474 年写的那封著名的书信，信中托斯卡内利表示从西班牙出发可以轻易到达东亚；也可能来自旅行家尼科洛·康提（Niccolò de'Conti）的游记，尼科洛·康提在印度和中国南部游历了 25 年之久。但是并没有迹象显示哥伦布阅读过《马可波罗游记》第二卷的第 68 章和第 77 章。《马可波罗游记》最早的印刷本是 1477 年的德文译本，哥伦布和托斯卡内利是不可能读懂的。从 1471 年到 1492 年哥伦布都在从事他的"从西方寻找东方"的航海计划，至于说他是否见到过马可波罗的手稿，我们当然也不能否定这种可能性。哥伦布在 1503 年 6 月 7 日从牙买加写给西班牙国王的信中，把中美洲维拉瓜（Veragua）海岸描述成恒河附近一处名为 Ciguare 的地方的一部分，并且期待在那里看到配着金鞍的马，如果说哥伦布读过马可波罗的游记，那么他为什么不引用马可波罗对日本的描述，而是引用了教宗庇护二世的话语？

蒙古帝国统治了从太平洋到伏尔加河的广大地域，而欧洲人也由此了解到了亚洲内陆，如果说当时欧洲僧侣出使蒙古帝国以及重商主义推行的陆路商旅让那些航海民族认识到了中国和日本，那么葡萄牙国王若昂二世派遣探险家佩罗·科维良（Pedro de Covilham）和阿丰索·派瓦（Alonso de Payva）前往非洲去寻找"非洲的祭司王约翰"（Priesterkönig Johannes），就为航海事业开启了一条新的道路。此次出行即使没有为航海家迪亚士（Bartholomäus Diaz）添砖加瓦，也为航海家达·伽马做好了准备。印度和阿拉伯的海员在印度的科泽科德（Kozhikode）、果阿邦（Goa）、也门的亚丁（Aden）以及非洲东海岸的索法拉（Sofala）收集到了一些地理信息，佩罗·科维良对此深信不疑，便通过两位开罗的犹太人将之转告给葡萄牙国王若昂二世：如果葡萄牙人沿着非洲西海岸继续向南航行，就会来到非洲南端，从那里可以轻易到达马达加斯加、桑给巴尔群岛和盛产黄金的索法拉。不过在这些消息抵达里斯本之前，那里的人们早就知道了相关情况，因为迪亚士在航行中不仅发现了好望角，而且还越过了好望角，尽管只是前行了一小段。在中世纪初期，

下篇 宇宙观历史

各种消息可以途经埃及、埃塞俄比亚帝国和阿拉伯国家，从非洲东海岸的印度人和阿拉伯人的贸易站点以及从非洲南端传播到威尼斯。事实上三角形的非洲大陆已经清楚出现在威尼斯地理学家萨努德（Marino Sanudo der Ältere）1306 年绘制的地图以及地图学家弗拉·毛罗（Fra Mauro）15 世纪中期制作的地图上。一部讲述宇宙观历史的著作会讲明人们在什么时代首次认识到各个大陆的主要轮廓形状，但并不会详表细节。

人类的地理知识与日俱增，这就让人们开始探索如何能够缩短到达目的地的海上航程，与此同时，数学和天文学的实际应用、新测量仪器的发明以及磁力的巧妙运用都为完善航海技术迅速提供了多种手段。阿拉伯人把指南针引入欧洲，而阿拉伯人自己又是从中国人那里学会了指南针的使用。司马迁在他的《史记》中提到了"指南车"，西周成王曾经把指南车送给来自越南的使节，以便让他们在归途中不至迷路。中国东汉文字学家许慎编写的字典《说文解字》里有一处描写了如何摩擦铁棒令其指南的方法。由于当地的船只通常都是向南行驶，所以就有了"指南针"这个名称。在一百年之后的晋朝时期，中国的船只就已经使用指南针，以便在大海上准确无误地航行。这些远洋行驶的船只把指南针技术带到了印度，又从印度带到了非洲东海岸。阿拉伯语中的南北两个方向分别被称为 zohron 和 aphron，博韦的樊尚在他的百科全书《大宝鉴》中即把磁铁的两极以阿拉伯文命名，这就见证了指南针是通过何种途径由哪个民族传播到了欧洲国家。我们今天也还在使用很多星体的阿拉伯文名称，情况类似。在基督教统治的欧洲，生活在法国普罗万古镇的诗人吉奥（Guiot de Provins）在一首讽刺诗《圣经》中首次提到了当时已广为人知的指南针，托勒迈斯主教雅克·维特里（Jacob von Vitry）在从 1204 年到 1215 年的这段编年史中也讲到了指南针。诗人但丁也曾说起过指南针，他在《神曲·天堂》中的一处说道："指南针指向星辰"。

有很长时间人们都认为航海指南针是意大利水手弗拉维奥·乔雅（Flavio Gioja）发明的，弗拉维奥·乔雅出生在波西塔诺（Positano），不远处就是美丽的阿马尔菲（Amalfi）小镇，这个小镇因为广泛传播的海事法闻名于世。弗拉维奥·乔雅也可能是在 1302 年完善了指南针上的一个装置。欧洲水域使用指南针的时间早于 14 世纪初,出生在马略卡岛(Mallorca)的作家拉蒙·柳利(Raymundus Lullus)的航海著作也证明了这一点。拉蒙·柳利思想浩瀚,个性奇特,他的学说让宇宙学家布鲁诺在童年时就十分迷恋。拉蒙·柳利同时也是一位哲学系统的创建者、化学家、基督教传道者和航海学者。他在 1286 年撰写的《世界奇迹》一书中写道:"我们这个时代的航海家航行时使用测量仪器、海图和磁针。"加泰罗尼亚的水手们很早就行驶到了苏格兰的北部海岸和非洲的西海岸,唐·费雷尔(Don Jayme Ferrer)1346 年 8 月到达了撒哈拉南部里奥德奥罗河(Río de Ouro)的入海口,诺曼人发现了亚速尔群岛,这些事实都让我们想起:在哥伦布出现的很久以前,人们就已经行驶在大西洋上了。在罗马统治世界的时期,人们依靠规律性的风向跨越印度洋,往返于曼德海峡和印度西南海岸线上的马拉巴尔海岸之间,而此时水手们则是在指南针的引领下完成这一航线。

从 13 世纪到 15 世纪,意大利的天文学家安达罗·内格罗(Andalò del Negro)、乔瓦尼·比安奇尼(Johann Bianchini)——阿方索星历表的校正者,德国的神学家库萨的尼古拉·库斯、天文学家乔治·派尔巴赫(Georg von Peuerbach)和雷吉奥蒙塔努斯(Regiomontanus)都对天文学的发展产生了积极影响,而这一发展又为航海技术做了准备。星盘可以用来确定时间,在知道经度的情况下能够通过星盘计算出纬度,当它置于运动中的物体上时,也可以使用。星盘在历史上得到了不断的完善,马略卡岛的水手首先改良了星盘,拉蒙·柳利 1295 年在他的《航海艺术》中描述了这一过程,后来宇宙学家马丁·倍海姆在 1484 年又进一步完善了星盘,也可能只是对他朋友雷吉奥蒙塔努斯发明的测量仪进行了简化。葡萄牙恩里克王子(Heinrich der Seefahrer)在葡萄牙的萨格里什(Sagres)建立了一所航海学院,马略卡岛的马埃斯特罗(Maestro Jayme)被任命为院长。马丁·倍海姆受到葡萄牙国王若昂二世委托,计算黄道星表,并在航海学院教授海员如何"根据太阳和星辰的高度"在海上行驶。至于人们在 15 世纪末是否已经知道了计程仪,是否在使用指南针确定方向的同时还能够计算出已经行驶的航程,现在还不得而知。但是麦哲伦的同行者——探险家皮加费塔(Antonio Pigafetta)在说到计程仪的时候就好像是在谈论一个早就已知的工具,知道它是用来测量行驶

下　篇　宇宙观历史

里程的,这一点确凿无疑。

阿拉伯文化以及设立在科尔多瓦、塞维利亚、格拉纳达的天文学校对西班牙和葡萄牙的航海事业产生了显而易见的影响。人们仿造了巴格达学派和开罗学派发明的工具,把它们用在航海领域,原有的名称也延续了下来。马丁·倍海姆固定在桅杆上的星盘就被赋予了古代的名称,这个名称原本来自古希腊天文学家喜帕恰斯。当达·伽马到达了非洲东海岸的时候,他发现居住在马林迪的印度水手知道使用星盘和十字测天仪。此时,世界上的相互往来增多,信息传播随之加快,数学和天文学都取得了各自的成果,而且彼此之间的相互影响带来了更多的收获,这些知识都为日后发现美洲热带地区做好了准备,并帮助人们快速确定美洲大陆的轮廓。途经非洲南端驶向印度的航行,第一次世界航海环游,也就是说,从1492年到1522年间发生的所有对扩展地理知识具有重大意义的辉煌事件,都得益于这些自然科学知识的积累。人们的地理意识也变得更为敏锐,因此可以接纳与处理无数新现象,并通过比较法把这些现象用于建立更高的自然宇宙观。

更高的自然宇宙观是那种能够引领人们认识到地球上万事万物之间关联的宇宙观,它包括很多不同的元素,这里只提及那些影响深远的元素。如果认真阅读历史学家关于征服美洲的最早的著作,会惊讶地看到,16世纪西班牙作家的作品就已经发现了很多自然真相的萌芽。航海者在茫茫无际的大海上突然看到一片广阔的看似与地球上其他地域分离的大陆时,心中会油然升起很多重要的问题——不仅是那些首次到达美洲的航海者会出于好奇提出这些问题,而且那些收集他们见闻的史学家也会问到,直到今天我们也还在思索这些问题:人类种族是否是统一的?现有的种族与共同的原始祖先有着怎样的差异?民族的迁徙进程如何?比较某些语言时会发现,它们词根部分的差异比词形变化和语法形式方面的差异更为明显,那么这些语言之间有着什么样的关联?动植物是否经历过迁徙?信风和洋流的成因是什么?在科迪勒拉山系的山麓上,气温如何随着高度而下降?海洋水层的温度如何随着深度而下降?成串出现的系列火山彼此之间有何影响?它们又如何影响到地震频率和震区范围?我们今天称作"自然地理学"的这门学科的基础内容,除了数学方面的思考以外,都已经出现在西班牙耶稣会会士何塞·阿科斯塔(José de Acosta）所著的《西印度自然和精神的历史》中；西班牙历史学家贡萨洛·奥维耶多（Gonzalo Fernández de Oviedo）在哥伦布去世不到 20 年的时候出版了《西印度通史与博物学概要》，这部著作也包含了自然地理学的主要内容。自从人类社会形成以来，关于外部世界和地理状况的思考还从未像此刻一样突然以一种美妙的方式获得了巨大发展，考察自然的渴望也从未像此刻一样热切，人们期待观察不同纬度与不同海拔高度上的自然样貌，期待发明多种研究自然的工具。

哥伦布的航海历程

15 世纪末以来，自然科学界取得一系列重大发现，它们彼此影响，相互激发，具有极高的价值，这些发现既是对自然世界的征服，也是对精神世界的征服。可能有人会被误导，认为只有当今的时代才认识到了此次地理大发现的价值，因为当代人才懂得运用哲学视角看待人类文化史。然而，哥伦布同时代的一些人的想法就驳斥了这种误解。他们当中最有天赋的就是西班牙探险家德安吉拉，他已经觉察到，15 世纪末发生的重大事件将会给世界带来不可估量的影响。他在 1493 年到 1494 年的书信中写道："每一天我们都会听到来自新世界的奇迹，那是一个与我们西方相反的世界，是热那亚人哥伦布发现的世界。哥伦布被西班牙国王费尔南多二世和伊莎贝拉派遣出海，他花费了很大周折才得到了三艘航船，这是因为人们认为他说的只是天方夜谭。庞波尼乌斯·莱图斯（Pomponius Laetus）是哥伦布和我共同的朋友，他是一位人文主义者，是推动古典文化研究的杰出人士，因为对罗马教会的宗教态度而遭受迫害。当我告诉他哥伦布意外发现了美洲的初步消息时，他兴奋得几乎落泪。"这段文字出自德安吉拉，他是西班牙国王费尔南多二世和卡洛斯一世宫廷中思想深邃的政治家，曾经出使埃及，也是哥伦布、探险家韦斯普奇、探险家卡伯特和殖民者埃尔南·科尔特斯（Hernán Cortés）的私人朋友。他生平经历丰富，发现了亚速尔群岛最西边的岛屿——科尔沃岛（Corvo），还分别参与了迪亚士、哥伦布、达·伽马、麦哲伦组织的航海活动。教宗良十世（Leo X）为他的妹妹和红衣主教朗读皮特·德安吉拉撰写的《大洋洲》，每每都读到深夜。皮特·德安吉拉写道："从现在开始我一步也不想离开西班牙，因为这里就是新闻的源头，来自新大陆的消息源源不断涌入西班牙，作为记录这些重大事件的史学者，我大概可以在后世得到一些荣誉。"哥伦布同时代的人就已经强烈感觉到，这次地理大发现将会长久地闪耀在千秋后代的记忆中。

哥伦布启航踏上了亚速尔群岛以西的那片尚未被探索过的大西洋海域，他使用改良后的星盘确定方向，试图从西方到达东亚，不过哥伦布此举并不是出于妄念，而是按照一个已经确定好的计划。他的船上有一张佛罗伦萨天文学家托斯卡内利1477年寄给他的海洋图，哥伦布去世后的第53年，这张海洋图还保留在西班牙反殖民主义教父巴托洛梅·卡萨斯（Bartolomé de las Casas）的手中。根据我研究过的卡萨斯的手写史料来判断，哥伦布在1492年9月25日向探险家马丁·平松展示过这张海洋图，图上标有很多岛屿。如果说哥伦布单纯按照顾问托斯卡内利提供的这张海洋图行驶的话，那么他将会踏上一条偏北的路线，也就是航行在里斯本的纬度。但是哥伦布并没有这么做，为了尽快到达日本，有一半的路程他都行驶在戈梅拉岛（La Gomera）（加那利群岛）的纬度，之后，他的航线继续偏南，1492年10月7日他来到了北纬25.5°以南的地带。由于没有发现日本海岸，哥伦布变得焦虑起来，按照他的航线计算，日本应该出现在216海里以东的地方，在跟"平塔号"舰长马丁·平松发生长时间争执之后，哥伦布听从了他的意见，向西南方驶去。此次改变航线的结果就是哥伦布一行在10月12日发现了瓜那哈尼岛。

我们在此必须稍作停留，去缅怀一下当时发生的一系列小事件，它们绝妙地交汇在一起，对世界的重大命运走向产生了不容忽略的影响。功勋卓越的美国作家华盛顿·欧文（Washington Irving）说过，假如哥伦布没有接纳马丁·平松的建议，而是继续向西航行的话，那么船队将会进入墨西哥湾暖流，被洋流带至佛罗里达，从那里有可能再被带到哈特勒斯角（Cape Hatteras）和弗吉尼亚。如果出现这种情形，则影响不可估量，那么哥伦布带给美国的将是信仰天主教的西班牙移民，而不是后来的信仰新教的英国移民。马丁·平松对哥伦布说道:"我们必须改变航向,我感觉到这就是天意。"后来有一场著名的针对哥伦布后人的诉讼案,从1513年持续到1515年,原因是他们声称是哥伦布一人发现了美洲,马丁·平松在这场诉讼中也说了同样的话。不过马丁·平松的心灵感应也还要感谢空中的飞鸟。一位来自西班牙莫格尔的老水手在诉讼案中回忆到,有一天晚上马丁·平松看到了一群鹦鹉向西南方向飞去,于是就猜测它们大概是要到陆地上的灌木丛中过夜。鸟儿的飞行从来没有给人类带来较之更为重要的影响,它确定了新大陆的第一批殖民地,确定了拉丁语系民族和日耳曼语系民族在美洲最早的分布状况。

重大历史事件的发展与自然现象引发的结果一样,都与永恒的法则紧密相连,只是我们很少能够完全识别出这些法则。葡萄牙国王曼努埃尔一世派遣舰队踏上达·伽马早先发现的海上路线,在航海家卡布拉尔的指挥下前往东印度,结果在1500年4月22日他们意外地被洋流裹挟到了巴西海岸。自从迪亚士1487年带领船队越过好望角以来,葡萄牙人就对此航线表现出了极大的热忱,所以当偶然事件再度发生时,也不足为怪。与此前一些偶然的航海发现类似,卡布拉尔的船只到达巴西是因为受到了洋流影响。这样看来,非洲的全面发现导致人们后来发现了赤道以南的美洲地区。所以历史学家威廉·罗伯森(William Robertson)可以这样说:"欧洲人在15世纪末之前发现美洲新大陆,是人类命运中注定的事件。"

在哥伦布的各种性格特征中,我们必须要强调他的洞察力和敏锐性——他没有受过高等教育,不具备自然科学和自然史的知识,但是凭借这些非凡能力,他可以领会理解外界的各种现象,可以对它们融会贯通。在抵达"新天空下的新世界"之后,他开始仔细观察陆地轮廓、植物形态、动物习性、热量分布和地磁变化。哥伦布努力寻找印度的特产和大黄——在阿拉伯与犹太医生、鲁不鲁乞以及意大利旅行家的传播下,大黄已经闻名欧洲,他非常细致地研究了植物的根系、果实和叶面结构。我们缅怀大航海时代为人类自然观带来的重大发展,而在此处着墨描写一位伟人的个性特征,会增加叙述的生动性。哥伦布的游记和报道直到1825年至1829年才予以发表,这些文字几乎涉及了所有15世纪后半叶和整个16世纪的科研对象。

从葡萄牙帝国的恩里克王子 15 世纪上半叶开始设计他的第一份航海计划，到后来探险家胡安·加埃塔诺（Juan Gaetano）和胡安·卡布里略（Juan Cabrillo）在 16 世纪发现了南太平洋岛屿，这期间由于欧洲人在空间上不断扩张，所以关于西半球的地理学知识得到了极大发展，对此我们在这里只做一般性介绍。葡萄牙人、西班牙人和英国人的海上远航见证了历史发展的脚步，人类突然对博大无限的空间生发出新的感知。航海的发展进步以及使用天文仪器确定航向的技术加速了人类梦想的实现，这些追求和梦想给大航海时代打上了特有的烙印，它们让世界地图变得完整，也向人类展示了世界之间的关联。哥伦布一行在 1498 年 8 月 1 日发现了美洲热带地区，而在 17 个月之前，探险家卡伯特驾船来到了北美洲的拉布拉多海岸。哥伦布首先到达的是奥里诺科河入海口，而不是人们之前以为的位于加勒比海帕里亚半岛的山区海岸。卡伯特在 1497 年 6 月 24 日达到了位于北纬 56°至 58°之间的拉布拉多海岸，之前我们已经讲过，冰岛探险家莱夫·埃里克松早其 500 年就发现了这片荒凉之地。

发现太平洋

哥伦布第三次远航时更多关注的是位于加勒比海的玛格丽塔岛（Isla Margarita）和库瓦瓜岛（Isla de Cubagua），而不是致力于探索泰拉菲尔梅（Tierra Firme）省，因为他直到去世都坚信自己在第一次航海时就已经抵达了亚洲大陆。1492 年 11 月哥伦布到达古巴，而他认为自己站在了亚洲的土地之上。他向儿子费尔南多和友人说过，如果有足够的食物的话，他可以从这里扬帆起航一路向西途经斯里兰卡，或者由陆路经过耶路撒冷和雅法（Jaffa）回到西班牙。哥伦布 1494 年就有这样的打算，比达·伽马早了 4 年，哥伦布也梦想环游世界，这比麦哲伦和塞巴斯蒂安·埃尔卡诺（Juan Sebastián Elcano）早了 27 年。卡伯特第二次航海时到达了北纬 67.5°的高度，航船一度在冰块中穿行。此外他还曾经驶向西北方向，试图由此到达中

第六章 大航海时代

国。在为第二次航海做准备的时候,卡伯特就打算日后要开展一次北极之行。那个时候人们越来越认识到:从已经发现的拉布拉多海岸,到帕里亚半岛,再到赤道以南的广大地区,是一片绵绵相连的陆地。当时一张著名的地图就证实了这一点,这张地图较晚才被认出是由西班牙地理学家胡安·科萨(Juan de la Cosa)于 1500 年绘制。在这种背景下,探险家非常渴望能够向南或者向北在海上连贯行驶。在大航海时代,人们再度发现了美洲大陆,而且确认了美洲新大陆沿着经线方向伸展,从加拿大东北部的哈德森湾(Hudson Bay)延伸到火地岛南端的合恩角(Cape Horn)。合恩角是探险家加西亚·罗阿西(Garcia Jofre de Loaysa)发现的。此外人们还认识到了太平洋,正是太平洋的海水冲击着美洲西海岸,这是大航海时代完成的有关自然地理的最重要的发现。

1513 年 9 月 25 日,西班牙探险家瓦斯科·巴尔沃亚(Vasco Balboa)在巴拿马地峡看到了太平洋。而 10 年之前当哥伦布沿着中美洲东岸行驶时,他就已经确切知道这片土地的西面是一片汪洋大海,他在信中提到,"在这片海域行驶不到 9 天就会到达马来半岛和恒河入海口"。在这封讲述了一个浪漫梦境的信件中,哥伦布写道:"中美洲东西两岸的海岸线从相对位置上看,就像地中海畔的托尔托萨(Tortosa)之于比斯开湾(Biskaya)的洪达日比亚(Hondarribia),就像威尼斯之于比萨。"那时候人们以为太平洋只是托勒密所说的大海湾的延伸部分。按照托勒密的地理学,马来半岛位于大海湾,大海湾的东岸就是卡蒂加拉(Cattigara)和中国。而在喜帕恰斯的想象中,大海湾东岸地带与非洲向东延伸的陆地部分相连,以至于印度洋变成了内海。所幸,这种假想在中世纪没有得到多少关注,尽管当时人们对托勒密的说法还是念念不忘。不然的话,古代地理学对航海事业定然会起到不利的影响。

发现太平洋以及在太平洋上扬帆远航,从获取重大地理知识的角度而言,标志着一个异常重要的时代来临。不仅是因为 350 年前人类首次通过这种方式确定了美洲新大陆的西海岸和欧亚大陆的东海岸,还因为此举也给气象学带来了深远影响,人类终于开始摆脱对地表上陆地和海洋面积比例的荒谬认知。陆地面积和海洋面积的大小以及陆地与海洋的相对分布都显著影响了自

下 篇 宇宙观历史

然的方方面面，大气湿度、气压、植被的生命力、动物的分布状况，还有很多其他自然现象和物理现象都受其制约。海洋覆盖了大部分低洼陆地，在地球表面上占据了更大的面积，这样就缩小了适于人类居住的以及能够养活大部分哺乳动物、鸟类和爬行动物的生存空间。但是根据现在主导的有机物发展法则，海洋是保障物种生存的必要条件，是自然为所有陆地生物设立的有益环境。

15世纪末人们开始热切盼望找到通往亚洲香料之国的捷径，水手哥伦布和天文学家托斯卡内利（Paolo Toscanelli）几乎同时产生了从西方出发行驶到东方的想法。当时占主导地位的是托勒密在《天文学大成》中表述的地理学观点，他认为欧亚大陆西起伊比利亚半岛西海岸，东至中国沿海地带，大陆长度占据180个赤道经度，东西跨度为地球球面的一半。哥伦布受到了一系列错误结论的误导，把欧亚大陆的长度扩大到了240个赤道经度，在他看来，亚洲东海岸应该在加利福尼亚州圣迭戈（San Diego）的位置出现。所以他认为只需行驶120个赤道经度的里程就能到达中国的富裕城市杭州，而事实上杭州处在距离伊比利亚半岛西端231个赤道经度以西的位置。在给哥伦布的书信中，托斯卡内利将海洋的宽度误算小了，这很奇怪，但这个错误结果强化了哥伦布西行的念头。按照托斯卡内利的计算，从葡萄牙到中国的海上距离应该在52个赤道经度以内，并且地表的七分之六都是陆地——这种看法与圣经先知以斯拉所言一致。哥伦布后来更加倾向于托斯卡内利的想法，他第三次远航时在海地岛写信给伊莎贝拉一世女王，信中就做了如是表达，因为哥伦布心中的最高权威——枢机主教皮埃尔·戴伊——在他的《世界之图》中捍卫了托斯卡内利的理论。

1514年西班牙人瓦斯科·巴尔沃亚手持宝剑，蹚着没膝的洪水，为卡斯蒂利亚王国征服了太平洋上的土地，1518年他卷入了一场反对西班牙殖民地总督佩德罗·达维拉（Pedro Arias Davila）暴政的斗争中，被刽子手斩首。1520年11月27日，麦哲伦终于出现在太平洋的水域之上，他从东南向西北方向行驶，跨越了2500地理里。不过一路上神差鬼使，在发现马里亚纳群岛（Marianen）和菲律宾群岛之前，除了两个无人居住的海岛以外，他连一片陆地也没有看到。如果我们可以相信麦哲伦的游记和里程记录的话，那么其中

第六章 大航海时代

一个小岛在洛岛（Low Islands）以东，另一个在马克萨斯群岛（Marquesas）的西南方向。麦哲伦在菲律宾的宿务岛（Cebu）遭到杀害，之后同行的塞巴斯蒂安·埃尔卡诺指挥"维多利亚号"继续前行，最终完成了人类历史上的第一次环球航行，塞巴斯蒂安·埃尔卡诺获得了一枚徽章，还有一个刻着"首位环球航海者"字样的地球仪。他1522年9月才到达西班牙的桑卢卡尔-德巴拉梅达港（Sanlúcar de Barrameda），还不到一年，西班牙国王卡洛斯一世因为受到了宇宙学家的指点，就在一封写给中南美洲征服者埃尔南·科尔特斯的信中催促航海者开发一条直达东方香料之国的捷径，因为"这条新路径能把现有的路程减少三分之二"。西班牙探险家萨维德拉（Álvaro de Saavedra）率领船队从墨西哥西海岸格雷罗州（Guerrero）的一个港口出发，前往摩鹿加群岛。埃尔南·科尔特斯驻扎在新近征服的阿兹特克帝国首都特诺奇蒂特兰（Tenochtitlan），从这里与亚洲岛国宿务岛和蒂多雷岛（Tidore）的国王进行交流。人们对地理空间的认识就这样快速扩展了，世界往来也随之频繁起来。

后来新西班牙总督辖区的征服者亲自踏上南太平洋，去寻找新的土地，他们驶过南太平洋向东北方向挺进。对于美洲大陆从南半球高纬度地区一直延伸到北半球高纬度地区的事实，人们当时还不习惯。后来有消息从加利福尼亚海岸传来，声称埃尔南·科尔特斯的船队沉没遇难，科尔特斯的夫人胡安娜·祖尼加（Juana de Zuniga）随即令人准备两艘船只前去打探实情。加利福尼亚地区在1541年之前就已经被发现，那时候被误认为是一个没有植被的干旱半岛，不过17世纪的人们又忘记了这一点。根据我们目前所知的来自瓦斯科·巴尔沃亚、佩德罗·达维拉、埃尔南·科尔特斯的记述，当时的探险家认为南太平洋是印度洋的一部分，他们期待在那里发现盛产黄金、宝石、香料和珍珠的群岛。人类的想象力一旦爆发，就会引发一系列重大行动，无论是成功还是失败，这些行动的果敢程度反过来都会影响到想象力本身，能够再次点燃想象力。西班牙和葡萄牙征服者的时代是一个努力开拓又充满暴力的时代，是一个疯狂探索海陆的时代。这个时代融合了许多特质，虽然当时还完全没有政治自由，但是这些时代的特质推动了一些伟大人物的成长，而且在个别天赋高超的人士心中激发出了一种崇高的精神，此精神发源于人

下　篇　宇宙观历史

类的心灵深处。如果我们认为那些昔日的征服者只是出于对黄金的渴望甚至是出于宗教狂热才踏上了探险的征程，那么我们就想错了，毕竟危险总是能给生活带来更多的诗意。我们在此描述大航海时代对地理学发展带来的影响，这个强悍的时代为一切活动以及人们在远行中见到的自然景象都赋予了一种魔力，而我们当今所处的是一个知识丰富的时代，地理空间已经被深度开发，新鲜的令人惊讶的事物变得开始失去吸引力。但在那时候，并不是地球的一半，而是地球的三分之二还未被探索过，这就犹如月亮背向地球的那一面，因为受到重力法则的作用，永远不会向地球人展露真容。我们的时代拥有更为深入的科学研究，拥有更为丰富深邃的思想，这两个强项代替了昔日宏大壮观的新鲜自然现象在人类内心引发的惊喜，当然这不是针对大众而言，而是针对少数熟悉科研现状的自然科学家而言。人们对各种自然力量悄然无息的运作有了更加深入的理解，这就保证了科学的更新发展。无论是电磁、光的偏振，还是透热材料的作用以及有机物的形态结构，这些都属于一个正在展露自己的奇迹世界，而我们甚至都还没有入门！

桑维奇群岛、巴布亚新几内亚（Papua-Neuguinea）以及澳大利亚的部分土地在16世纪上半叶已被发现。这些地理发现为胡安·卡布里略、比斯卡诺（Sebastián Vizcaíno）、门达尼亚·内拉（Mendaña y Neira）和佩德罗·基罗斯（Pedro Quirós）的探险事业奠定了基础。佩德罗·基罗斯发现了塔希提岛和圣灵岛（Whitsunday Island），它们属于詹姆斯·库克发现的新赫布里底群岛（Neue Hebriden）的一部分。佩德罗·基罗斯出海途中有路易斯·托雷斯（Luís Vaz de Torres）陪伴左右，托雷斯是一位勇敢的航海家，托雷斯海峡就是以他的名字命名的。这时候人们已经不再认为南太平洋是一片荒凉的水域，而是被散落其中的众多岛屿所点缀，但是由于缺乏天文学的方位确定，这些岛屿在地图上的位置总是飘忽不定，就像是没有根基。南太平洋很长时间都是西班牙人和葡萄牙人专属的行动领地。托勒密、印第科普鲁斯特斯和马可波罗都只是模糊地描述了马来群岛，但自从阿尔布克尔克（Afonso de Albuquerque）驻扎在马六甲以及阿布雷乌（António de Abreu）航行于此之后，人们开始对马来群岛有了较为确切的认识。葡萄牙史学者若昂·巴罗斯（João de Barros）在地理发现上建立了特别的功勋，他与麦哲伦和贾梅士同属一个时代，他清楚地认识到南太平洋岛屿独有的自然特征和民族特征，建议把大洋洲的波利尼西亚单看作地球上的第五个地区。直到荷兰在摩鹿加群岛成为统治者以后，澳大利亚才开始脱下神秘的面纱，进入人们的视线，并逐渐被地理学家认识到。荷兰探险家阿贝尔·塔斯曼（Abel Tasman）远航的伟大时代从此开启了。我们在此并不逐一细述每一次的地理发现，我们勾勒的是地理开拓过程中的主要事件。在短暂的一段时间内，人类渴望追求广阔、未知和远方的精神突然觉醒，追随着这种精神，探险家紧锣密鼓地完成了一系列重大发现。至此，地球表面三分之二的面积已被人类开发。

航海大发现对自然科学发展的影响及其普遍意义

人们对自然力量的本质与法则、对热量在地表的分布状况、对浩瀚的有机物及其在地表的分布边界都有了更进一步的认识，与此相应的是，人们此间也见到了更广阔的陆地和海洋。从科学研究的角度来看，中世纪被严重低估，事实上中世纪末期有些学科取得了长足发展，无数的自然现象也都在这一时间尽入眼底，而科学的进步则加快了人们对这些现象的理解，并推动人们在它们之间进行有意义的比较。西欧民族在16世纪中期之前就已经探索过南北美洲位于不同纬度的多个地区，至少是海岸线附近的地带，而此时探险者第一次在美洲的热带地区站稳脚跟。由于当地地表特殊的山脉结构，探险者可以在一片狭小的地域内看到各种反差强烈的植物并感受完全不同的气候类型，所以他们获得的印象尤为深刻，对自然法则的研究也尤为活跃。此处我不禁又要强调热带山区得天独厚的优势，有一句已经多次出现过的名言警句可以证明事实确实如此：上天对热带山区的居民情有独钟。这里可以看到夜空所有的星辰，可以看到几乎全部的植物种属，不过观看并不等同于观察，观察意味着类比，意味着推理。

如果说哥伦布在完全不具备自然知识的情况下，仅仅是因为接触到了壮观的自然景象，就通过多种方式发展出了善于观察的精神品质——这一点我在另一部著作中已经论证过,那么我们绝对不能认为粗暴好战的西班牙和葡萄牙殖民征服者也拥有类似的能力。不可否认,欧洲通过发现美洲从而在自然史和自然科学方面都获得极大的进展,人们了解到了大气层的构造、大气对人类活动的影响、科迪勒拉山脉上的气候分布情况、南北半球不同纬度处永久雪线的高度、火山的排序、地震区的边界、地磁的规律、洋流的方向以及新型动植物种属的分层。但所有这些成果的取得需要感谢的却是另一些从西班牙远道而来的和平人士,正是这些地方官员、宗教人员、医生当中的佼佼者推动了科学的发展。他们长时间居住在中南美洲的城市——有些城市的海拔高度达到了12000英尺,他们悉心观察大自然,检验别人看到的事物是否真实,收集自然物产,对其予以描述,并把它们寄给欧洲的朋友。这里我们要纪念几位杰出人物,他们是历史学家哥马拉(Francisco de Gómara)、史学家兼政治家奥维耶多(Gonzalo de Oviedo)、神学家阿科斯塔(José de Acosta)、博物学家托莱多(Fernando de Toledo)。哥伦布第一次出行美洲时已经带回来了一些自然物产(水果和动物毛皮),女王伊莎贝拉一世从塞哥维亚写信给哥伦布,要求他继续收集当地的物产。女王本人喜欢其他气候区特有的多种鸟类。航海家卡达莫斯托(Alvise Cadamosto)曾为葡萄牙恩里克王子从非洲西海岸收集到了一根黑色的、有一个半掌尺长的大象毛。而距此大约2000年前,迦太基探险家汉诺也曾从这里带回了"鞣制的野女人皮"(大猩猩皮毛),并把它们悬挂在庙堂里,不过至今都很少有人注意到这些内容。西班牙国王腓力二世(Philipp Ⅱ)把御医埃尔南德斯·托莱多派遣到了墨西哥,让他把当地特别的动植物精准描摹出来。在西班牙人到达美洲的50年前,特斯科科(Tetzcoco)城邦的一个国王曾经令人创作了许多以自然景物为题材的精美绘画,埃尔南德斯·托莱多复制了这些绘画,由此丰富了他的作品收藏。他还在墨西哥瓦兹特佩克(Huaxtepec)城一座著名的花园里发现了药用植物,并使用它们医治病人。由于西班牙人在附近新建了一所医院,所以殖民征服者没有毁坏这座花园。西班牙学者几乎在同一时间开始收集与描述发现于墨西哥、新格拉纳达以及秘鲁的高原上的乳齿象遗骨化石,这些发现对后来创建山脉依次隆起的理论起到了重要作用。乳齿象遗骨化石被命名为"巨人之骨",发现遗骨的地方被命名为"巨人之地",这些名称都显示了当时人们对这些化石的初步判断充满了神话色彩。

　　这是一个波澜壮阔的时代,科学有了极大发展,究其原因还有另一个重要因素,那就是很多欧洲人直接接触到了美洲山区和平原上自由广阔又充满异域风情的大自然。探险家达·伽马航海之后,欧洲人也到达了非洲东海岸和印度南部。早在 16 世纪初,葡萄牙医生加西亚·奥尔塔(Garcia de Orta)在葡属印度总督马丁·阿丰索(Martim Afonso de Sousa)的庇护下,在今天的孟买建立了一座植物园,培育当地的药用植物。葡萄牙诗人贾梅士诗情激荡,赋诗盛赞这座花园。至此,欧洲自主观察的科学精神普遍觉醒了。中世纪的宇宙学著作大多不是讲述自己的观察结果,而是单调复述和汇总古典时代的思想。博物学家康拉德·格斯纳(Conrad Gesner)和植物学家切萨尔皮诺(Andreas Cesalpinus)都属于 16 世纪的伟大人物,他们在动物学和植物学领域开辟了一条新路,功勋卓越。

　　为了更加形象地描述航海大发现为物理学和天文航海学带来的早期影响,我将在这部章节的尾声特别渲染几个亮点,我们在描述哥伦布的那一部分就已经看到它们熠熠生辉。最初的光芒虽然还显得微弱,但是值得特别关注,因为这些亮点蕴藏着自然科学的萌芽。此处我略去证据,这些我都在另一篇文章《关于 15、16 世纪新大陆地理知识和航海天文学知识历史发展的批判性调查》中做了详细列举。我并没有把近代物理学的观点特意嫁接到哥伦布的观察上,为了避免嫌疑,我这里例外地把哥伦布信中的一段文字逐字翻译出来,这封信是哥伦布 1498 年 10 月写于海地的。信中说道:

> 每次我从西班牙出发驶向印度,一到亚速尔群岛以西 100 海里处,就发现天体的运动、空气的温度和海洋的特点都会发生非同寻常的变化。我仔细观察了这些变化,发现罗盘偏角的指向有变,之前指针指向东北方向,之后指向西北方向。当我驶过这条线,就像翻过了一座山脊一样,呈现在面前的大海也幡然换了一副样貌。海面上遍布海藻,就像铺满了长着松果的冷杉枝,这让我们以为航船遇到了浅滩,将要搁浅。但是在到达这条线之前,海洋中是没有海藻的。在这里海水也顿时变得平静,几乎没有风吹皱海面。从加那利群岛驶向塞拉利昂所处的纬线高度时,

要忍受极高的气温,一旦越过了上述的那条线(亚速尔群岛以西 100 海里),气候就会发生显著变化,空气变得温和起来,越往前行驶就会越感到凉爽。

哥伦布在他的文章中多次解释过上述文字,这段文字包含了自然地理学的多项内容,他注意到经度变化对磁针偏角的影响,观察到欧亚大陆西海岸和美洲大陆东海岸之间的等温线的曲折变化,确定了大西洋海盆马尾藻海的位置,而且还关注到这片海域与其上的大气层之间的关系。有人在亚速尔群岛附近观察北极星的运动,但是观察结果有误,这些错误说法导致哥伦布在第一次航海时就相信地球的形状是不规则的。哥伦布认为"西半球的厚度比东半球的厚度大,所以航船的位置相对而言更加靠近天空。航船一路西行的途中会到达海上一条特殊的线,此时磁针指向正北。地球厚度的增加导致这里的气温较低。"哥伦布 1493 年 4 月航行归来,在巴塞罗那受到了隆重欢迎。同年的 5 月 4 日,教宗亚历山大六世(Alexander Ⅵ)签署了一项著名的教宗诏书,确定了西班牙和葡萄牙对于世界所有权的永久分界线(殖民扩张分界线),又称"教宗子午线",该线就在亚速尔群岛以西 100 海里处。哥伦布第一次航海归来后就打算立即亲自前往罗马拜访教宗,向他报告"自己发现的一切"。另外,哥伦布的同时代人对"磁偏角零度线"的发现也非常重视。考虑到所有这些,人们大概会认同一个由我首先提出的历史评判——我认为哥伦布在他最受西班牙王室眷顾的时候,促成了一个历史事件,即把物理学意义上的分界线变成了政治意义上的分界线。

美洲的发现以及与之相关的航海活动非常迅速地影响到物理学和天文学领域,如果去关注哥伦布同时代人最早的认知以及当时所进行的大量科学活动,我们就可以深刻地体会到这一影响,其中那些较为重要的科学活动大多发生在 16 世纪上半叶。哥伦布不仅首先发现了磁偏角零度线——这项功绩无可辩驳——而且他还观察到越过该线之后磁偏角西偏的幅度持续加大,从而成为首位推动欧洲科学界研究地磁学的人士。在世界上绝大多数地方,自由运动的罗盘磁针的终端都不是指向正北和正南,尽管以前的指南针还很不完善,但是在地中海以及在 12 世纪磁偏角在 8° 到 10° 之间的所有地方,也还是可以轻易觉察到这一点。阿拉伯人或者是那些在 1096 年到 1270 年间前往

第六章 大航海时代

东方之国的十字军,把中国和印度的指南针传播到了世界各地,他们发现指南针在各地的指向不同,有时指向东北,有时指向西北,他们有可能把这一事实当作早已发现的现象告诉了世人。我们从中国北宋年间的科学著作中得知,当时的人早已知道如何测量磁偏角西偏的度数。哥伦布并不是首先观察到磁偏角存在的人,例如绘图师安德烈埃·比安科(Andrea Bianco)在1436年制作的地图上就已经标示出了磁偏角。哥伦布在1492年9月13日观察到磁偏角零度线并记录"在科尔沃岛以东2.5个经度的位置,磁针的指向发生变化,从东北变成西北",这乃是哥伦布的功绩所在。

磁偏角零度线的发现标志着航海天文学一个值得纪念的时刻。历史学家奥维耶多、教父巴托洛梅·卡萨斯以及编年史作家托德西利亚斯(Antonio Tordesillas)都对此给予盛赞。如果有人跟宇宙学家利维欧·萨努托(Livio Sanuto)一样,认为磁偏角零度线是航海家卡伯特发现的,那么他们是忘记了卡伯特首次远航的时间比哥伦布首次远航晚了五年。卡伯特在几位布里斯托尔商人的赞助下开启了他的第一次海上探险,一行人登上美洲大陆,创造了本次探险的巅峰。哥伦布不仅发现了大西洋上磁子午线和地理子午线相互重合的地点,而且还意义深远地指出:磁偏角可以协助确定航船所处地点的经度。在哥伦布第二次远航的游记中,我们注意到哥伦布已经开始利用磁偏角来确定方位。不过这种经度测量法面临很多困难,尤其是在磁偏角显著弯曲的地带——这些地方的磁偏角已经不再沿经线方向延伸,而是在很大范围内沿着纬线方向延伸,当然那个时候还没有人认识到这些问题。人们谨慎地寻找地磁的测量法和天文学的测量法,为的是在海上和陆上确定教宗子午线穿过的那些点的位置。但是在1493年,对于这样一个高难度的任务,当时的科学发展状况以及海上使用的所有测量时间和空间的仪器都无法胜任。心无忌惮的教宗亚历山大六世就在这种情况下,把地球的一半疆域分给了两个海上强权国家,同时也借此为航海天文学和地磁物理学的发展建立了重要功勋,不过他自己并没有意识到这一点。从那一刻起,各种各样的科研建议向海上霸权国蜂拥而来,可惜都无法完成。英国翻译家理查德·伊登(Richard Eden)——也是卡伯特的朋友——讲述道,卡伯特在晚年弥留之际还回顾了自己的光辉时刻:"上帝让我灵光一现,找到了测量经度的准确方法。"磁偏角随着经线变化，此变化规律且迅速，卡伯特笃信磁偏角与经线之间的关系，这就是那道来自上帝的灵光。宇宙学家圣克鲁斯（Alonso de Santa Cruz），查理五世（Charles V）的老师之一，1530年就设计起草了第一张标注磁偏角的地图，这比爱德蒙·哈雷（Edmond Halley）早了一个半世纪，当然克鲁兹的观察还很不完整。

人们一般认为是法国科学家皮埃尔·伽桑狄（Pierre Gassendi）首先掌握了地球磁力线的运动规律，即使是英国物理学家威廉·吉尔伯特（William Gilbert）也并不了解其中的奥秘。西班牙学者阿科斯塔早前从葡萄牙水手那里听说过磁偏角的变化，认为地球上总共有四条磁偏角零度线。1576年英国航海家和地理学家罗伯特·诺曼（Robert Norman）发明了倾角罗盘，威廉·吉尔伯特立即自豪地表示，他可以在漆黑的、没有星辰的夜晚使用倾角罗盘确定航船的所在位置。我从美洲返回欧洲之后，随即展示了如何在特定的地理条件下——例如在秘鲁海岸大雾弥漫的季节，利用倾角计算出满足航海需求的航船所在地的精确纬度，这是我通过自己在南太平洋的观察得出的经验。此处我们记录了人类观察一个重要自然现象的具体历程，讲述这些细节是为了展现一个事实：除了计算磁力强度和倾角每小时的变化以外，人们在16世纪就已经涉及当今物理学家还在研究的所有问题。1508年印制的罗马版托勒密《地理学指南》一书中加入了美洲版图，这个美洲版图绘制得有些怪异：格陵兰岛北部的一座孤山被标注成磁极，格陵兰岛当时被视为亚洲的一部分。马丁·科蒂斯（Martin Cortez）在《地理概要》（1545）、利维欧·萨努托在《托勒密地理学》（1588）中把磁极的位置定在较之偏南的地方。利维奥·萨努托的观点滋养了一种流传到近代的迷信说法，认为"人一旦亲自到达磁极，就会经历一种奇异的现象"。

15世纪末16世纪初的时候，人们在热量传导和气象学领域就已经开始关注一系列自然现象：例如人们注意到西半球气温较低（由等温线曲度可见），注意到弗朗西斯·培根（Francis Bacon）概括的风向理论，还发现森林毁坏造成了空气湿度下降、雨量减少的现象，观察到气温随着海拔高度上升而下降，并且领悟到永久雪线下限的意义。意大利人文主义者德安吉拉在1510年认识到，雪线的高度取决于所在地的地理纬度。探险家阿隆索·奥

第六章 大航海时代

赫达（Alonso de Ojeda）和亚美利哥·韦斯普奇1500年就看见过哥伦比亚圣玛尔塔（Santa Marta）的雪山。航海家巴斯蒂达斯（Rodrigo Bastidas）和胡安·科萨1501年开始在附近探索圣玛尔塔雪山，但是直到地理学家胡安·韦斯普奇（Juan Vespucci）向他的支持者及友人德安吉拉讲述了探险家科尔米纳雷斯（Rodrigo de Colmenares）的航海见闻之后，安的列斯海岸高山上可见的热带积雪区域才获得了重要的地理学意义。人们开始把雪线下限的高度与热量递减的一般规律以及不同气候带的差异性联系起来。希罗多德在他关于尼罗河上涨规律的研究中完全否认北回归线以南存在雪山。亚历山大东征虽然把希腊人带到了遥远的兴都库什雪山附近，但是兴都库什山脉坐落在北纬34°到36°之间。据我所知，在发现美洲之前以及1500年以前，唯一一处提到"热带雪山"的历史文献是红海岸边阿杜利斯古城（Adulis）的著名碑文，但是物理学家极少注意到这一点。历史学家巴特霍尔德·尼布尔（Barthold Niebuhr）认为此碑文的出现时间晚于尤巴二世（Juba II）和奥古斯都大帝。人们认识到雪线下限的高度取决于该地到极地的距离，首次了解到热量在垂直方向随高度递减的规律，而这就导致了从赤道到极地的大气上层几乎同样寒冷。这些知识标志着人类自然科学史上一个重要的时刻。

自然的范围突然扩大以后，人们于偶然中观察到了各种各样的现象，这些观察原本并不具备科学性，但是却大力推动了自然科学的发展。不过我们此处描述的这个时代却因为一些不利的特殊情况，错过了另外一种发展，即错过了纯理性科学的发展。15世纪最伟大的物理学家是达·芬奇（Leonardo da Vinci），他精通数学，通晓自然，成就令人惊叹，并且擅长把自己对自然的透彻洞察与数学知识结合起来。他与哥伦布是同时代人，比哥伦布晚三年去世。他虽然是举世闻名的艺术家，但是对气象学、水力学和光学都有很深入的研究。达·芬奇在世时通过自己创作的绘画作品以及鼓舞人心的演讲给世界带来了影响，而不是通过文字来影响世界。倘若达·芬奇对物理学的见解没有被掩埋于他的草稿中，那么人们在新大陆观察到的种种现象，就会在伽利略（Galileo Galile）、帕斯卡（Blaise Pascal）、惠更斯出现的伟大时代到来之前，在很多领域得到科学的研究与解析。与弗朗西斯·培根一样，达·芬奇认为归纳法是研究自然科学唯一确切的方法，而且整整早于他一个世纪提出。

大航海时期虽然缺乏测量工具，但是航海家在那些关于首次探索美洲大陆的文章里也经常提到热带山区的气候状况。他们知道，由于受到热量分布的影响，当地的气候特征表现为极端干燥的大气和频繁的闪电。同样的，航海家也很早就对遍布大西洋的洋流的方向和速度做出了准确判断，这些洋流就像海面上宽窄不一的河流。哥伦布最先关注到南北回归线之间的赤道暖流，他在第三次远航时非常确定地对此做出描述："海水从东向西流动，就像天体运动。"某些海藻的摆动方向也佐证了哥伦布的这一判断。哥伦布曾经在瓜达卢普岛土著那里看到了一个轻巧的铁皮平底锅，他由此推测，这口锅有可能产于欧洲，来自一艘沉船的废墟，是赤道暖流把它从伊比利亚半岛沿岸带到了美洲。哥伦布发现大小安的列斯群岛的形状都有一个特点，即海岸的轮廓走向与纬度走向一致，于是展开遐想，认为这是南北回归线之间的海水长期以来由东向西流动造成的结果。

哥伦布在第四次也是最后一次远航美洲时发现，从洪都拉斯格拉西亚斯-阿迪奥斯（Gracias a Dios）的山到巴拿马奇里基湖（Laguna de Chiriqui）的这段海岸线是由北向南延伸的，他认为这是强劲的洋流带来的影响。洋流流向北方或西北方，由东向西而来的赤道暖流不断冲击着大坝一般的海岸山脉。哥伦布去世之后，德安吉拉继续关注洋流问题，他领悟到大西洋水流偏转的前因后果，认识到墨西哥湾存在水流漩涡，而且知道漩涡带动之下的水流一直延伸到纽芬兰岛和圣劳伦斯河（Saint Lawrence River）入海口。我在另一处详细描述过探险家胡安·德莱昂（Juan Ponce de León）1512年的远航，这次远航对于进一步确立大西洋洋流理论起到了重要作用。此外我也提到，航海家汉弗莱·吉尔伯特（Humphrey Gilbert）在1567年至1576年间写的文章中阐述过大西洋从好望角到纽芬兰岛这一段的水流运动，其观点与詹姆斯·伦内尔（James Rennell）的观点几乎完全一致。詹姆斯·伦内尔是一位杰出的地理学家、历史学家和海洋学先驱，也是我的友人，早年已经去世。

随着洋流知识的进一步深化，人们也了解到了大西洋上一片长满了马尾藻的广阔海域，被称作"大洋中的绿草地"，地球上没有任何其他海域有着

第六章 大航海时代

如此面积广阔的马尾藻。这种群生植物密集铺陈在水面上，形成了浩瀚之势，其面积几乎是法国领土的七倍。大马尾藻海位于北纬19°到34°之间，它的主轴大约在科尔沃岛以西7个经度的位置。而小马尾藻海则在百慕大与巴哈马岛之间。风力和局部的洋流都会对大西洋马尾藻海域的位置和规模产生影响，所以它们的情况每年都有所不同。我们要感谢哥伦布，是他首先对马尾藻海进行了细致的描述。

这是一个地理大发现的重要时代，不为前人所知的西半球突然呈现在人类面前，地理空间的扩展同时也扩展了人们对宇宙的认识，更确切地说，是扩展了人类可见天穹的范围。按照西班牙诗人加尔西拉索·维加挽歌式的优美表达，当一个人行走在遥远的国度，那么"他脚下的土地和头顶的星空都会随之而变化"。水手们和远足者来到非洲赤道处的东西两岸，来到美洲大陆的南端，仰望天空时，他们看到了南天星空上的璀璨星阵。和希拉姆一世、托勒密王朝时代相比，和罗马帝国时代相比，和阿拉伯人在红海、在曼德海峡与印度半岛西岸之间的印度洋从事贸易的时代相比，地理大发现时代的人们看到南天星空的机会更多，观察星空的时间也更长。航海家韦斯普奇、探险家文森特·平松（Vicente Pinzón）①和安东尼奥·皮加费塔——他分别与麦哲伦和胡安·埃尔卡诺一起远航，都在16世纪初率先生动描绘了南半球的星空（半人马座脚部和南船座以外），就像意大利水手安德雷亚·考萨利（Andrea Corsali）前往印度科钦时描绘了当地的星空一样。韦斯普奇具有文学素养，比其他人更善言辞，他不无优雅地盛赞了南天的星光、美妙的星阵以及环绕南极的陌生群星，而南极的上空则是星辰稀疏寂寥。韦斯普奇在给意大利贵族皮埃尔弗朗西斯科·美第奇（Pierfrancesco de'Medic）的信中写道，他在第三次远航时仔细研究了南天星座的位置，测量了其中主要星座与北极星的距离，并且画下了南天的星空图。可惜那些测量结果均已失传。闻其如是所言，听者心痛不已。

根据我的研究，德安吉拉在1510年首次描述了神秘黯淡的煤袋星云。不过那些陪同文森特·平松远航的水手们在1499年就注意到了煤袋星云，此次

---

① 文森特·平松与前文提及的马丁·平松是兄弟，他们都是西班牙著名的航海家和探险家。——译者注

远航是从西班牙的帕洛斯—德拉弗龙特拉港口出发,前往巴西的圣阿古斯丁角,他们在途中发现了煤袋星云。韦斯普奇看到的老人星很有可能也是煤袋星云中的一颗。神学家阿科斯塔把黯淡的煤袋星云类比为月亮表面黑暗的部分(在半月食期间),认为出现煤袋星云是因为天空该区域缺乏星辰。天文学家斯蒂芬·里戈(Stephen Peter Rigaud)在《关于托马斯·哈里奥特的天文学论文》中讲到,著名的天文学家托马斯·哈里奥特(Thomas Harriot)把煤袋星云当成太阳黑子存在的首要表现。但是阿科斯塔曾经确定地表示,煤袋星云可以在秘鲁看到,而在欧洲是观察不到的,它像其他星辰一样围绕南极上空运动。后世以为是探险家安东尼奥·皮加费塔发现了大小麦哲伦星系,这是有误的。我认为德安吉拉基于葡萄牙水手的观察,在麦哲伦世界航海结束的 8 年前就已经提到了大小麦哲伦星系,他把其柔和的光芒比作银河的澄莹流光。大麦哲伦星系看来也没有逃过阿拉伯人敏锐的眼睛,它极有可能就是阿拉伯人所说的"白色公牛",也就是阿拉伯南部夜空中可见的一块"白斑"。波斯天文学家阿卜杜勒-拉赫曼·苏菲(Abd ar-Rahman as-Sufi)曾表示,在巴格达和阿拉伯北部的夜空看不到这个白斑,但是在红海东岸的帖哈麦平原(Tihama)和曼德海峡所在的纬度地区可以看到它。希腊人和罗马人在托勒密王朝时期以及之后也走过这条路线,但是他们没有发现大麦哲伦星系,至少流传至今的文字中没有记载过这个星云。托勒密王朝时期,在北纬 11° 到 12° 之间的区域,大麦哲伦星系处在地平线以上 3° 的位置;在公元 1000 年阿卜杜勒-拉赫曼·苏菲的时代,它处于地平线以上 4° 多的位置。现在亚丁附近看到的大麦哲伦星系中央的子午圈高度是 5°。如果说水手们通常只是在靠近赤道的南方甚至是在赤道以南才可以清楚看见大小麦哲伦星系,那么其原因大概在于大气的特质以及地平线上反射白光的雾气。而阿拉伯南部内陆天空蔚蓝澄澈,空气干燥度高,有助于观察到大小麦哲伦星系。在南北回归线之间以及南方有时可以在白天看到彗尾于长天一划而过,这也是出于同样的原因。

把南极周边上空的星辰排列成新的星座,是 17 世纪发生的事情。荷兰水手希欧多尔(Perus Theodori)和豪特曼(Frederick de Houtman)使用不完善的仪器观察了南天星空,他们的观察结果被标注在制图家约道库斯·洪第乌斯（Jodocus Hondius）、威廉·布劳（Wilhelm Janszoon Blaeu）和约翰·拜耳（Johann Bayer）绘制的星图上。豪特曼在1596年至1599年期间被万丹（Banten）和亚齐（Aceh）的国王囚禁在爪哇岛和苏门答腊岛。

　　南纬50°到南纬80°之间的天空上，布满了各种聚集一处的星云和星群。这里的星空亮度分布不均，有些区域明亮，有些区域黯淡，这就赋予了夜空一种独特的风貌，把夜空变成了风景。一等星和二等星汇集一片，流光溢彩，与其他荒芜黯淡的、没有星辰出现的区域泾渭分明。天穹明暗相应，散发出神秘的魅力：银河在夜空中铺陈延展，很多区域熠熠闪光，格外明亮；圆形的大小麦哲伦星系独立悬挂在天幕，缓缓旋转；煤袋星云中较大的部分临近一个美丽的星座。所有这些景象都使天空上的画面变得富于变化。它们牢牢吸引了那些善感的观察者的目光，令其注意到南天天穹最边缘的几个区域。出于一种特殊的宗教原因，很多航行于热带和南部海洋的基督徒水手以及驻扎在印度和美洲的基督教传教士都高度关注其中的一个区域，即南十字座。构成南十字座的这四颗主星，在《天文学大成》一书中，也就是在罗马皇帝哈德良和安敦宁·毕尤（Antoninus Pius）的时代，被看作是半人马座的后蹄。南十字座的十字形状非常明显，而且还很独立，就像大熊座、小熊座、天蝎座、仙后座、天鹰座、海豚座中主星的情况一样。这四颗星没有在更早的时候被人们从显赫的半人马座中分离出来，简直就是一个奇迹。而波斯宇宙学家匝加利·亚-卡兹维尼（Zakariyya'al-Qazwini）和穆罕默德派的一些天文学家在海豚座和天龙座中费力拼出了十字形状，就更是一个奇迹了。亚历山大学派的学者把老人星杜撰成托勒密列出的星座，奥古斯都大帝曾经指定过一个"恺撒皇冠"的星座，至于亚历山大学派的天文学家是否是出于歌颂奥古斯都大帝的奉承之心，把今天的南十字座列入"在意大利永远无法看到的恺撒皇冠"，我们就不得而知了。在托勒密的时代，如果在亚历山大港观察南十字座基底的那颗美丽星辰，会发现它的中天高度为6°10′，而它目前的中天高度则是在地平线之下几度。如果现在（1847年）想要看到这颗十字架二达到中天高度6°10′，那么考虑到光线折射的作用，就要到亚历山大港以南10个纬度的位置，也就是北纬21°43′。4世纪的修道院修士大概还看到过中天高度为10°的南十字座。然而我对十字座这一名称来自修士的说法感到怀疑，

下 篇　宇宙观历史

因为诗人但丁在《神曲》中写过这样一段著名的诗行："我回身右转，看向南极，四颗以前从未见过的美丽星辰映入眼帘。"当韦斯普奇在第三次远航途中看到南半球群星闪烁的夜空时，顿时想起了但丁的这句诗行，他自豪地宣称："这四颗只有亚当夏娃才见过的星辰，我终于亲眼看到了。"不过那时候他并不知道南十字座这个名称。韦斯普奇只是简单描述说四颗星构成了一个偏菱形，要知道这是在 1501 年。达·伽马和麦哲伦相继在海上开辟了新路径，水手们沿着这些路线途经好望角和南太平洋到达更远的地带，这样的远航越频繁，前往新发现的美洲热带地区的基督教传教士越多，南十字座的名声就越大。我在研究中发现，是意大利水手安德雷亚·考萨利首先（1517 年）把它比喻为神奇的十字架，认为"它比全天所有的星座都壮丽"，后来（1520 年）安东尼奥·皮加费塔也称其为十字架。安德雷亚·考萨利是一位博览群书的人，他盛赞诗人但丁具有先知般的精神，就好像但丁只是拥有惊人的创造力，而没有博学的知识；就好像但丁没有看见过阿拉伯人的星图，没有跟周游东方之国的比萨旅行家来往过。实际上并非如此，但丁是一位学识渊博的诗人。在美洲热带地区的西班牙属地，第一批移民者喜欢把南十字座当作一个确定夜间时间的钟表来使用，现在也仍然如此，因为南十字座在不同时间呈现出不同的或是垂直的角度。神学家阿科斯塔在他的《西印度自然和精神的历史》一书中就谈到过这一点。

由于分点岁差的影响，地球上每一个位置看到的星空景象都有所不同。古老的人类族群曾经在高纬度的北方看到过壮丽的南天星座升起，它们在很长一段时间内都是无法被看到的，直到数千年之后才会再次出现。在哥伦布时代，就西班牙托莱多（39°54′）而言，老人星就已经位于地平线以下 1°20′ 了，而以加的斯为例，老人星目前还在地平线以上 1°多。对于柏林和北方地区而言，南十字座的星辰以及南门二和马腹一都会渐行渐远，而大小麦哲伦星系则向我们渐渐靠近。老人星在过去一千年中达到了它最北的极限，现在正在南行，不过因为它接近黄道南极，所以运行得格外缓慢。在北纬 52°30′ 地区，南十字座从公元前 2900 年起无法被观察到，根据天文学家约翰·加勒（Johann Galle）的计算，该星座之前的中天高度有可能在 10°以上。当南十字座消失在波罗的海之国地平线以下的时候，胡夫金字塔已经矗立在

第六章 大航海时代

埃及 500 年之久了。胡夫金字塔建成 700 年后,喜克索斯人入侵埃及。如果我们把史前历史的跨度与大事件联系起来,就会觉得史前历史似乎近了那么一些。

天文学知识至此与其说是精确的科学,不如说更多是遐思。在天文学取得进展的同时,我们也要在此讲述航海天文学的发展,它主要表现为确定航船所处地点经纬度的方法得到了完善。历史上推动航海业发展的因素包括:指南针的发明与使用,对磁偏转现象的深入研究,利用测程板、计时器以及地月距离测量航船速度,不断完善航船构造,使用其他力量代替风力,尤其是巧妙运用天文学知识计算航程的方法。所有这些因素都可以看作是开发地球空间、加强世界交流、研究天文现象的重要手段。我们以此为立足点,重新回望航海业的发展。13 世纪中期加泰罗尼亚的水手就开始普遍使用航海仪器,在马略卡岛上也有使用,通过计算星辰的高度来确定时间。西班牙作家拉蒙·柳利在《导航的艺术》中描述过的星盘比马丁·倍海姆设计的星盘几乎早了二百年。葡萄牙人深刻认识到天文学方法的重要性,所以在 1484 年任命马丁·倍海姆为"数学委员会"的主席,该委员会负责计算太阳的角度,并教授水手"根据太阳高度确定航向"的技术。当时的人们就已经懂得严格区分两种不同的确定航向的方法,一种是根据太阳高度,一种是根据经度。

人们迫切希望找到教宗颁布的西班牙属地与葡萄牙属地分界线的位置,从而能够在新发现的巴西以及南部的西印度群岛同样确立这两个海上霸权国属地的法定界限,这种紧迫需求推动人们加快步伐寻找测量经度的方法。人们注意到喜帕恰斯通过月食来测量经度的古老方法不完善,因而很少使用此法。德国天文学家约翰尼斯·维尔纳(Johann Werner)1514 年就推荐利用地月距离确定经度,很快法国数学家奥文斯·菲内(Orontius Finäus)与荷兰探险家赫马·弗里修斯(Gemma Frisius)也推荐了这种方法。遗憾的是,人们在很长一段时间内并不能顺利使用这个方法,直到牛顿 1700 年发明了六分仪,气象学家乔治·哈德里(George Hadley)1731 年在海员中推广此法之后,情况才有了改变。在牛顿之前,天文学家阿皮亚努斯(Petrus Apianus)和制造师克鲁兹都曾试图制造过多种测量经度的仪器,但均以失败告终。

阿拉伯天文学家取得的成就从西班牙开始向外传播,它们也影响了航海

下 篇　宇宙观历史

天文学的进步。很多人尝试过用多种方法测量经度，但都未成功。不过人们没有把失败归咎为观测数据不准确，而是更多把责任推卸到雷吉奥蒙塔努斯天文星历表的印刷错误上。葡萄牙人甚至怀疑西班牙人给出的天文数据，认为西班牙人有可能出于政治目的故意篡改星历表。航海天文学至少从理论上提供了测量经度的辅助方法，而此刻探索这些方法的意愿突然像野火一般觉醒，哥伦布、韦斯普奇、安东尼奥·皮加费塔以及德·圣马丁（Andres de San Martin）的航海游记都强烈表达了这样的愿望。德·圣马丁是麦哲伦航海舰队的领航者，他掌握了宇宙学家鲁伊·法莱罗（Ruy Falero）测量经度的方法。过往的天文学家至此已经研究过行星的位置、掩星现象、月球与木星的高度差以及月球的赤纬变化，取得了大小不一的成果。哥伦布1493年1月13日夜间在海地观察到了天体合相，他写的观察记录都留存于世。当时人们普遍感觉到远航时有必要专门带上一位博学的天文学家，女王伊莎贝拉一世在1493年9月5日写给哥伦布的信中表示：尽管哥伦布通过他的航海事业证明他比任何人都知道得更多，但还是建议哥伦布带上天文学家安东尼奥·马切纳（Antonio de Marchena）。因为马切纳通晓天象，性格顺从。哥伦布在他的《第四次远航纪行》中写道："只有天文学家做出的里程计算是可靠的。如果能理解它，就应该感到满足。里程计算就像是预言中的一幅图景。那些没有天文知识的领航员如果连续数日看不到海岸的话，就不知道自己身在何处，他们就会找不到我已经发现的地方。航海必需的装备是：指南针和天文学家的知识与技能。"

我在此之所以描述这些典型细节，一方面是因为它们可以更加形象地体现航海天文学是如何在这一历史时期取得了最初的进展的，航海天文学是保障航海事业的强大工具，借由航海天文学带来的保障，人们可以较为便捷地前往世界各地；另一方面这些细节也向我们展示了一个史实，即人们很早就意识到有可能通过一些特定的方法来取得天文学的进步，但这些方法都是在钟表、测角仪器、太阳和月亮位置图得到了进一步完善之后，才得以广泛使用的。这与人类精神发展的普遍规律是一致的。如果说每一个世纪都有各自的特点，都体现了当时人类精神的某些特质，那么随着人类的知识范畴和观察对象出其不意地大幅扩展，哥伦布和航海大发现的时代也为后来的几个世

第六章 大航海时代

纪注入了新鲜活力,将人类世界带入一个更高的境界。重要的发现都有一个特点,那就是它们不仅扩大了人们业已掌握的领域,而且同时也扩大了还有待征服的未知领域。在每一个时代,思想狭隘的人士都认为人类此时已经到达了精神发展的顶点;不过他们忘记了科学发展的真相——依照人类进步的速度,随着人们洞悉到各种自然现象内在的关联,有待征服的未知领域会越来越广阔。这一未知领域就铺陈在研究者面前,永无止境地后退,也永无止境地向着未知延伸。

这是一个伟大的时代,是一个成就了重大事件的时代——发现美洲并首次在美洲建立殖民地、途经好望角远航至东印度、麦哲伦首次航海环游,都于此时完成。而所有这些在探索地理空间上取得的成就又恰好与最高的艺术成就、精神自由、宗教自由以及地理学和天文学的突飞猛进相逢于同一个时代,人类历史上何尝能够找到一个可以与此相提并论的时代?地理大发现的时代之所以被称为伟大,有一部分原因在于它距离我们现在很遥远,因此可以免受当今不如意的世界现实的干扰,而可以神采奕奕地出现在历史的记忆中。和世间所有事物一样,幸运的光芒总是与深沉的苦楚相互渗透。宇宙学知识的确取得了长足的进展,但这是那些所谓的"文明的征服者"在地球上推行暴力与残酷行径作为代价而换来的。人类的发展史并不是连贯的,根据教条的信念来判断什么是人类发展史中的幸,什么是人类发展史中的不幸,本身就是一个非理性的妄念。有些历史事件经过了长时间酝酿,只是有一部分在某一个世纪全面显现,而我们就把这些事件归于这个世纪,对于这样的历史事件我们不应该予以评判。

斯堪的纳维亚人首次发现了美国的中部与南部,几乎在同一时间,神秘的曼科·卡帕克(Manco Capac)出现在了秘鲁高原,曼科·卡帕克的出现比阿兹特克人来到墨西哥谷地要早200年。后来阿兹特克人在1325年建立了首都特诺奇提特兰城。倘若斯堪的纳维亚人当年在北美中南部建立的定居点有长远影响的话,那么这些殖民地将会受到一个强大的且政治势力统一的宗主国的保护,那么后来侵入此地的日耳曼人将会在某些地方发现很多四处迁徙的狩猎民族。当然这只是假设,实际上西班牙入侵者在这些地方看到的是定居的美洲农耕者。

下　篇　宇宙观历史

　　欧洲人在 15 世纪末 16 世纪初开始征服美洲，这也是欧洲各国在政治和文化方面发生了很多巧合的重大事件的时期。当新西班牙总督埃尔南·科尔特斯（Hernán Cortés）在奥通巴战役之后撤回墨西哥并准备对其进行围攻的时候，马丁·路德（Martin Luther）在维滕贝格（Wittenberg）烧毁了教宗诏书并发起宗教改革。宗教改革预兆着精神自由，预兆着人们将在未曾探索过的道路上取得重大进展。而在这之前，古典的希腊艺术雕像仿佛从坟墓中崛起一般，重获新生，拉奥孔群雕、观景殿的阿波罗、美第奇（Medici）的维纳斯等雕像纷纷登场。米开朗琪罗（Michelangelo）、达·芬奇、提香·韦切利奥、拉斐尔在意大利争奇斗艳；小汉斯·霍尔拜因（Hans Holbein der Jüngere）、丢勒（Albrecht Dürer）在德国各展芬芳。哥白尼在哥伦布逝世的那一年发现了宇宙秩序，虽然彼时还尚未对外宣布，这一年距离哥伦布发现美洲仅有 14 年之久。

　　美洲的发现以及在美洲建立的首批殖民地在历史上有着非凡的重要性，它们除了影响到我们在本书中着重描述的科学层面以外，也影响到了许多其他领域，主要表现在文化和道德方面。人类的思想视野突然间有了大幅扩展，整个社会的状况也随之得到改善。

　　我们将在此处着墨，缅怀这些历史成果：自从发现美洲的伟大时刻以来，我们的社会在精神层面和情感层面都表现出一种新的更为活跃的状态，公民社会的各个阶级都感受到心中涌起了各种勇敢的探索欲，那些曾经失落的希望又重新燃起火花；西半球原本居民稀少，尤其是与欧洲隔海相望的那一边，这是建立殖民地的良好条件，人们在此居住，开拓土地，把属地转变为独立的国家，可以毫不受限地选择自己的自由政府；宗教改革是政治巨变的前奏，宗教改革最终必定要在一片能够融汇所有宗教信仰和各种神学观念的特定之地上，完成其发展的各个阶段。在这一连串影响重大的历史事件中，哥伦布的果敢就是第一节链条。美洲没有被冠以哥伦布的名字，并不是出于欺骗和阴谋，而是出于偶然因素。美洲新大陆在经历了半个世纪的与欧洲的贸易往来和不断完善的航海技术之后，与欧洲越走越近，并对欧洲各民族的政治机构、思想及倾向都产生了重要影响。欧洲坐落在大西洋东岸，与美洲隔海相望，而隔开两大洲的大西洋似乎也变得越来越窄。

第七章

太空大发现与天文、数学的辉煌时代

· *Zeit der großen Entdeckungen in den Himmelsräumen.*
Hauptepoche der Sternkunde und Mathematik ·

　　地理大发现时代之后，紧接着到来的就是探索太空的时代，由于望远镜的发明，人类可以窥探的太空领域显著扩大了。望远镜是一种崭新的工具，具有穿透太空的力量，它的使用引发了思想新世界的诞生。天文学和数学的辉煌时代由此拉开序幕，一系列具有深刻思想的数学家应运而生……这些数学思想产生于人类精神自身的内在力量，而不是来自外界事件的影响。此时人们认识到了物体自由落体定律和行星运动定律，并开始着手研究气压、光的传播与折射以及偏振现象，而且还创造了以数学为基础的建立在坚实根基上的自然科学。微积分学的发明标志着此前时代的结束，人类的智慧因此得以提升，从而在接下来的150年里有了顺利解决一系列问题的底气。

第七章　太空大发现与天文、数学的辉煌时代

哥白尼的日心说

我们在这部著作中——细数了在宇宙学方面有着卓越发展的特别时期，上一章中讲到了地理大发现时代，居住在地球一面的欧洲文化民族在此期间认识到了地球的另一面。地理大发现时代之后，紧接着到来的就是探索太空的时代，由于望远镜的发明，人类可以窥探的太空领域显著扩大了。望远镜是一种崭新的工具，具有穿透太空的力量，它的使用引发了思想新世界的诞生。天文学和数学的辉煌时代由此拉开序幕，一系列具有深刻思想的数学家应运而生，其中欧拉的地位尤为突出，他给世界带来了众多巨大的变革。欧拉出生于1707年，而数学家雅各布·伯努利（Jacob Bernoulli）逝世于1705年，两个事件的衔接颇为紧密。

这里只需扼要点出几个概念，读者就能联想到17世纪人类精神在发展数学思想上取得的重大进步，这些数学思想产生于人类精神自身的内在力量，而不是来自外界事件的影响。此时人们认识到了物体自由落体定律和行星运动定律，并开始着手研究气压、光的传播与折射以及偏振现象，而且还创造了以数学为基础的建立在坚实根基上的自然科学。微积分学的发明标志着此前时代的结束，人类的智慧因此得以提升，从而在接下来的150年里有了顺利解决一系列问题的底气。例如天体的摄动、光线的偏振和干涉现象、热传播、电磁流、振动中的弦和平面、毛细现象以及许多其他自然现象都呈现出各种各样的疑难之处。

人类在思想世界耕耘不断，其劳动成果亦是相互支持，彼此成就。之前的思想萌芽并没有被扼杀，而与此同时，有待研究的素材越来越多，研究方法越来越严格，工具也越来越完善。我们将在这里集中讲述17世纪发生的历史事件，这是开普勒、伽利略、弗朗西斯·培根的时代，是第谷、笛卡儿、惠更斯的时代，是费马（Pierre de Fermat）、牛顿（Isaac Newton）和莱布尼

◀ 这幅大型壁画展现了第谷建于1582年的出色的天文观测仪器。

兹（Gottfried Wilhelm Leibniz）的时代。这些伟人的成就广为人知，我只需寥寥几笔就能点明是什么让他们在宇宙科学发展史中如此熠熠生辉。

我们之前就已经讲过，望远镜的发明赋予了人类的视觉感官——眼睛——无法估量的威力，而人类还远远没有抵达望远镜威力的极限。望远镜刚刚诞生时不过是一个32倍的放大镜而已，但即使是这样一个低倍望远镜也能窥望星辰，窥望人类至此还从未领略过的太空深处。我们本章讲述的这个时代取得了三种特别成就，即获得了关于太阳系许多天体的确切知识、认识到太阳系天体在轨道运行的永恒法则、对于真正的宇宙结构有了进一步的深刻认知。这个时代的成就同样深刻塑造了"宇宙图景"的主要轮廓：人类以往对地球进行了全面探索，现在对太空有了新的认知——至少可以理解太阳系行星的运行和排列，有关地球和太空的知识由此合并为一幅更为广阔的宇宙画卷。我们遵循追求普遍性结论的原则，因而在此只讲述17世纪天文学研究最重要的成就，同时也会讲明其深远影响。天文学的发展给数学带来了极大启发，许多重大的出乎意料的数学发明应运而生，而且天文学也引发人类对宇宙有了更为全面、更为宏观的理解。

上一章讲到过，哥伦布、达·伽马、麦哲伦的大航海时代恰逢一个历史大变革的时代，其间发生了一系列重大事件，宗教自由思想于此觉醒，高尚的艺术精神迅速发展，哥白尼（Nicolaus Copernicus）的宇宙体系日心说问世。哥伦布发现美洲的时候，哥白尼21岁，他正在波兰的克拉科夫与天文学家布鲁采夫斯基（Albert Brudzewski）一起观察天象。哥白尼在帕多瓦、博洛尼亚、罗马度过6年之后，于1507年又回到克拉科夫，这时距离哥伦布去世不到一年，他的研究彻底颠覆了当时占权威地位的地心说。在舅父瓦尔米亚主教瓦岑罗德（Lucas Watzenrode）的庇护下，哥白尼安心留在克拉科夫工作直至去世，他花费了33年时间在此完成了《天体运行论》。该书在付印之后，人们把第一本印刷本送到哥白尼的住处，但当时他已经身体瘫痪，精神恍惚，死神已悄然而至。哥白尼看到了这本书，伸手触摸到了它，不过他的意识已经不在尘世。法国科学家皮埃尔·伽桑狄在《哥白尼的一生》中写道，哥白尼在看到《天体运行论》印刷本几个小时之后就去世了。事实上哥白尼是在数天之后，即在1543年5月24日逝世的。哥白尼天体运行理论的

第七章 太空大发现与天文、数学的辉煌时代

一些重要内容在他去世前两年就已经为人所知，雷蒂库斯（Georg Joachim Rheticus）是哥白尼最激进的学生和拥护者之一，他在写给纽伦堡教授约翰·舍纳（Johann Schoner）的信中讲述了哥白尼的重要观点。该信被印刷，从而广为流传。

日心说建立了以太阳为中心天体的全新宇宙体系。在该理论首次发表后的50多年间，人们在探索太空领域有了极为重大的发现，它们代表了人类在17世纪初取得的辉煌成就。不过这些重大发现并不是由哥白尼天体理论导致的，而是一个偶然的发明所致，也就是望远镜的发明。这些天文发现完善并扩展了哥白尼的理论，哥白尼的基本理论得到了物理天文学观测结果的证实与补充，为理论天文学的发展铺设了道路，这些道路必然会通向确定的目的地，必然会激发人类开拓智慧来处理那些必须依靠完善的理性分析才能解决的问题。就像天文学家波伊巴赫（Georg Peurbach）、雷吉奥蒙塔努斯对哥白尼和他的学生雷蒂库斯、赖因霍尔德（Erasmus Reinhold）、迈克尔·马斯特林（Michael Maestlin）起到了积极影响一样，这些天文学家也在不同的时期对开普勒、伽利略和牛顿的研究产生了推动作用。这是16世纪和17世纪在思想精神方面的内在联系，如果不提及16世纪天文学发展的成就，我们就无法描述17世纪天文学的重大突破。

有一种错误的而且在近代还广为流行的看法认为，哥白尼由于惧怕教会，担心遭受神父的迫害，特意将行星围绕太阳运行的日心说作为一种假设提了出来，而提出这种假设就是为了更加便捷地计算天体的运行轨道。但事实并非如此，而且连这种可能性都不存在。人们是在一篇没有署名的序文中读到了这个错误猜测，《天体运行论》就是以这篇题为"关于此书的假设"的序文开始的。不过序文中的某些表述并不是出自哥白尼，哥白尼把《天体运行论》题赠给教皇保罗三世，而序文中的表述则与之相悖。皮埃尔·伽桑狄在他的《哥白尼的一生》中确切表示，此序文的作者是一位当时生活在纽伦堡的数学家，名叫奥西安德（Andreas Osiander），他和约翰·舍纳一起促成了《天体运行论》的印刷发行。虽然奥西安德从未提到过对教会的顾忌，但还是建议把哥白尼的新观点称为假设，而不是像哥白尼自己所认为的那样，是被证实的真相。

哥白尼是当今宇宙体系理论的创立者，该体系最重要的部分和该宇宙图景中最璀璨的内容都非他莫属，他所呈现出的勇气和信心甚至比他拥有的知识本身更加伟大。哥白尼确实配得上开普勒对他的称赞，开普勒在《鲁道夫星表》的导言中称赞哥白尼是"充满自由精神的人"，是"反抗偏见的斗士"。哥白尼在给教皇的献词中描述了《天体运行论》产生的过程，但是他毫无顾忌地批判地心说是"荒诞闹剧"——地心说同样也在神职人员中广泛流传，并且抨击那些追随这种错误观点的信徒愚蠢无知。"如果那些不懂数学的空谈者随意拿出《圣经》中的一段，故意曲解其含义，从而对我的著作妄加评论、指手画脚的话，那么我非常鄙视这种放肆的做法！拉克坦提乌斯（Lactantius）是一位著名的古罗马作家，但他必然不能算作一个数学家，他曾经幼稚地谈论过地球的形状，而且嘲讽那些认为地球是球形的人——现在这是众所周知的。关于数学的书籍只能是写给数学家阅读的。"哥白尼为了证明自己笃定日心说结论的正确性，特意从偏远的地方找到教皇，希望教皇能够保护他免受诋毁者的攻击。哥白尼认为教会本身可以从他的研究中受益，例如年的长度和月球的运动等天文学知识都会给教会带来启发。天文学很长时间以来都得到了星相学和年历知识的保护，它们使得天文学免于受到世俗势力和宗教势力的迫害，这就像化学和植物学开始也只是为药学服务一样。

以上的陈述饱含力量，发自哥白尼内心深处的坚定信仰，它足以驳斥那种旧说法，认为哥白尼只是把天体运行论当作假设提了出来，只是为了便于天文学家计算行星轨道，只是一种也可能是没有依据的假设。哥白尼充满激情地写道："太阳引领着整个行星家族，当我把太阳——这盏宇宙之灯——置于王者的宝座之上，就像是把它置于自然神庙的中心时，我突然发现了宇宙令人惊叹的对称性，发现了天体轨道之间存在着如此和谐的联系。"哥白尼看来也想到了普遍存在的重力现象，他从球状物体的重力情况推导出太阳作为宇宙中心能够发出引力，《天体运行论》第一卷第九章有一处令人深思的表述可以证明这一点。

如果我们回顾天文学的各个发展阶段，会发现人们在最早的时期就已经隐隐感觉到引力和离心力的存在。数学家卡尔·雅可比（Carl Jacobi）研究了古希腊的数学，可惜研究结果仍是手稿，尚未出版，他写道："古罗马哲

第七章 太空大发现与天文、数学的辉煌时代

学家阿那克萨哥拉（Anaxagoras）对自然有着深刻的领悟，我们惊讶地发现了他的一段表述：'如果月球的离心力消失，那么它将掉到地球上，就像弹弓射出的石子一样会落地。'"关于物体旋转时离心力逐渐变小的现象，阿那克萨哥拉和阿波罗尼亚的第欧根尼（Diogenes von Apollonia）都有过类似的描述，我在《宇宙》第一卷讲到陨石坠落的时候提及了这一点。对于地球中心对其以外的所有有重量的物质都会产生吸引力的现象，柏拉图的概念比亚里士多德的概念更加清楚，亚里士多德虽然跟喜帕恰斯一样，认识到了物体坠落时速度越来越快，但是他并没有正确理解其原因。柏拉图和德谟克利特认为，那些具有同类元素的物质之间才会产生吸引力。哲学家费罗普勒斯（Johannes Philoponus）是赫尔米埃（Ammonius Hermeae）的学生，居住在亚历山大港，大约生活于6世纪，他认为天体的运动源于一种原始的"冲力"，并把所有物体都朝着地球方向坠落的现象与这种观念联系起来。开普勒在他的不朽著作《新天文学》中更为清晰地表达了哥白尼隐约觉察到的事实，而且还将之运用于解释海洋的潮汐现象。罗伯特·胡克（Robert Hooke）是一位才思敏捷的科学家，他继承了哥白尼和开普勒的发现并为其注入了新的生机，而且取得了丰硕成果。在前人做好了各种准备之后，牛顿的重力学理论横空出世，为研究天文学提供了一种宏大的方法，物理天文学由此转变为宇宙力学。

哥白尼相当完整地了解古希腊人的天文学知识，这一点我们不仅可以从他给教皇的献词中看出，而且他的著作本身也多次讲到了这些内容。对于喜帕恰斯之前的哲学家，哥白尼在书中只提到了希塞塔斯（Hicetas）、菲洛劳斯、柏拉图的《蒂迈欧篇》、厄克方图、赫拉克里德斯（Heraclides）和阿波罗尼奥斯。有两位古希腊数学家的思想与哥白尼最为接近，他们是阿里斯塔克斯和塞琉西亚的塞琉古，不过哥白尼在提到前者时没有对其进行描述，而后者则完全没有提及。经常有人说哥白尼并不了解阿里斯塔克斯的日心说理论，因为阿基米德的所有作品都出版于哥白尼去世后一年，也就是在印刷术发明整整100年之后才问世。但是他们忘记了一个事实，哥白尼在给教皇的献词中引用了希腊作家普鲁塔克《论哲学家之见》一书中关于菲洛劳斯、厄克方图和赫拉克里德斯的一个段落，哥白尼有可能在这本书中

· Zeit der großen Entdeckungen in den Himmelsräumen. ... ·

读到了阿里斯塔克斯把太阳划分为恒星的理论。皮埃尔·伽桑狄认为，在所有古典哲学家当中，对哥白尼理论的方向和发展影响最深刻的就是古罗马作家卡佩拉（Martianus Capella）和天文学家阿波罗尼奥斯。马尔提亚努斯·卡佩拉的百科全书式著作汇总了各类科学知识，其中一些内容启发了哥白尼，而阿波罗尼奥斯的宇宙结构理论也带给哥白尼以思想的灵感。在卡佩拉的构想中，地球位于中心，保持静止不动，而太阳则被想象为旋转着的行星，被水星和金星两颗卫星环绕。卡佩拉的这个构想有时被认为是来自埃及人，有时被认为是来自迦勒底人。此观点当然有可能为日心说的建立做出准备。皮埃尔·伽桑狄用确凿的语气表示，第谷系统的宇宙模型与人们认为的阿波罗尼奥斯宇宙体系完全相同，但无论是托勒密的《天文学大成》、古典哲学家的著作还是哥白尼的《天体运行论》都不能证明这一观点。哥白尼的宇宙体系不同于菲洛劳斯的宇宙体系。菲洛劳斯认为：地球本身不自转，而是和太阳一起，环绕宇宙中心旋转，宇宙中心燃烧着天火，它是整个行星星系的生命之火。从古典学者奥古斯特·伯克（August Böckh）完成的研究来看，哥白尼的理论是不可能与菲洛劳斯的理论混淆起来的。

开普勒的发现——行星运动定律

科学革命的发起者无疑是哥白尼，除了第谷曾经短暂发起了一次倒退运动以外，这场科学革命进展得异常顺利，它不断地推动着人们发现宇宙结构的真相。第谷是哥白尼的激进反对者，他提供了大量精确的观察结果，不过这些结果反而为行星运动法则的发现奠定了基础——行星运动法则的发现为开普勒的名字赋予了不朽的光辉。牛顿阐释了该法则，建立了理论系统，证实了行星运动法则的必然性。行星运动法则由此被引入了人类思想的璀璨世界，在这里人类不只是观察自然，而且也思索自然。有人一针见血地指出，"开普勒写下了宇宙法则之书，而牛顿破译了宇宙法则之精神"，不过对于评价自主创造了重力学的自由精神而言，这种表述可能还显得太过

第七章 太空大发现与天文、数学的辉煌时代

无力。

毕达哥拉斯和柏拉图的宇宙图景都是充满象征意义的诗意神话，它们诞生于想象力，而且像想象力本身一样变幻无常。这些神话的余晖也部分投射在了开普勒身上，余晖的光芒给他时常忧郁的内心带来了温暖和晴朗，不过并没有导致开普勒偏离他潜心开启的天文学道路。开普勒在去世前12年，即在1618年5月15日夜间，终于走到了这条道路的终点——开普勒发现了规范太阳系行星轨道的简洁数法则——这是一个值得纪念的时刻。哥白尼通过地球每天围绕地轴自转，解释了恒星天空的可见变化；又通过地球围绕太阳的周年运行完美破解了行星的某些特殊运动，并由此发现了行星的"第二反常运动"（月动差）的真正原因。至于行星的"第一反常运动"，即行星在轨道中的不规则运动，哥白尼则没有给出解释。古老的毕达哥拉斯理论认定环形运动本身具有完美的规则性，哥白尼遵从毕达哥拉斯的这个理念。在建立自己的宇宙体系的过程中，哥白尼还是需要采纳偏心的中空圆环以及阿波罗尼奥斯的"本轮-均轮"作为理论支持。尽管哥白尼非常勇敢地踏上了一条崭新的道路，但是他也不可能在顷刻之间摆脱所有前人的思想。

仰望星空，人们容易有一种错觉，认为星体之间有着同样的距离，再加上整个天穹自东向西移动，人们会生出一种想象，觉得天空是一个固体水晶天球。古希腊哲学家阿那克西美尼（Anaximenes）认为星辰就像是钉在天空中的钉子一样。古希腊天文学家格米诺斯（Geminos von Rhodos）感觉到天上的星体并非处在同一平面，他认为有些星体的位置偏高，有些偏低，同时代的哲学家马库斯·西塞罗也持这种态度。人们把对恒星的想象也投射到了行星身上，古希腊天文学家欧多克索斯（Eudoxus）、数学家梅内克穆斯、亚里士多德都提出了嵌套天球理论，亚里士多德还产生了"抵消天球"的想法。"本轮-均轮"是一种理论架构，可以简化对行星运动的表达和计算，阿波罗尼奥斯敏锐地领悟到其中的奥秘，使得该理论在被提出的一个世纪后取代了"静止天球"的构想。至于是否像天文学家克里斯蒂安·伊德勒认为的那样，人们是在亚历山大图书馆建成之后才开始认为行星有可能在太空自由运行；人们是否在更早的时候并没有把"透明的嵌套天球"和"本轮-均轮"看作是固体物质的存在，而是把它们当成一种思想世

下篇　宇宙观历史

界的构想，我在这里则不作任何历史评断。尽管我本人很倾向于它们只是构想，"本轮-均轮"理论是由喜帕恰斯和托勒密传给了中世纪。较为确凿的是：16 世纪中期，受到教会神父庇护的认为存在固体天球、圆环和"本轮-均轮"的这一想法还在广泛流传，这是因为博学家弗拉卡斯托罗（Girolamo Fracastoro）提出的有 77 个嵌套同心天球的理论受到欢迎，也因为哥白尼的反对者后来不断寻找各种各样的依据来力图维护托勒密的宇宙结构。第谷通过观察彗星轨道，首次证明太空中不可能存在固体天球，从而粉碎了嵌套同心天球的构想，他在言辞中充分强调了自己的功绩。第谷认为太空充满空气，甚至认为太空中相互抵抗的物质有可能因为受到旋转天体的震动而发出声响。毕达哥拉斯的"宇宙声音"的传说由此再次引起关注，天文学家克里斯托夫·罗斯曼（Christoph Rothmann）没有那么富有诗意，他否认了这种说法。

开普勒的伟大功绩在于：他发现所有的行星都围绕太阳在椭圆轨道上运行，而太阳就处在这些椭圆轨道的一个焦点之上，这一发现让原本的哥白尼宇宙体系摆脱了偏心圆和本轮-均轮的影响。至此，行星系统在其庞大而简单的结构中呈现出了一种客观性和建筑性。不过至于破解其中的奥秘，还要等到牛顿的出现，牛顿揭晓了行星系统的运作方式，揭晓了推动和维持系统的内在力量之间的相互作用。在人类的科学发展史上我们多次看到，重大的看似偶然的发现以及伟大的思想家常常汇集在同一个很短的时间段出现，在 17 世纪的第一个十年，再一次明确出现了这样的情况。近代观测天文学的创始人第谷、开普勒、伽利略和弗朗西斯·培根都是同时代的人，除了第谷以外，其他人都还在壮年时期看到了笛卡儿和费马的研究成果。弗朗西斯·培根的《伟大的复兴》英文版的主要内容在 1605 年出版，比《新工具》早了 15 年。望远镜的发明以及天文学的最重大发现（木星卫星、太阳黑子、金星的位相变化、土星的奇特形状）都发生在 1609 年到 1612 年之间。开普勒 1601 年开始思索有关火星椭圆轨道的问题，并以此为契机，在 8 年后完成了《新天文学》一书。开普勒写道："我们必须通过研究火星轨道破解天文学的秘密，否则我们就会永远停留在无知当中。经过长年坚持不懈的研究，我成功发现，火星的不规则运动源起于一个自然法则。"开普勒把这个想法推而广

第七章 太空大发现与天文、数学的辉煌时代

之,这就使得他找到了宇宙的宏大真相,生发出对宇宙的种种预想。这位想象力奔腾如泉涌的科学家 1609 年写成了《世界的和谐》,他在书中叙述了自己的天文学理念。开普勒在给丹麦天文学家朗戈蒙塔努斯(Christen Sørensen Longomontanus)的一封信中说道:"我认为天文学和物理学是彼此紧密相连的,如果缺少其中一个,那么另一个也绝不可能得到完善。"开普勒还研究了眼睛的结构和关于视觉的理论,相关成果 1604 年在《对威特罗的补充》中发表,《屈光学》一书则在 1611 年得以出版。就这样,关于太空世界重要事物的知识诞生了,而新工具的发明又让人们孕育出理解这些事物的新方式,新的天文学理念在 17 世纪开端的 10 至 12 年间开始传播。17 世纪以伽利略和开普勒拉开序幕,又以牛顿和莱布尼兹落下帷幕。

望远镜的发明以及随之而来的天文发现

望远镜具有穿透太空的力量,它最早发明于荷兰,具体时间很可能是在 1608 年的年末。根据最新的档案调查,下列人物有可能都是望远镜的发明者:汉斯·李普希(Hans Lippershey),他出生在德国的韦瑟尔小镇,是生活在荷兰米德尔堡的眼镜制造师;雅各布·梅修斯(Jacob Metius),据说他制造过冰凹面镜;还有眼镜制造商扎卡里亚斯·詹森(Zacharias Janssen)。在荷兰使节鲍雷尔(Jacob Boreel)写给医生皮埃尔·博雷利(Pierre Borelli)的一封重要信件中,汉斯·李普希的名字被写为"拉普雷"(Laprey),皮埃尔·博雷利是《望远镜的真正发明者》一书的作者。根据荷兰国会收到专利申请的时间先后来看,汉斯·李普希是第一位申请者。他在 1608 年 10 月 2 日向政府提供了三部"可以用来望远"的仪器设备。雅各布·梅修斯是在 1608 年 10 月 17 日提交了申请,但是他在申请信中明确写道:通过勤奋与不懈的思考,他于两年前就设计了这样的望远仪器。扎卡里亚斯·詹森和他的父亲一起,在 16 世纪末就发明了复合显微镜,其目镜是由漫反射玻璃制成;而他在 1610 年才制成了望远镜,这一点鲍雷尔可以证实,不过扎卡里亚斯·詹森和朋友们没有利用望远镜观测星空,而是用它来观望远处的地面上的物体。显

微镜让人类对有机物的形态和运动有了更加深入的了解,而望远镜则突然为人类打开了通往太空的路径,它的影响不可估量,所以这里必须要详细叙述其发明过程。

望远镜被发明的消息不胫而走,在1609年5月传到了威尼斯。当时伽利略碰巧就在威尼斯,他猜出了望远镜的基本结构,立刻在帕多瓦制成了自己的望远镜。伽利略把望远镜首先对准月球上的山脉,测量到其最高点,和达·芬奇与迈斯特林(Michael Mästlin)的观点一样,他认为月球灰白色的亮光来自从地球反射到月球上的太阳光。伽利略利用这个倍数并不强大的望远镜观测了昴宿星团、巨蟹座中的星团、银河以及猎户座头部的星团。接下来伽利略相继发现了木星的四颗卫星、土星的光环、太阳黑子和金星的位相变化(镰刀形状)。

木星的卫星是人们借助望远镜发现的第一组行星卫星,有两位天文学家几乎同时独立发现了木星卫星,马里乌斯(Simon Marius)于1609年12月29日在安斯巴赫,伽利略于1610年1月7日在帕多瓦发现了木星卫星。伽利略1610年在自己的《星际信使》一书中发表了相关发现,而马里乌斯是在1614年的《欢乐世界》(mundus jovialis)中公布了木星卫星的发现结果。马里乌斯把这些卫星称作"勃兰登堡之星"(sidera brandenburgica),伽利略则称它们为"宇宙之星"(Sidera Cosmica)或"美第奇家族之星"(Sidera Medicea),其中后者在佛罗伦萨宫廷更受欢迎。不过这种集体名称并不能清晰标示出各个卫星,我们现在是用数字来表示行星的不同卫星。马里乌斯为四颗木星卫星起了具体的名字,分别为:伊俄、欧罗巴(Europa)、盖尼米德(Ganymede)、卡里斯托(Kallisto)。伽利略没有采用这些神话人物名称,而是使用了美第奇家族成员的名字:卡塔琳娜(Catharina)、玛丽亚(Maria)、科西莫·美第奇(Cosimo der ältere)、乔万尼·美第奇(Cosimo der jüngere)。

木星卫星系统与金星位相的发现极大地巩固和丰富了哥白尼的天体系统理论。木星及其卫星构成了一个小的系统,是太阳系的一个缩影,完整反映出太阳及其行星间的关系。人们觉察到行星的卫星遵循开普勒提出的法则,而且首次发现公转周期的平方与行星到中心天体的平均距离的立方相应。开

第七章 太空大发现与天文、数学的辉煌时代

普勒怀抱坚定的信念，对天体系统的真相充满信心，正是这种不可动摇的信心让开普勒在思想上直言不讳，他在《世界的和谐》一书中向意大利的教会人员大声呼吁："在过去的80年中，人们可以不受阻挠地阅读哥白尼的日心说，因为人们认为争论自然现象、解析上帝的创世是一件可以被允许的事情。现在人们发现了更多可以证实哥白尼学说的证据，教会的裁判者对此一无所知，反而禁止传播天体系统的真相。"这种禁令是自然科学和教会之间古老斗争的结果，开普勒自己很早就在德国盛行新教的地区领教过。

对于天文学的历史和命运而言，木星卫星的发现都是一段永远值得纪念的时刻。人们发现木星卫星规律变暗，卫星进入木星的阴影，这就让人们认识到光速的问题，从而通过光速解释了恒星的光行差椭圆，地球的公转轨道就映照在这个椭圆上。天文学家奥勒·罗默（Ole Römer）和詹姆斯·布拉德雷（James Bradley）的这些发现被称作是哥白尼天体理论的"顶点"，它们为地球的平移运动提供了经验方面的证据。

木星卫星变暗的现象对于确定陆地的经度有重要作用，伽利略早在1612年9月就认识到了这一点，他首先把这种测量方法介绍给西班牙皇室，之后又介绍给荷兰国会的海事部门。不过用此法测量水面上的经度会碰到不可逾越的实际困难，伽利略当时看似还不了解。他原计划携带100架自己制造的望远镜亲自前往西班牙，或是派遣儿子前去。作为酬劳，他希望得到一枚"圣人雅各"勋章和4000意大利达克特（Dukat）①银币的年薪，他认为这是一份低额的酬劳，因为波吉亚家族（Borgia）的红衣主教曾经许诺支付给他6000达克特金币的退休金。

在发现了木星卫星之后，伽利略又观察到了土星的"三重形状"，他早在1610年10月就告诉开普勒，"土星是由三个相互碰触的星体组成"。这一观察为日后发现土星光环奠定了基础。天文学家约翰·赫维留斯（Johannes Hevelius）描述了光环形状的变化，看到了其不均匀的缺口，发现它有时也会完全消失。而破译了土星光环的则是惠更斯，他是一位非常敏锐的天文学家，在1655年科学阐释了土星光环的所有现象。由于当时的社会风气习惯

---

① 达克特币的德文名称是Dukat，它是一种在中世纪和近代欧洲广泛流通的黄金或银质货币，最早由威尼斯共和国在13世纪铸造，后来被多个欧洲国家采用。——译者注

于质疑,所以惠更斯把他的发现隐藏在一个由 88 个字母构成的易位构词游戏图中,伽利略也曾使用过这个方法。后来天文学家卡西尼(Giovanni Domenico Cassini)看到了土星光环的黑色长带,并在 1684 年认识到土星光环至少是由 2 个同心圆环组成。人们用了一百年的时间了解到太空中最奇妙、最不可估量的天体形状——土星光环。透过一系列敏锐的推测,天文学家有可能从土星光环推导出行星和卫星最初的生成过程。

约翰·法布里斯(Johann Fabricius)和伽利略首先通过望远镜看到了太阳黑子;在发表观察结果方面,约翰·法布里斯无疑早于伽利略,法布里斯 1611 年 6 月公开了成果,而伽利略则是在 1612 年 5 月 4 日写给市长马库斯·韦尔瑟(Marcus Welser)的第一封信中讲到了太阳黑子。据阿拉戈研究,法布里斯在 1611 年 3 月观察到了太阳黑子,大卫·布儒斯特(David Brewster)则认为法布里斯早在 1610 年底就看到了太阳黑子。克里斯朵夫·沙伊纳(Christoph Scheiner)也观察到了太阳黑子,他的观察可以追溯到 1611 年 4 月,他很可能是在同年 10 月才开始认真研究太阳黑子。有关伽利略发现太阳黑子的过程,我们所知甚少,而且得到的信息也互不吻合。伽利略很可能是在 1611 年 4 月看到了它们,他于该年 4 月和 5 月在罗马红衣主教班第尼(Bandini)位于奎里纳莱山上的花园中公开向人们展示了太阳黑子。天文学家弗朗兹·扎克(Franz Xaver von Zach)认为,托马斯·哈里奥特在 1610 年 1 月 16 日首先发现了太阳黑子,后来他在 1610 年 12 月 8 日看到了三个太阳黑子,并在观察记录中画下了它们的位置。不过托马斯·哈里奥特当时并不知道自己看到的就是太阳黑子,就像约翰·佛兰斯蒂德(John Flamsteed)在 1690 年 12 月 23 日、托比亚斯·梅耶(Tobias Mayer)在 1756 年 9 月 25 日在望远镜中看到天王星划过,而不知道它是一颗行星一样。托马斯·哈里奥特 1611 年 12 月 1 日才认识到它们就是太阳黑子,这是在约翰·法布里斯公开太阳黑子的 5 个月后。伽利略就曾指出,有些太阳黑子的面积比地中海、非洲、亚洲大得多,它们占据了太阳光盘的一个特定区域。他看到同一个黑子一再出现,坚信太阳黑子属于太阳的一部分。太阳中心有不同分层,太阳边缘有所缺失,情况各有不同,伽利略对此非常感兴趣。但是我在他 1612 年 8 月 14 日写给马库斯·韦尔瑟的第二封信

第七章 太空大发现与天文、数学的辉煌时代

中并没有看到什么线索可以证明,他发现太阳边缘的黑色区域两侧呈现出不规则的灰色外缘。还有人认为太阳上的所有阴暗区域都是围绕太阳运行的吸收光线的天体所致。天文学家大卫·法布里奇乌斯认为太阳黑斑是太阳自身所拥有的,与伽利略的看法一致。大卫·法布里奇乌斯同样发现有些以前见过的黑斑消失了,但过些时候又会再次出现,这些现象让他想到了太阳的自转——开普勒在发现太阳黑子之前就预想到太阳会自转。克里斯朵夫·沙伊纳是一位勤奋的天文学家,他1630年计算出太阳的自转时长,取得了相较之下最为精确的结果。当代人类能够制造的最强烈的光就是石灰灯,如果把石灰灯的光投射到太阳圆盘上,那么这团光就会显得像墨汁一样黑暗,所以当伽利略认为太阳黑子中央的光比满月或太阳周边空气的亮度更强烈时,我们也无须感到惊讶。尼古拉·库斯主教15世纪中期的作品中就有很多有关太阳的猜想,在他的想象中,太阳发暗的核心地带被空气、云层和光层重重包裹着。

天文学家在不到两年的时间内取得了一系列重大天文发现,伟大的伽利略是先驱者,立下了不朽功勋。为了完整记述这些发现,我这里还要谈到金星的位相变化。早在1610年2月伽利略就看到了镰刀状的金星,他把这一重要发现隐藏在了一个易位构词游戏图中(1610年12月11日),我们之前讲到过这个习俗,开普勒在他的《屈光学》前言中缅怀了伽利略此举。此外伽利略还发现了火星的位相变化,虽然他使用的望远镜倍数不高,伽利略在1610年12月30日写给数学家贝内德托·卡斯泰利（Benedetto Castelli）的信中讲到了此事。发现金星呈现出月亮般的镰刀形状,是哥白尼宇宙体系的辉煌巅峰。哥白尼不可能没有发现行星位相存在的必然性,他在《天体运行论》第一卷第十章详细讨论了柏拉图主义的新追随者在行星位相问题上对托勒密宇宙体系的质疑。不过哥白尼在建构自己的宇宙体系时并没有对金星的位相问题做出过多表述。

描述天文学发展史绕不过一种可怕的争论,那就是关于是谁第一个发现了某个天文现象的争辩,这是件令人感到遗憾的事情。就像所有涉及物理天文学的知识一样,天文学此时的发展引起了尤其广泛的关注,因为望远镜的发明正好处在一个天文事件频出的时期,有三颗新星分别出现在仙后座

下 篇 宇宙观历史

（1572年）、天鹅座（1600年）和蛇夫座（1604年），之后它们又都全部消失，此现象让民众感到万分惊讶。这三颗新星比天空中的一等星还要亮，开普勒观察到的天鹅座中的新星在天穹上闪耀了21年，贯穿了伽利略天文发现的整个时期。至今已经过去了将近350年，天空中再未出现过一等或二等新星。约翰·赫歇尔（John Herschel）1837年经历过一个奇异的天文事件，当时他在南半球，亲眼看到一个早已为人所知的二等星（南船座 ηargo）突然间变得异常明亮，人们还从未在这颗星上看到过这种变化。所以可以想见，1572年到1604年期间出现的新星是怎样点燃了人们的好奇心，怎样丰富了天文发现，怎样激发了人们的想象——这些情形都可以在开普勒的著作中读到。当肉眼可见的彗星出现时，人们也会有同样的反应。地球上的自然事件发生时，例如当地震罕见的地区猛然出现震感，当长期休眠的火山突然爆发，当流星穿越大气层，在空中燃烧，发出巨响——所有这一切都会重新激发人们对自然现象的兴趣。不同于那些长于理论的物理学家，在民众看来，这些现象更加无解。

如果说我在这本著作中优先提到了开普勒敏锐的觉察力带来的巨大影响，那是因为我希望缅怀这位天赋卓越的伟人。他被上天赋予了绝妙的秉性，既拥有出色的观察力、严谨的归纳能力，又拥有一种勇于开拓的几乎是前所未有的坚韧，而且对数学有着深刻的理解。开普勒的《求酒桶体积之新法》一书就彰显出他的数学才能，他影响到了数学家费马，从而间接影响到费马最后定理的发明。这样一个超卓的灵魂拥有丰富的精神、灵活的思想以及对宇宙勇敢的预想，因此尤其能够启迪生活和推动科学发展。而正是这些发展带领17世纪势不可挡地实现建立广博宇宙观的崇高目标。

从1577年开始出现了很多肉眼可见的彗星，比如1607年哈雷彗星出现。这些彗星和之前提到的几乎在同一时期诞生的三颗新星引发人们开始思索行星的形成过程，人们猜测这些天体是由充斥在太空中的"宇宙雾气和尘埃"构成。开普勒认为新星是宇宙雾气凝聚而成，它们最终还会再次化作宇宙雾气，第谷也持同样的看法。在彗星的椭圆轨道被真正计算出来之前，开普勒认为彗星拥有一条直线轨道，不会闭合循环。在他所著的关于彗星的一本书中，他表示"彗星是由太空中的空气组成"，甚至还发扬了有关"无母繁殖"

的古老想象，他写道："彗星可以自行生成，就像土地上没有种子也能够长出野草，就像盐水中可以自然生成鱼类。"

开普勒还勇敢地做出了关于宇宙奥秘的其他预言，相较之下以下这些预言更加准确。他表示：所有的恒星都跟我们的太阳一样，被行星系统包围；太阳被一团大气包裹，在日全食中可以看到这团气体呈现为白色光冕的样貌；太阳位于一个巨大的宇宙岛屿中，是群星汇聚的银河的中央；太阳、所有的行星、所有的恒星都围绕轴心自转——要知道此时尚未发现太阳黑子；人们将会在土星和火星周边发现卫星，就像伽利略在木星周边发现了卫星一样；火星和木星之间有一片巨大区域，这里隐藏着很多肉眼不可见的小行星——现在我们知道此处存在 7 颗小行星。这样的预言印证了日后的发现，在人群中引起了广泛的讨论。不过开普勒的同时代人，伽利略也不例外，都没有对开普勒三大定律的发现予以应有的赞誉。自从牛顿出现以及重力理论建立以来，开普勒三大定律就让开普勒的名字散发出恒久的光芒。和计算天文学的重要结果相比，关于宇宙的思索在当时更加能够吸引人们的关注，事实上现在也常常如此，即使这些思索是建立在联想类比的基础上，而不是建立在观察的基础之上。

物理天文学的发展

这里我列举了历史上一个短暂时期内的最重要的天文发现，这些发现有力地推动了人类对宇宙的认知发展，接下来我还要讲述物理天文学的进步，它们是人类在 17 世纪下半叶取得的辉煌成就。望远镜的不断完善致使天文学家们发现了土星的卫星系统。惠更斯 1655 年 3 月 25 日通过自己磨制的望远镜镜头首先发现了土卫六，这时距离发现木星卫星有 45 年之久。惠更斯和当时其他的天文学家都认为行星卫星的数量不可能超过主行星的数量，所以就没有继续寻找土星的其他卫星。天文学家卡西尼使用坎帕尼（Giuseppe Campani）制造的焦距为 100 至 136 尺的望远镜镜头发现了土星的其他行星，它们分别是土卫七（1671 年）、土卫五（1672 年）、土卫四和土卫三（1684

年）。威廉·赫歇尔（Wilhelm Herschel）在100多年之后通过自制的望远镜发现了内侧的土卫一（1788年）和土卫二（1789年）。

在惠更斯发现土卫六后不久，占星家柴尔德雷（Joshua Childrey）在1658年至1661年间观察到了黄道光，但直到1683年卡西尼才确定了黄道光的位置。卡西尼认为黄道光不是太阳大气的一部分，而是一个独立的"雾状环"，这和后来的舒伯特（Friedrich von Schubert）、拉普拉斯、泊松（Siméon Denis Poisson）的看法一致。除了被证实的行星卫星以及土星的呈同心圆状分布的光环以外，黄道光的发现无疑极大地丰富了人类关于太阳系的认知，以前人们把太阳系想得格外简单。在我们当今这个时代，人们发现火星和木星之间存在着小行星，它们的轨道彼此交错；发现太阳系内存在彗星，恩客（Encke）计算出了其中的第一批；发现流星雨在特定的时间出现。以前的宇宙知识与新的观察对象就这样美妙地融合在一起，丰富了人类对宇宙的认知。

在开普勒和伽利略的时代，对宇宙的研究更加深入，人们探索最外缘的行星轨道以及所有彗星轨道以外的太空，探索宇宙中存在的和正在演化的所有物质的分布状况。在三颗一等新星分别出现在仙后座、天鹅座、蛇夫座的那个时期，法布里奇乌斯（David Fabricius，太阳黑子发现者的父亲）和星图师拜耳（Johann Bayer）先后在1596年和1603年观察到鲸鱼座颈部有一颗星体星光黯淡、行将消失。这是一颗亮度会发生变化的周期性变星，荷兰弗拉纳克（Franeker）大学教授霍尔瓦达（Johann Phocylides Holwarda）1638年才认识到这一点，1842年阿拉戈在一篇有关天文发现史的重要文章中对此有过叙述。鲸鱼座的周期性变星并不是一个偶然的现象，因为17世纪下半叶人们还在英仙座头部、长蛇座和天鹅座发现了同样的周期性变星。天文学家通过仔细观察大陵五（英仙座β）的光线变化而直接计算出了它的光速，至于天文学家是如何做到的，上述阿拉戈的文章中有着精辟解析。

望远镜的使用也促使人们开始更加细致地观察另一种天文现象——星云，它们当中的某些是肉眼也可以看到的。天文学家马里乌斯（Simon Marius）1612年描述了仙女座星云的状况，惠更斯1656年绘制出位于"猎户之剑"的星云的图画。两个星云都可以视作雾状宇宙物质的凝聚体，它们类型不同，

第七章 太空大发现与天文、数学的辉煌时代

所处的发展阶段各异。马里乌斯形容仙女座星云就像是"通过半透明物体看到的烛光",此比喻非常精确地说明了星云与伽利略观察到的星团之间的区别,也就是星云与昴宿星团以及位于巨蟹座的鬼宿星团之间的区别。早在16世纪初,西班牙和葡萄牙的水手在没有望远镜的情况下也看到了环绕南极运动的大小麦哲伦星系,并惊诧于它们的美丽,其中一个星云就是10世纪波斯天文学家阿卜杜勒-拉赫曼·苏菲命名的"白色斑点"。伽利略在他的《星际信使》一书中使用 Stellae nebulosae 一词表示星团,把星团描述为"在以太上面闪烁的光晕"。仙女座星云散发出肉眼可见的光,不过即便使用最大倍数的望远镜也无法辨别出其中是否存在星体。由于伽利略没有特别关注仙女座星云,所以他认为所有的星云、星团以及银河都是汇集一处的星群发出的光芒。他没有区分星云与星团,而惠更斯关于猎户座星云的看法则与之不同。探索星云是一项艰巨的任务,然而千里之行就起始于此刻。我们当今这个时代的第一批天文学家在南北半球深入观察和研究星云,取得了令人赞赏的成就。

17 世纪初,伽利略和开普勒显著拓展了人类对宇宙的认知,17 世纪末,牛顿和莱布尼兹大力推动了纯粹数学的发展,虽然说是这些成就让 17 世纪在历史上熠熠生辉,但我们今天研究的大部分物理问题在那个时代也都得到了关注。为了不削弱我们这本宇宙观历史著作的本色,我仅限于讲述那些直接强烈影响了宇宙观的科研结果。在光、热、磁的研究方面,我们首先要谈到惠更斯、伽利略和威廉·吉尔伯特(William Gilbert)。当惠更斯研究光的双折射现象时,他也发现了光的波动方式,这一方式被冠名为"惠更斯的光的波动理论"。惠更斯在去世前 5 年,也就是 1690 年才发表了这项研究。此后,马吕斯(Étienne Louis Malus)、阿拉戈、菲涅耳(Augustin-Jean Fresnel)沿此思路完成了他们的重大发现,而大卫·布儒斯特和毕奥(Jean-Baptiste Biot)此方面的研究发现更是比惠更斯晚了 100 多年。马吕斯 1808 年通过光线被反光平面反射回去的现象发现了光的偏振,阿拉戈 1811 年发现了显色偏振,由此物理学家打开了一个奇妙的光波的世界,光波变化多样,拥有新的属性。当一束光从数百万里的遥远太空到达我们的眼睛时,阿拉戈的偏光镜即可自动识别出这束光是反射光还是折射光,是从一个固态、液态还是气

下　篇　宇宙观历史

态的物体中发出,甚至还能确认光束的强度。通过这条途径,我们知道了太阳球体及其表面的构造,知道了彗尾和黄道光发出的光既包括自己的光也包括反射光,知道了地球大气的光学属性,也知道了偏振角的位置——阿拉戈、巴比涅(Jacques Babinet)、大卫·布儒斯特发现了偏振角。17世纪的惠更斯引领我们走在这条路上。人类就这样创造了新的工具,巧妙利用它们即可开创新的宇宙观。

除了光的偏振以外,还有各种光学现象中最引人瞩目的光波干涉现象值得一提。格里马尔迪(Francesco Grimaldi)和罗伯特·胡克(Robert Hooke)在17世纪就已经观察到了光波干涉现象的一些线索,不过当时并不懂得其成因。近现代科学家托马斯·杨(Thomas Young)发现了这一现象产生的条件,并清楚认识到干涉现象的规律:如果多列光波(非极化)来自同一发源点,且所经路线的长度不同,那么当其发生重叠时,原有的光波会受到破坏,光强可能会变为零,从而产生黑暗区域。阿拉戈和菲涅耳1816年发现了极化光的干涉法则。"光的波动理论"最早由惠更斯和罗伯特·胡克提出,后来受到了欧拉的支持,至此该理论终于有了坚固确凿的根基。

人们在17世纪下半叶对光的双折射现象有了本质上的理解,光学知识由此又得到了进一步扩展,但是让这一时代闪耀出更多璀璨光芒的,是牛顿的实践研究和奥勒·罗默对于可测光速的发现(1625年)。这一发现在半个世纪以后(1728年)促使天文学家詹姆斯·布拉德雷取得了更多的观测成就,他发现星体的视位置会发生变化,而这一变化是地球的轨道运动和光传播共同作用的结果。出于个人原因,牛顿的伟大著作《光学》英文版在罗伯特·胡克去世两年后,也就是1704年才得以出版。但可以肯定的是,牛顿在1666年、1667年之前就已经发展出了他的光学理论、重力理论和微分学。

为了不打破存在于物质原始现象之间的纽带,我们在扼要介绍过惠更斯、格里马尔迪和牛顿的光学发现之后,将在此处展开对17世纪创立的地磁学和空气热力学的介绍,之前对此已有过描述。威廉·吉尔伯特1600年出版的《论磁》是关于磁力和电力的思想最深邃且最重要的著作,我多次提到过这本书。威廉·吉尔伯特预知了很多我们现在才了解的科学知识,伽利略就非常佩服他敏锐的觉察力。威廉·吉尔伯特认为磁力和电力是由一种所有物质都

第七章　太空大发现与天文、数学的辉煌时代

具备的基本力量散发出来的,所以他同时对两者进行了研究。磁石可以吸引铁,通过受热或者摩擦而"获得了生机"(老普林尼)的琥珀可以吸引干草,自古以来人们就对这两种现象进行过对比,并生出了种种隐约的猜想,所有的民族都曾有过这样的经验——爱奥尼亚的自然哲学学派和中国的自然科学家都表示过对此的看法。在威廉·吉尔伯特看来,地球本身就是一个巨大的磁石,等磁偏线和等磁倾线的曲度取决于陆地的分布和形状,取决于陆地之间深陷的海盆的形状和范围。不过我们要想到,地磁三要素的特点就是会发生周期性的变化,而地球内部的温度也有周期性变化,这就导致地球的引力发生变化。如果不考虑这些变量,那么就难以把地磁三要素的周期变化与地磁单纯取决于陆地分布的僵化系统统一起来。

威廉·吉尔伯特的理论对物质的量做了研究,但是并没有注意到物质特殊的多相性,重力学理论也是如此。不过在伽利略和开普勒的时代,这种情形却让威廉·吉尔伯特的著作具有了一种宇宙高度。阿拉戈在1825年意外发现:当一个罗盘针头悬浮在一个旋转的铜盘上时,罗盘针头就会旋转,这就在事实上证明所有类型的物质都有能力发展出磁性。法拉第新近做了多种关于研究抗磁性物质的实验,他沿着经纬线方向检测了物质在固态、液态下的属性,这些实验都证明了上述结果。威廉·吉尔伯特对于地磁有非常清晰的认知,我们知道,古老教堂塔楼上的铁十字架具有磁性,而他那时已经懂得这一作用就是地球本身造成的。

随着航海业不断发展,人类已经航行到了高纬度地区,磁力工具也越来越完善,1576年英国水文学家、航海家罗伯特·诺曼又设计出了倾角仪,这些条件让人们在17世纪才普遍认识到,磁偏角零度线会发生周期性运动。不过磁赤道的位置没有得到研究,很长时间以来人们都认为磁赤道与地理赤道是同一条线。科学家只是在西欧和南欧的几座大都市进行了磁倾角的观察。磁力强度同样也会随着时间和地点发生变化,科学仪器制造者格拉海姆(George Graham)1723年在伦敦试图通过磁针的摆动来测量磁力的强度,物理学家波尔达(Jean-Charles de Borda)1776年在他最后一次前往加那利群岛的途中也曾测量过磁力强度,但是无果而终。直到1785年,物理学家拉玛农(Robert de Lamanon)在"拉彼鲁兹探险"途中才成功比较了不同地区的磁力

强度。

　　航海探险家威廉·巴芬（William Baffin）、亨利·哈德逊（Henry Hudson）、詹姆斯·霍尔（James Hall）、威廉·斯考滕（Willem Schouten）都对磁偏角做了大量观测，并且得出了迥异的测量结果。在此基础之上，爱德蒙·哈雷1683年建立了自己的地磁理论，他认为地球有四个磁极，而且磁偏角零度线会发生周期性运动。为了印证并通过更为精确的新观测完善此理论，英国政府派遣哈雷在1698年到1702年期间亲自率领一艘航船在大西洋上进行了三次航海考察。哈雷在考察中到达了南纬52°，这是地磁学历史上一次划时代的行动。水手们发现了磁偏角相同的地点，并把这些点用曲线连接起来，制成了一幅地磁偏角的航海图，这是那个时代取得的重大成果。我相信之前从未有过一个政府以科研为目的安排航海考察，虽然说实际的航海业有可能从考察结果中受益，但这次考察的确是以科学研究、物理数学研究为目的。

　　一个具有高度觉察力的研究者不会孤立地研究一种现象，他会考察这一现象与其他现象之间的关系，哈雷就是一位这样的研究者。他从航海考察归来之后就大胆提出了一个猜想，认为北极光是一种地磁现象。我在《宇宙》第一卷中描述过法拉第发现电磁感应的经过，法拉第的伟大发现把哈雷在1714年提出的这个假设提升到了经验事实的高度。

　　如果要详尽研究地磁规律，也就是研究地磁三要素随着时间和地点的周期性变化，那么在地磁观测站单纯观察磁针每日的规律走动或受到的干扰是不够的。自1828年以来，南北半球的广大地区都建立了地磁观察站，此外还需要采取其他措施。比如每一个世纪都进行四次航海考察，每次考察都派出三艘航船，只要它们所在的洋面上可以测到地磁，这三艘船就必须尽可能在同一时间研究这些不同地点的地磁状况；磁赤道的位置不仅可以通过磁赤道与地理赤道交点的经度确定出来，如果根据磁偏角随时改变航行方向的话，航船还可以一直行驶在磁赤道上；这样的航海考察需要和陆地考察结合起来，以便在轮船不能到达的地区准确确认等磁偏线是在沿海的哪些地点切入陆地，尤其是磁偏角零度线的切入地点。非常值得关注的是，在东亚地区和位于马克萨斯群岛经度位置的南太平洋海域，等磁偏线在运动和逐渐消散的过程中，显现出两个独立闭合的蛋形系统，这里的等磁偏线几乎呈同心圆状。这样的考察需要多种科学条件和航海技术来支持，但是我们不应放弃这个我多次倡议的计划，而应该期待它有朝一日可以付诸实施。因为我们现在已经具备了两大条件：一是探险家詹姆斯·罗斯（James Clark Ross）在 1839 年到 1843 年期间进行了一次著名的南极考察，他携带先进的科学仪器，揭秘了南半球远至南极附近的广大区域，并且确定了地磁南极的位置；二是当今时代伟大的数学家高斯（Gauss），我尊敬的挚友，成功创立了地磁的一般性理论。只有通过收集多种素材我们才能制成一幅世界地磁图，但愿 1850 年能够被称为这一行动的开元时代；但愿长期存在的科学机构为此立法，每隔 25 年都向一个支持航海学发展的政府重申出海研究地磁计划的重要性，这项计划具有宇宙性的高度，它需要长期反复实施！

气象学、电学、化学、地质学和力学领域的成就

伽利略在 1593 年和 1602 年分别发明了两种测温仪，它们同时受到温度和外部气压的影响。测温仪的发明激发科学家产生了一个想法，即人们可以通过一系列观察到的相关现象，按照它们的时间顺序来研究大气层的变化。我们从西芒托学院的日志中获悉：当时的学者使用含有酒精的类似于现在的测温仪，从 1641 年以来在许多站点测量温度，每日五次，测量地点分别是佛罗伦萨的圣玛丽亚天使教堂（Santa Maria Degli Angeli）[①]、伦巴第平原（Lombardia）、皮斯托亚（Pistoia）附近的山区、因斯布鲁克（Innsbruck）的高地。虽然西芒托学院存在的时间短，但是它对于激发人们按计划进行科学实验的热忱产生了非常积极的影响。斐迪南二世（Ferdinand Ⅱ）委派多个修道院的僧侣在多地测量气温。僧侣们当时还测量了泉源的温度，这就让人们对地热状况提出了很多问题。所有的自然现象和物质变化都与温度、光、静止的或流动的电相关，而热力现象的作用范围非常广阔，是最容易被感知到

[①] 该教堂现已不存在。——译者注

的现象,所以我认为测温仪的发明与完善标志着自然科学发展史上一个重要的时代,这一点我在其他地方已经讲到过。温度计的应用领域以及从温度显示中能够推导出的结论都广阔得不可估量,其广阔程度与自然力量统领的范围相当。自然力量作用于大气,作用于陆地和水层叠压的大洋,作用于无机物质和有机物的所有生化过程。

在化学家卡尔·席勒(Carl Wilhelm Scheele)取得重大研究成果的100多年以前,西芒托学院佛罗伦萨的学者就已经研究过热辐射的作用,他们使用凹透镜做了许多奇特的实验,比如说他们发现不发光的受热物体和重达500磅的冰块在凹透镜的作用下会辐射热量。物理学家埃德姆·马略特(Edme Mariotte)17世纪末研究了热量透过玻璃时的辐射情况。我们此处需要纪念这样的零星实验,因为热辐射理论对以后的科学发现产生了重大影响,人们由此理解了土地的冷却、露水的产生以及许多一般性的气候变量,物理学家马切多尼奥·梅洛尼(Macedonio Melloni)也由此认识到蒸发岩和矾的透热性是大相径庭的。

学者们研究气温如何随着纬度、季节和地面高度的不同而发生变化,很快地他们又开始研究气压变化、大气雾霭以及风力的周期规律对气温的影响。伽利略对气压有着正确的认识,这就促使他的学生托里切利(Evangelista Torricelli)立志设计气压计。在恩师去世一年后,托里切利终于制成了气压计。意大利人克劳迪奥·贝里瓜迪(Claudio Beriguardi)在比萨首次发现,当人们在塔楼底部或山脚下使用托里切利气压计测量气压时,水银柱的高度高于其在塔顶或山顶时的高度。五年之后,法国科学家帕斯卡的姐夫皮埃尔在攀登多姆山时,应帕斯卡的要求,再次证实了这一观察结果。此时使用气压计测量海拔高度的想法就变得理所当然了,可能是一封来自笛卡儿的信让帕斯卡想到了这个主意。气压计作为测高工具可以确定局部的地表形状,作为气象工具可以研究气流带来的影响,气压计对扩展描述地理学和气象学起到了多么重要的作用,这里则无须特别叙述。气流理论的基础在17世纪结束前就已经建立。弗朗西斯·培根在他著名的《风的自然史与实践史》中提到,风向受到温度和水的制约——这是他的功绩所在。但是培根否认了哥白尼宇宙体系的正确性,臆想"大气层每天都围绕地球旋转,并由此引发了热带东

第七章 太空大发现与天文、数学的辉煌时代

风的产生。"

罗伯特·胡克是一位才思浩瀚的天才科学家，他对大气问题也有深刻理解，并洞察出了其中的规律。他认识到地球自转对大气的影响，知道大气层上下部的冷暖气流在赤道和极地之间循环流动。伽利略在他的《关于托勒密和哥白尼两大世界体系的对话》中也认为信风是地球自转带来的结果，但是他表示，地球自转之所以没有在热带地区引发风带产生，是因为南北回归线之间的空气异常洁净、没有雾霭。罗伯特·胡克对大气的理解更为正确，他的见解直到18世纪才被哈雷接受。哈雷继承了胡克的理论，并对影响到所有纬度地区的地球自转作用做了详细且令人信服的解释。哈雷在热带地区居住过多年，这一经历帮助他在1686年写下一篇卓越的关于信风地理分布的经验性研究论文。不过令人不解的是，哈雷在他的地磁考察中没有提到风的"旋转法则"，这是一个对于整个气象学都非常重要的法则。弗朗西斯·培根和德国天文学家、数学家约翰·斯图姆（Johann Christoph Sturm）都已经基本确认了该法则，后者是继数学家大卫·布儒斯特之后，示差温度计的真正发明者。

在那个数学性的自然哲学兴起的黄金年代，人们也没有忽略研究空气湿度与温度变化及风向之间的关系。西芒托学院的学者们巧妙地想到了通过蒸发和降水的情况来确定水汽的含量，所以最古老的佛罗伦萨湿度计是一种冷凝式湿度计，这是一个通过称量来确定降水量的仪器。发明家皮埃尔·罗伊（Pierre Le Roy）的巧思推动了湿度计的发展，后来在这种冷凝式湿度计的基础上，逐渐产生了道尔顿（John Dalton）、丹尼尔（John Daniell）、奥古斯特（Ernst Ferdinand August）的精确测湿法。此外，桑克托留斯、托里切利、塞缪尔·莫利纽兹（Samuel Molyneux）还按照达·芬奇的工序，发明了使用动植物物质的吸收式湿度计，几乎同时使用了肠线和草芒作为原材料。这些利用有机物质吸收空气中水汽的湿度计都设有指针和小的平衡物，它们与德索叙尔（Horace-Bénédict de Saussure）、德吕克（Jean-André Deluc）设计的毛发和鲸须湿度计很相似。不过17世纪的湿度计上没有安置干燥度和湿度的固定点，所以不利于比较和读懂测量结果，后来亨利·勒尼奥（Henri Victor Regnault）最终弥补了这个缺陷。此外，这些测量湿度的物质在长时间使用

之后敏感度会降低。马克·皮克泰（Marc-Auguste Pictet）在一个德索叙尔湿度计中发现了一根特内里费岛原住民关切人（Guanschen）的木乃伊的毛发，估计这具木乃伊已经有上千年的历史，其毛发测湿的敏感性令人满意。

威廉·吉尔伯特发现电是一种独立的自然力量，尽管它与磁力的属性类似。首次谈到此观点并使用"电力""电溢出""电吸引"等表述的书籍就是威廉·吉尔伯特1600年出版的《磁石论》。他在书中写道："任何材料的轻盈物质在摩擦之后都会吸引其他物质，这种特性并不单独属于琥珀——琥珀原本是一种黏稠的物质，经历了海浪的千锤百炼，粘牢了飞舞的昆虫、蚂蚁和蠕虫，成为它们永恒的坟墓。还有一系列不同的物质都具有吸引力：玻璃、硫黄、封蜡、各种树脂、水晶、宝石、明矾、岩盐。"威廉·吉尔伯特使用电笔测量电的强度，这支笔上安置有一根非铁质的针，会自由摆动，它与勒内·阿维（René Just Haüy）和大卫·布儒斯特使用的测量矿物质摩擦生热发电的仪器很相像。威廉·吉尔伯特继续写道："在干燥空气中摩擦产生的电力要高于在潮湿空气下产生的电力。实践证明，用丝绸摩擦物体产生的电力最强烈。地球就像是通过电力聚集在一起，因为电会吸引并聚集物质"。这些模糊的假设表达了一种观点，那就是地球上存在一种力量——电力，它与地磁相似，是物质自身拥有的属性。当时威廉·吉尔伯特还没有谈到电的排斥作用，没有谈到绝缘体和导体的区别。

气泵的发明者——物理学家奥托·格里克（Otto von Guericke）首先发现电不单单具有吸引力。他在摩擦硫黄时发现有排斥力产生，而且还发现了一些其他现象，这些现象引导人们洞察到电的作用法则和电的分布状况。格里克在自行发电的实验中第一次听到了电发出的声响，第一次看到了电光。牛顿1675年做过一次实验，他在一块经过摩擦的玻璃板上最先观察到了电荷的印记。我们这里只是探索电学的萌芽，电学经历了迅猛的发展，不过起步的时间较晚。电学不仅是气象学中最重要的一部分，而且它还帮助人们理解了地球内部力量的运作，因为人们认识到磁力是电的多种表现形式中的一种。

虽然英国自然研究者威廉·沃尔（William Wall）在1708年、斯蒂芬·格雷（Stephen Gray）在1734年以及让·诺莱特（Jean-Antoine Nollet）都已经对摩擦产生的电和闪电做出了推断，但是直到18世纪中期，通过富兰克林

第七章 太空大发现与天文、数学的辉煌时代

（Benjamin Franklin）的成功研究，人们才从经验上对电有了确凿的认知。从这一刻起，电的现象从理论物理学领域进入宇宙观的领域，从研究室进入大自然。电学和光学、磁学一样，很长时间以来都发展缓慢，直到富兰克林、伏特（Alessandro Volta）、托马斯·杨、马吕斯、奥斯特（Hans Christian Oersted）、法拉第取得了重大研究成果，当时的学者才在这些成果的推动下把上述三门学科发展为令人惊艳的科学领域。人类认知昏昏沉睡的阶段与突然觉醒的阶段在历史上就是这样往复交替，而知识的发展就在这样的螺旋过程中缓缓上升。

我们前面讲到过，科学家们发明了很多适合的用于物理研究的工具和仪器，尽管它们还很不完善；伽利略、托里切利以及西芒托学院的成员都拥有敏锐的觉察力，发现了大气的种种玄机。在这些条件的促使下，气温、气压变化、大气中的雾气含量都变成了实践研究的对象，不过所有关于大气化学组成的知识仍然不为人所知。范·赫尔蒙特（Johan Baptista van Helmont）和让·雷伊（Jean Rey）在17世纪上半叶，罗伯特·胡克、约翰·梅约（John Mayow）、波义耳（Robert Boyle）、贝歇尔（Johann Joachim Becher）在17世纪下半叶分别奠定了与气动力学相关的化学的基础。这些化学家虽然对某些重要的自然现象有着正确的理解，但是都缺乏对其彼此相关性的整体认知。自古以来人们都认为空气是一种元素单纯的物质，对空气的理解十分有限，认为空气只是用于呼吸，只是在金属的燃烧与氧化过程中发挥作用，而这些古老的观念对于科学进步而言都是难以逾越的障碍。

德国埃尔福特本笃会圣彼得修道院修士瓦伦丁努斯（Basilius Valentinus）和德国化学家利巴菲乌斯（Andreas Libavius）分别在16世纪末和17世纪初注意到，洞穴或矿道中存在某些可燃的或是可以熄灭火焰的气体，它们从沼泽地或矿泉源头以气泡的形式逸散出来。这些现象深深地吸引着两位学者，后者对瑞士医生、炼金术士帕拉塞尔苏斯（Paracelsus）十分仰慕。人们把在炼金术实验室里偶然看到的现象与大自然的实验室，尤其是地球内部发生的变化进行比较。在矿床上开采矿物的过程让人们隐隐感觉到，金属、酸和外来空气之间存在着化学反应。帕拉塞尔苏斯痴迷于炼金术的时代正是欧洲人第一次征服美洲的时代，那时候帕拉塞尔苏斯就发现铁在硫酸中溶解时有气

体产生。化学家范·赫尔蒙特第一次使用了"气体"的概念，他认为这种气体不同于空气，因为它不会发生冷凝，所以也不同于水汽。在他看来：云层就是水汽，云在晴朗的天空中"遇冷或受到星体的影响"从而转化为气体；气体只有在之前就已经转化为水汽的情况下才会变成水。这是17世纪上半叶人们对气象过程的认识。范·赫尔蒙特当时还不知道如何通过一种简单的方法收集和分离所有这些既不会燃烧也不用于呼吸的不同于空气的气体。他让火烛在一个被水包围的容器中燃烧，当火烛熄灭时，他发现水侵入容器，而且气体的体积变小。范·赫尔蒙特也利用测重的方式试图证明所有的植物固体部分都是由水构成，不过意大利科学家吉罗拉莫·卡尔达诺（Girolamo Cardano）已经使用过这种方法。

中世纪的炼金术士对金属的化学成分有自己的见解，他们知道金属在空气的作用下会发生不同的反应变化，从而导致金属失去光泽。这些经验帮助科学家做出进一步思考，他们想知道引发这一过程的原因，想知道空气和被空气侵蚀的金属到底发生了什么样的变化。意大利科学家吉罗拉莫·卡尔达诺在1553年时就已经注意到铅在氧化后重量会增加，他认为这是"一种可以逃逸的会使重量减轻的燃素"造成的，此观点与燃素说如出一辙。直到80年以后，法国化学家让·雷伊才得出了正确的结论，认为金属重量增加是因为空气造成的金属氧化物，让·雷伊仔细研究过铅、锡、锑氧化物重量增加的情况。

从此人们开始走向一条通往当代化学的道路，这条道路引领学者逐步理解自然界中的一种奇妙现象，即空气中的氧气和植物之间的相互作用。几位杰出的科学家表达过与此相关的思想，不过这一思路的发展历程却是异常复杂。17世纪后半叶，罗伯特·胡克在他的《显微图志》中隐约表达了一种想法，即空气中存在一种类似于硝的微粒，它们与硝含有的微粒一致，是燃烧过程的必要条件。约翰·梅约和托马斯·威利斯（Thomas Willis）分别在1669年和1671年把这一想法发展成熟。约翰·梅约表示："火焰在封闭的室内熄灭并不是因为室内的空气被灌满了从燃烧物体中散发出来的蒸汽，而是因为空气中原有的类似于硝的成分被完全吸收了。"如果把熔化的硝洒在煤上，火焰就会猛然飘升；另外土墙上的硝会风化，因为墙暴露在空气中；这

第七章 太空大发现与天文、数学的辉煌时代

两种现象看来同时佐证了此观点。约翰·梅约认为这种空气中的硝状微粒是动物呼吸的先决条件，呼吸的结果就是动物会产生热量，血液会变得鲜红。这些微粒是所有燃烧过程的必要条件，也是造成金属氧化的原因。该微粒起到的作用大概与反燃素化学理论中氧气的作用一致。化学家波义耳对此保持了一种谨慎的怀疑态度，他虽然认为空气中有某种成分促成了燃烧，但至于这种成分是否类似于硝，他表示并不确定。

对于罗伯特·胡克和约翰·梅约而言，氧气是一种想象的产物，是思想世界的杜撰。史蒂芬·黑尔斯（Stephen Hales）是一位敏锐的化学家、植物学家，1727 年在一次把铅变为铅氧化物的实验中，他首次看到高温条件下有大量氧气从铅中逸散出来。他看到了气体逸散，却没有研究这种气体的性质，也没有注意到火焰在这种气体中变得更加猛烈。史蒂芬·黑尔斯没有预见到他制造的气体是一种多么重要的物质。在 18 世纪 70 年代前期，几位化学家相继发现在氧气杯中燃烧的物体会发出强烈的火焰，而且洞察到了氧气的特性，他们分别是：普利斯特里（Joseph Priestley）、卡尔·席勒、拉瓦锡（Antoine Laurent de Lavoisier）和特吕代纳（Philibert Trudaine），很多学者表示，上述化学家都是独立完成了这一重大发现。

在这部著作中，我们按照历史的发展经过讲述了有关气体的化学是如何产生的，因为这门学科的起始阶段和电学的起始阶段一样，都为下一个世纪有关大气构成以及气象变化的科学观念作了准备。17 世纪的科学家在实验中制造出了各种各样的气体，但是他们始终没有意识到自然界存在各种性质不同的气体。当时的化学家们虽然知道有的气体不适于呼吸，有的气体可以熄灭火焰，有的气体可以燃烧，知道它们和一般的空气不同，但是他们再次开始认为存在这些区别仅仅是因为空气中混入了某些特定的蒸气。英国化学家约瑟夫·布拉克（Joseph Black）和物理学家卡文迪许（Henry Cavendish）直到 1766 年才证实二氧化碳和氢气是两种特殊的气状液体。相信空气是由单一成分构成的古老观念就这样长期阻碍了科学的进步。法国化学家布珊高（Jean-Baptiste Boussingault）和杜马（Jean-Baptiste Dumas）从数量上精确确定了空气的各种化学成分，这是近代气象学的一个闪耀成就。

我们在本书中不完整地叙述了物理学和化学的发展，这些进步不可能不

下　篇　宇宙观历史

对最早期的地质学产生影响。地质学的大部分问题都是由博学非凡的丹麦解剖学家尼古拉斯·斯坦诺（Nicolaus Steno），英国医生、博物学家马丁·利斯特（Martin Lister）以及英国科学家罗伯特·胡克——牛顿势均力敌的对手——提出的，而我们当今的时代正在着手研究这些问题的答案。我在另一部著作中详细描述过尼古拉斯·斯坦诺在岩层地质学方面取得的功绩。达·芬奇15世纪末很可能是在伦巴第挖掘运河的时候，看到了岩屑层和第三纪地质层；意大利医生弗拉卡斯托罗1517年偶然在蒙特波卡化石区看到了裸露在外的富含鱼类的岩层；法国科学家伯纳德·帕里西（Bernard Palissy）1563年考察喷泉时看到了海洋动物遗迹；他们当时全都意识到地下曾经出现过现已不复存在的海洋动物。达·芬奇好像感知到了一种更加哲学化的动物分类法，称"贝类是一种骨头长在体外的动物"。尼古拉斯·斯坦诺在他的著作《关于岩层包含的物质》中对最原始的岩层和沉积岩层做了区别，认为原始岩层是在动植物出现之前就已经冷却硬化，因此其中不含有任何有机物遗迹，而沉积岩层内部则多有更迭变化，并且覆盖在原始岩层之上。他写道："所有包含化石的沉积层最初都是沿着水平方向延伸。沉积层发生下沉，一方面是由于地下蒸气爆发——地球中央的热力导致蒸气产生，另一方面是因为沉积层下的岩层支撑力薄弱而致使沉积层塌陷。沉积层中的低谷地带就是塌陷带来的结果。"

尼古拉斯·斯坦诺关于沉积层低谷的理论与18世纪的瑞士地质学家德吕克的理论相同，而达·芬奇则认为低谷是洪水流过时冲刷出的痕迹，他与后来的法国博物学家居维叶的观点一致。斯坦诺考察了意大利托斯卡纳的地质特征，意识到那里的地质形态一定起源于地质史上的六次重大变迁——海洋曾六次周期性地入侵托斯卡纳，海水在内陆停留了很久之后才回到原来的区域。不过那里的化石并不属于海洋化石，斯坦诺对海洋化石和淡水化石做了严格区分。意大利画家、地质学家阿戈斯蒂诺·希拉（Agostino Scilla）为在卡拉布里亚区和马耳他挖掘到的化石画了画像。在他创作的那些马耳他化石的画像中，当代解剖学家、动物学家约翰内斯·穆勒（Johannes Müller）发现了一幅龙王鲸牙齿的画像——龙王鲸是大型哺乳动物鲸鱼中的一种，其牙齿的形状如同港海豹的牙齿，这幅画像是最早的龙王鲸牙齿画像。

第七章 太空大发现与天文、数学的辉煌时代

马丁·利斯特在 1678 年就曾发表过一个重要观点，认为每一种岩石都有其各自的特点，都有其专属的化石。他表示："英国北安普敦郡采石场中发现的骨螺属、樱蛤属和钟螺属与现在的海洋动物相似，但是仔细研究的话就会发现它们是特殊的古老生物，不同于今天的海洋生物。"这种推断是正确的，也是非常富有智慧的，不过当时的生物形态学并不完善，不能提供严谨的相关证据。英国博物学家惠威尔（William Whewell）在《归纳科学的历史》一书中表示：古生物学研究虽然很早就萌发出光芒，不过很快就熄灭了，直到后来法国博物学家居维叶和动物学家、矿物学家布隆尼亚尔（Alexandre Brongniart）的出现才有了改观，他们在古生物学方面取得令人瞩目的成就，为沉积层的地质学研究开辟了一番新天地。马丁·利斯特注意到英国的岩层呈现出规律的层次，感到很有必要制作地质图谱。岩层的规律分布与以往的洪水存在关联，这些现象深深吸引了地质学家的兴趣，并促成英国自然科学家大卫·雷（David Ray）、约翰·伍德沃德（John Woodward）、托马斯·伯内特（Thomas Burnet）、威廉·惠斯顿（William Whiston）创建了一套理论。不过这套理论把科学和推测混杂在了一起，它对各类岩石的矿物组成完全没有加以区别，对于涉及结晶矿物、喷发岩和喷发岩演化过程的所有部分都没有研究。尽管此理论认为地球中央向外释放热量，但是它并没有把地震、热泉、火山喷发看作是地球内部对地壳施加作用的结果，而是把这些现象的产生归于局部原因，比如说归因于黄铁矿岩层的自燃。法国化学家尼古拉斯·勒梅里（Nicolas Lémery）在 1700 年做了一些欠严谨的研究实验，它们对火山理论产生了长期的负面影响，这是令人感到遗憾的事情。德国数学家、哲学家莱布尼兹 1680 年创作了《原始地球》（Protogaea），这是一部才思喷涌的著作，尼古拉斯·勒梅里后期的一些实验在这本书的启发下本来是有机会发展出较为宏观的见解的。

莱布尼兹的《原始地球》比他那些近期才为人所知的格律式文章更加富有诗意，此书讲道："地壳最初是灼烧炙热的，早先会自主发光，里面满是空洞，后来固化结渣；地球表面向外释放热量，它被蒸气包裹着，经历了逐渐冷却的过程；地表开始出现降水，冷却的水汽凝结成水；海水进入地下的洞穴，引起海平面下降；地下洞穴最终坍塌，导致岩层下沉。"这是一部充满

了狂野想象的著作，但是其中的自然科学部分勾勒出了一些特定的自然图景。地质学至此在各方面都有所发展，地质学的追随者面对这些自然图景时，也都无从指摘。书中提到地球内部热量的运动方式，描述了地热通过地表向外发散、地表逐步冷却的过程，确切表示大气层含有水汽，水汽冷凝时对最下层的大气施加压力，而水汽的来源有两种方式，一方面源于冷凝的热汽，另一方面源于地表降水。不过《原始地球》没有讲到各类岩石的典型特征，没有分析它们在矿物成分上的区别。例如，相距遥远的不同地区经常会出现某些相同的、通常是晶体的矿物集合体，但是本书没有谈到这种现象，罗伯特·胡克的地质学研究也没有对此发表看法。对于地震时地下力量的作用、海底和海岸地区的突然隆起、岛屿和山脉的产生等问题，胡克也主要是进行了推断。他在看到远古时代留下的有机物遗迹时，产生了一个想法，认为现在的温带地区必然曾经处于热带性气候。

这里我们还要特别纪念地质现象中最重要的一个事实，即地球在数学意义上的形状——地球是一个椭球体。地球曾经是一个液态的自转球体，它在冷却旋转的过程中固化为椭球体，其上有不同的时区，这些现象全都能反映出地球的确切形状。17世纪末就有人推演出地球的基本形状，当然那时还未能精确计算出赤道轴和极地轴之间的比例。法国天文学家让·皮卡尔（Jean Picard）1670年使用自己改良的仪器对地球形状进行了测量，这是一次非常重要的科学行动，此次测量直接促使牛顿重新开始充满热忱地研究重力学——牛顿在1666年偶然发现了重力学，后来又对此有所忽略。让·皮卡尔的测量为牛顿提供了有力的证据，佐证了地球的吸引力如何让被离心力控制的月球始终保持在月球轨道上运行。人们此前早已认识到木星是一个椭球体，这就让牛顿开始思考，究竟是什么原因导致木星的形状与理想的球体存在偏差。法国科学家让·里希尔（Jean Richer）1673年在南美洲的卡宴（Cayenne）地区测量了钟摆来回摆动真正需要的时间，瓦林（Varin）在非洲西海岸进行了同样的测试。此前也有人在伦敦、里昂、博洛尼亚做过类似的实验，不过都没有那么重要。重力从极地到赤道递减的观点此时逐渐被普遍接受，让·皮卡尔曾经在很长一段时间里否认这个观点。牛顿认识到地球的扁率和椭球体形状是地球自转造成的，在假设地球是一个均质球体的条件下，

第七章 太空大发现与天文、数学的辉煌时代

牛顿甚至敢于计算地球的扁率。不过待到真正算出这一数值，又过去了若干年，18、19世纪的科学家在赤道、北极附近和南北半球的温带地区进行了弧度测量来计算地球半径，由此确定了地球的平均扁率和真正的形状。地球扁率的存在本身就说明，地球曾经是一个液状球体，后来经历了冷却硬化的过程，这可以称作是所有地质事件中最古老的地质事件，在《宇宙》的第一卷中我们详细讲到过。

本章我们讲述了一个由伽利略、开普勒、牛顿、莱布尼兹主导的伟大时代，我们以望远镜带来的重大天文发现作为开端，以理论推算出的地球形状作为结束。贝塞尔（Friedrich Wilhelm Bessel）在海因里希·舒马赫（Heinrich Christian Schumacher）编纂的《1843年天文学年鉴》中写道："牛顿飞身一跃，找到了诠释宇宙体系的模式，因为他幸运地发现了关键的力量。开普勒法则就是这个力量的必然结果，开普勒法则符合天文现象，并且能对其做出预测，所以它势必是契合天文学现象的。"牛顿在他不朽的《自然哲学之数学原理》一书中推演了这种力量的存在，而该力量的发现恰好与微积分学带来的数学新发现几乎同时出现。

人类精神最伟大的地方就在于，它不依靠外界物质，而是单独依靠发源于数学思维和抽象思维的灵感而获得熠熠光彩。人类对数学真相的哲思带有一种令人着迷的"魔力"（威廉·洪堡），这种魔力在希腊罗马的古典时代就充分发挥了它的威力。时间和空间的奥秘永远吸引着人类，它们反映在声音、数字和线条之中。分析能力是科学研究的一种精神工具，在历史的发展历程中得到了不断的完善，它推动人类的各种灵感彼此交织，结出了无数硕果，而灵感的相互激发与其孕育的丰厚果实同等重要。这种分析能力在有关地球和太空的自然宇宙观方面开辟了不可估量的新天地，例如海洋表面的周期性波动和行星的摄动领域就因此取得了显赫的成果。

威廉·洪堡画像。

第八章
回顾与总结

Rückblick auf die Hauptmomente in der Geschichte der Weltanschauung

> 每个时代都有新的科学发现耀人眼目，都会让人沉浸在希望之中——不过这些希望后来又往往变成了失望，所以每个时代都误以为自己已经接近自然科学的顶峰。这样的错觉是否真能提升人们对当今科学发展的喜悦之情，凝神深思，我深表怀疑。自由的人类在未来的岁月中将会继续发展，共享文明的成果，而迄今已经取得的科学成就在历史的长河中只是很小的一部分。在我看来，这样的态度更加令人振奋，也更加符合认为人类拥有伟大使命的观念。事物的发展是错综复杂且多有不顺的，人类取得的每个研究成果都是通往更高目标途中的一级台阶。

Alexander von Humboldts
Reise in die Aequinoktial-Gegenden
des neuen Kontinents.

In deutscher Bearbeitung

von

Hermann Hauff.

Nach der Anordnung und unter Mitwirkung des Verfassers.

Einzige von A. von Humboldt anerkannte Ausgabe in deutscher Sprache.

Zweiter Band.

Stuttgart.
Verlag der J. G. Cotta'schen Buchhandlung
Nachfolger.

第八章 回顾与总结

行文至此，接近尾声，这是一部冒着很大风险的沉甸甸的作品，其内容跨越了两千多年——从居住在地中海海盆沿岸和两河流域的各民族的初始文化开始，一直讲述到了 19 世纪初，而彼时的科学观点及情感已经与我们今天的理念融合为一体了。我在本卷中撰写了 7 个独立章节，也就是泼墨创作了 7 幅有关自然的画卷，以此讲述了人类自然宇宙观的发展历史，即人类如何逐渐认识自然宇宙的经过，我自认为达成了这个目标。至于我是否成功地掌控了浩瀚的知识素材、刻画了主要时代的特征以及描绘出指引思想和文明不断发展的路径，作为作者，我无从判断，也不能判断，不过晚年所剩不多的心力毕竟还是让我可以有怀疑的理由。这是一项宏大的写作计划，我真切希望用简明扼要的线条勾勒出宇宙观发展的主要轨迹，回首往事，这个愿望在我心中已经上下盘踞了多年。

在关于阿拉伯文化的那一章节（见第五章），我一开始就描述了阿拉伯文化的渗透，作为异域文化它给欧洲文明带来了巨大的影响。此处我讲到了宇宙史和自然科学史之间的边界，然而一旦跨越了这个边界，宇宙史和自然科学史可以合为一体。人类关于地球和太空的科学知识在历史进程中逐步得到了发展和积累，在我看来，科学知识总是与特定的时代相关联，与赋予一个时代特定基调的、对地理空间或智识水平产生影响力的事件相关联。这样的事件都是历史上曾经出现过的壮举：人们驶向黑海南岸的本都王国，在菲西斯发现了黑海的另一岸；驶向热带的黄金之国和乳香之国；跨越直布罗陀海峡，开辟了重要的海上道路，沿着这些海路陆续发现了靠近摩洛哥海岸的克尔讷岛、大西洋中的赫斯珀里得斯岛（Hesperiden）、欧洲北部的卡西特里德岛（Kassiteriden）、琥珀岛、亚速尔群岛，以及后来哥伦布登上的美洲新大陆。我首先描写了跨出地中海和阿拉伯海湾北端的海上航行，接着又讲到前往本都和黄金之国奥菲尔的航程，此后分别叙述了亚历山大东征和他在东西方融合方面所做的尝试，印度海上贸易的威力，托勒密王朝时代亚历山大学

◀ 洪堡 1859 年出版的德文首版《美洲旅行记》。

下 篇 宇宙观历史

派的影响，罗马皇帝对世界的统治，阿拉伯人对自然和自然力量的偏爱以及阿拉伯人与天文、数学和化学的密切关系。当欧洲人发现了隐藏在地球另一半的美洲，也就随即完成了历史上最重大的地理发现。此后发生了一系列重大的历史和科学事件，它们拓展人类的思想边界，激发科学家研究物理法则，推动人类想要彻底理解宇宙的追求。我们之前讲到过，人类的智识某些时候可以在没有外界事件的参与下，在各个方面都取得丰硕的成就，这是一种自身的内在力量爆发的结果。

人类创造了各种工具，就好像是为自己创造了提升觉察力的新感官，在所有这些工具当中，望远镜仿佛炸雷一般横空出世。望远镜具有穿透空间的力量，突然间人们就能研究极大范围的太空，也发现了更多的星体，天文学家开始确定它们的形状和轨道，这个时候人类才真正进入宇宙中的"太空"。本书第七章就建立在迈进太空的重要性的基础之上。人类此时的追求有一个共同之处，那就是它们都折射出望远镜带来的各种成果。如果我们把望远镜的发明与近代的另一个伟大发明"伏打电堆"进行比较——我们知道伏打电堆深刻影响到电化学理论，影响到对碱和硼族元素的表述，影响到盼望已久的电磁学的发现——那么我们就会发现，人类已经可以随意制造一系列连锁的自然现象，这些现象在很多方面都深刻涉及有关自然力量运作的知识。不过伏打电堆更算是物理学历史上的一个里程碑，而不算是宇宙观历史上一个直接的标识。现在的科学知识彼此相互交织，让我们不容易对单个现象进行明确的区分和界定。最近我们发现电磁对极光光柱方向的影响，电磁可以改变光柱的方向，也可以生成化合物。所有的事物都会因为人类精神文明的积累而发展变化，如果陷入思维的惯性，把这些势不可挡的进步描述为科学探索旅程的终点，那么这将是一件危险的事情。同样的，如果拘泥于个人有限的意识，对同时代人或已逝者的荣耀成就妄加评论，也是危险的。

在讲述自然科学早期萌芽的时候，我几乎总是提到它们在迄今为止的科学发展历程中所处的阶段与地位。《宇宙》的第三卷和第四卷将为读者提供科学研究历来的种种成果，用来注释第一卷和第二卷所描绘的带有普遍性的自然画卷，我们今天的科学观点就是建立在这些成果的基础之上。很多按照

第八章 回顾与总结

其他观点应该出现在一部自然科学著作中的内容，将会在第三卷和第四卷与读者见面。每个时代都有新的科学发现耀人眼目，都会让人沉浸在希望之中——不过这些希望后来又往往变成了失望，所以每个时代都误以为自己已经接近自然科学的顶峰。这样的错觉是否真能提升人们对当今科学发展的喜悦之情，凝神深思，我深表怀疑。自由的人类在未来的岁月中将会继续发展，共享文明的成果，而迄今已经取得的科学成就在历史的长河中只是很小的一部分。在我看来，这样的态度更加令人振奋，也更加符合认为人类拥有伟大使命的观念。事物的发展是错综复杂且多有不顺的，人类取得的每个研究成果都是通往更高目标途中的一级台阶。

有一种做法显著推动了 19 世纪的科学进步，并成为当代科学研究的主要特点，那就是人们普遍不再把目光局限在新的成果之上，而是根据规模和分量对以前的科学研究进行严格的审查，把经由类比法推导出来的内容与确切的知识区分开来，并对天文物理学、地球自然科学、地质学、古代文化研究学等所有类别的知识都采取严格的批判性治学法。这种治学法在很多方面取得了明显的成效，人们借此能够清晰界定每一种学科，而且还发现了某些学科的薄弱环节——例如有些没有根据的看法被当作事实，有些具有象征意义的传说在旧时的宗教庇护下被当作严肃的理论。不确切的语言表述以及从一门学科移植到另一门学科的专业词汇引发了很多错误的观点和类比。动物学的发展长期受到阻碍，就是因为人们以为低等动物会像高等动物一样，依赖于同样的器官维持生命活动。人类对隐花植物中的具有皮质层的藓类、地钱、蕨类、石松，以及更加低等的叶状体（藻类、地衣、菌类）的认识就更是长期处在蒙昧之中，因为人们试图在这些植物当中寻找来自动物界的有性繁殖方式，这当然是枉费心机。

如果说"艺术"存在于想象力的魔法世界，存在于人的内心深处，那么"知识"的扩展就主要依赖于和外界的联系。随着各民族间的交流日益频繁，与外界的联系会变得越来越多样，越来越深入。新工具的发明不仅可以提高人类的精神力量，而且也常常能够增强人类的切实威力。有些发生在基础元素层面的自然力量悄无声息地运作着，还不能为我们所知，比如说有机物微小细胞内部的运作情形。但是这样的力量终将会被揭示，被使用，被用于实

下 篇 宇宙观历史

现更高的目标。它们有朝一日也必然会加入那些不可预估的科学方法之列，这些科学方法将引领人类逐步掌握自然科学的各个学科，引领人类更加真切地理解宇宙全貌。

附 录

Appendix

人名译名对照表

地名译名对照表

人名译名对照表

· *Glossary* ·

阿巴里斯（Abaris）
阿贝尔·塔斯曼（Abel Tasman）
阿波罗尼奥斯（Apollonius von Perge）
阿波罗尼亚的第欧根尼（Diogenes von Apollonia）
阿伯拉德（Pierre Abélard）
阿卜杜拉赫曼一世（Abd ar-Rahman I）
阿卜杜勒-拉赫曼·苏菲（Abd ar-Rahman as-Sufi）
阿布·伯克尔（Abu-Bekr）
阿布·瓦法（Abul-Wefa）
阿布雷乌（António de Abreu）
阿尔布克尔克（Afonso de Albuquerque）
阿尔弗松（Gunnbjörn Úlfsson）
阿尔戈特（Luis de Góngora Argote）
阿尔喀诺俄斯（Alcinous）
阿尔克迈翁（Alcmaeon）
阿尔曼索尔（Almansor）
阿尔琴（Alcuin）
阿方索十世（Alfons X）
阿非利加努斯（Leo Africanus）
阿丰索·派瓦（Alonso de Payva）
阿弗洛狄西亚的亚历山大（Alexander von Aphrodisias）
阿戈斯蒂诺·希拉（Agostino Scilla）
阿革诺耳（Agenor）
阿哈德（Adhad）
阿胡拉·玛兹达（Ahura Mazda）
阿基米德（Archimedes）
阿科斯塔（José de Acosta）
阿奎那（Thomas von Aquino）
阿拉戈（François Arago）
阿雷蒂诺（Pietro Aretino）
阿里·马松（Ari Marsson）
阿里安（Arrian）
阿里奥斯托（Ludovico Ariosto）

◀ 龙血树。

附　录

阿里奥尤斯（Ariäus）
阿里曼（Ahriman）
阿里斯蒂勒斯（Aristyllus）
阿里斯东尼克（Aristonikos）
阿里斯塔克斯（Aristarchos von Samos）
阿里斯提亚斯（Aristeas）
阿里斯托布鲁斯（Aristobulos von Kassandreia）
阿隆索·奥赫达（Alonso de Ojeda）
阿玛布尔·约丹（Amable Jourdain）
阿蒙涅姆赫特三世（Amenemhet Ⅲ）
阿摩尼奥斯（Ammonius）
阿姆鲁（Amru）
阿那克萨哥拉（Anaxagoras）
阿那克西美尼（Anaximenes）
阿纳尔松（Ingólfur Arnarson）
阿诺德·海伦（Arnold Heeren）
阿皮亚努斯（Petrus Apianus）
阿普列尤斯（Appulejus）
阿伽提亚斯（Agathias）
阿伽图达蒙（Agathodaemon）
阿特纳奥斯（Athenaios）
阿提库斯（Titus Pomponius Atticus）
阿耶波多（Aryabhata）
阿尤（Hartmann von Aue）
埃布·哈赞（Ebn Sid Hazan）
埃德姆·马略特（Edme Mariotte）
埃尔卡诺（Juan Sebastián Elcano）
埃尔科莱一世（Ercole Ⅰ d'Este）
埃尔南·科尔特斯（Hernán Cortés）
埃尔南德斯·托莱多（Hernandez de Toledo）
埃尔西利亚（Alonso de Ercilla）
埃弗丁恩（Allart van Everdingen）
埃克霍特（Albert Eckhout）
埃拉托斯特尼（Eratosthenes）
埃里克（Erik Håkonsson）
埃里亚努斯（Aelianus）
埃申巴赫（Wolfram von Eschenbach）
埃斯库罗斯（Aischylos）
埃瓦尔德（Heinrich Ewald）
艾斯玛仪（Asmai）
爱德华·吉本（Edward Gibbon）
爱德蒙·哈雷（Edmond Halley）
爱留根纳（Johannes Scotus）
安达罗·内格罗（Andalò del Negro）
安德雷亚·考萨利（Andrea Corsali）
安德烈埃·比安科（Andrea Bianco）
安德洛尼卡二世（Andronikos Ⅱ）
安东尼奥·马切纳（Antonio de Marchena）
安敦宁·毕尤（Antoninus Pius）
安塔拉（Antara）
奥弗里德·缪勒（Otfried Müller）
奥古斯都大帝（Augustus）
奥古斯特·伯克（August Böckh）
奥古斯特（Ernst Ferdinand August）
奥赫达（Alonso de Hojeda）
奥卡姆的威廉（Wilhelm von Occam）
奥勒·罗默（Ole Römer）
奥斯特（Hans Christian Oersted）
奥索尼乌斯（Ausonius）
奥托·格里克（Otto von Guericke）
奥瓦因·圭内斯（Owain Gwynedd）
奥维德（Ovidius）

人名译名对照表

奥维耶多（Gonzalo de Oviedo）
奥西安德（Andreas Osiander）
奥皮安（Oppianus）
奥文斯·菲内（Orontius Finäus）
巴比涅（Jacques Babinet）
巴尔布斯（Balbus）
巴尔卡（Calderón de la Barca）
巴罗斯（João de Barros）
巴门尼德（Parmenides）
巴斯蒂达斯（Rodrigo Bastidas）
巴特霍尔德·尼布尔（Barthold Niebuhr）
巴托洛梅·卡萨斯（Bartolomé de las Casas）
柏尔神（Belus）
柏拉图（Plato）
柏郎嘉宾（Pian del Carpine）
拜耳（Johann Bayer）
拜伦（George Gordon Byron）
班第尼（Bandini）
邦普兰（Aimé Bonpland）
保罗·弗莱明（Paul Flemming）
保萨尼亚斯（Pausanias）
鲍雷尔（Jacob Boreel）
贝内德托·卡斯泰利（Benedetto Castelli）
贝萨里翁（Bessarion）
贝塞尔（Friedrich Wilhelm Bessel）
贝特霍尔德·施瓦茨（Berthold Schwarz）
贝歇尔（Johann Joachim Becher）
孛儿只斤·拔都（Batu Chan）
本博（Pietro Bembo）
本菲（Theodor Benfey）
比鲁尼（Albyruni）
比斯卡诺（Sebastián Vizcaíno）
彼特拉克（Francesco Petrarca）
毕奥（Jean-Baptiste Biot）
毕达哥拉斯（Pythagoras）
庇护二世（Aeneas Silvius Piccolomini）
波爱修斯（Boethius）
波尔达（Jean-Charles de Borda）
波菲利（Porphyrius）
波利格诺托斯（Polygnotus）
波鲁（Iulius Pollux）
波鲁斯国王（Poros）
波皮格（Eduard Friedrich Poeppig）
波斯特（Frans Post）
波希多尼（Poseidonios）
波伊巴赫（Georg Peurbach）
波义耳（Robert Boyle）
伯恩斯（Alexander Burnes）
伯纳德·帕里西（Bernard Palissy）
伯纳德（Bernard von Chartres）
泊松（Siméon Denis Poisson）
博韦的樊尚（Vinzenz von Beauvais）
卜列东（Gemistos Pletho）
布丰（Georges-Louis Leclerc de Buffon）
布雷登巴赫（Bernhard von Breidenbach）
布隆尼亚尔（Alexandre Brongniart）
布鲁采夫斯基（Albert Brudzewski）
布鲁诺（Giordano Bruno）
布洛克斯（Barthold Brockes）
布珊高（Jean-Baptiste Boussingault）
查理五世（Charles V）
查士丁尼一世（Justinian I）
柴尔德雷（Joshua Childrey）

附 录

达·芬奇（Leonardo da Vinci）
达·伽马（Vasco da Gama）
达尔文（Charles Robert Darwin）
达盖尔（Louis Daguerre）
达朗贝尔（Jean le Rond d'Alembert）
达那俄斯（Danaos）
大阿尔伯特（Albertus Magnus）
大流士大帝（Darius Ⅰ）
大圣巴西流（Basilius der Große）
大卫·布儒斯特（David Brewster）
大卫·雷（David Ray）
大西庇阿（Scipio Africanus）
丹尼尔（John Daniell）
但丁（Dante）
道尔顿（John Dalton）
德·圣马丁（Andres de San Martin）
德安吉拉（Peter Martyr d'Anghiera）
德尔图良（Tertullian）
德吕克（Jean-André Deluc）
德谟克利特（Demokrit）
德索叙尔（Horace-Bénédict de Saussure）
邓斯·斯科特斯（Duns Scotus）
狄奥迪克底（Theodecte）
狄奥多罗斯（Diodor）
狄奥尼修一世（Dionysios Ⅰ）
狄俄倪索斯（Dionysos）
狄西阿库斯（Dicaarchus）
迪奥戈·康（Diogo Cão）
迪奥斯科里德斯（Dioscorides）
迪奎尔（Dicuil）
迪亚尔（Pierre-Médard Diard）
迪亚士（Bartholomäus Diaz）

笛卡儿（René Descartes）
第谷（Tycho Brahe）
蒂莫查里斯（Timocharis）
迭戈·里贝罗（Diogo Ribeiro）
丢番图（Diophantus）
丢勒（Albrecht Dürer）
杜马（Jean-Baptiste Dumas）
杜瓦塞尔（Alfred Duvaucel）
多梅尼基诺（Domenichino）
俄狄浦斯（Oedipus）
厄庇墨透斯（Epimetheus）
厄克方图（Ecphantus）
恩客（Encke）
恩里克王子（Heinrich der Seefahrer）
恩培多克勒（Empedocles）
恩维利（Ewhadeddin Enweri）
伐罗诃密希罗（Varāhamihira）
法布里奇乌斯（David Fabricius）
法拉第（Michael Faraday）
范·赫尔蒙特（Johan Baptista van Helmont）
非洲的祭司王约翰（Priesterkönig Johannes）
菲尔多西（Firdausi）
菲力克斯（Phrixus）
菲利普·西德尼（Philip Sidney）
菲利普三世公爵（Philipp der Gute）
菲洛劳斯（Philolaos）
菲洛斯特拉托斯（Flavius Philostratos）
菲涅耳（Augustin-Jean Fresnel）
菲丝（Feisi）
腓力二世（Philipp Ⅱ）

腓特烈二世（Friedrich Ⅱ）
斐迪南二世（Ferdinand Ⅱ）
斐洛斯特亚图斯（Philostratus）
费迪南德·鲍尔（Ferdinand Bauer）
费莱托（Bartholomäus Ferreto）
费罗普勒斯（Johannes Philoponus）
费马（Pierre de Fermat）
夫莱塔格（Georg Wilhelm Freytag）
弗拉·毛罗（Fra Mauro）
弗拉卡斯托罗（Girolamo Fracastoro）
弗拉维奥·乔雅（Flavio Gioja）
弗莱登（Freidank）
弗兰（Christian Frähn）
弗朗西斯·培根（Francis Bacon）
弗朗兹·扎克（Franz Xaver von Zach）
弗里德里希·罗森（Friedrich August Rosen）
弗里德里希·雅各布斯（Friedrich Jacobs）
伏尔泰（Voltaire）
伏特（Alessandro Volta）
福格尔魏德（Walther von der Vogelweide）
富兰克林（Benjamin Franklin）
盖伦（Galenus）
盖尼米德（Ganymede）
盖乌斯·马修斯（Gaius Matius）
冈比西斯二世（Cambyses Ⅱ）
高斯（Gauss）
哥白尼（Nicolaus Copernicus）
哥伦布（Cristoforo Colombo）
哥马拉（Francisco de Gómara）
歌德（J. W. von Goethe）
格奥尔格·福斯特（Georg Forster）
格拉海姆（George Graham）

格里马尔迪（Francesco Grimaldi）
格列高尔·赖什（Gregor Reisch）
格米诺斯（Geminos von Rhodos）
格努普松（Erik Gnupsson）
格泽纽斯（Wilhelm Gesenius）
贡萨洛·奥维耶多（Gonzalo Fernández de Oviedo）
古斯塔夫·瓦根（Gustav Waagen）
古腾堡（Johannes Gutenberg）
哈德良（Hadrian）
哈尔科孔季莱斯（Demetrios Chalkokondyles）
哈菲兹（Hafiz）
哈格多恩（Friedrich von Hagedorn）
哈格瑙（Reinmar der Alte）
哈康六世（Haakon Ⅵ）
哈勒（Albrecht von Haller）
哈伦·拉希德（Harun ar-Raschid）
哈米卡（Hamikar）
哈默（Joseph von Hammer）
哈桑·拉玛（Hasan al-Rammah）
海格力斯（Hercules）
海什木（Alhazen）
海因里希·里特尔（Heinrich Ritter）
海因里希·舒马赫（Heinrich Christian Schumacher）
汉弗莱·吉尔伯特（Humphrey Gilbert）
汉尼拔（Hannibal）
汉斯·李普希（Hans Lippershey）
豪森（Friedrich von Hausen）
豪特曼（Frederick de Houtman）
何塞·阿科斯塔（José de Acosta）

附录

荷马（Homer）
贺拉斯（Horaz）
赫尔米埃（Ammonius Hermeae）
赫尔莫劳斯（Hermolaus of Macedon）
赫卡塔埃乌斯（Hekataios von Milet）
赫拉克里德斯（Heraclides）
赫勒（Helle）
赫里索洛拉斯（Manuel Chrysoloras）
赫马·弗里修斯（Gemma Frisius）
赫米阿斯（Hermias）
赫塞塔斯（Hicetas）
赫斯珀里得斯（Hesperídes）
赫西俄德（Hesiodus）
黑斯塔斯普（Goschtasp）
亨利·哈德逊（Henry Hudson）
亨利·勒尼奥（Henri Victor Regnault）
胡安·德莱昂（Juan Ponce de León）
胡安·加埃塔诺（Juan Gaetano）
胡安·卡布里略（Juan Cabrillo）
胡安·科萨（Juan de la Cosa）
胡安·韦斯普奇（Juan Vespucci）
胡安娜·祖尼加（Juana de Zuniga）
胡克（Joseph Dalton Hooker）
花拉子米（Chowarezmier）
华盛顿·欧文（Washington Irving）
惠更斯（Christiaan Huygens）
惠威尔（William Whewell）
霍贝马（Meindert Hobbema）
霍尔瓦达（Johann Phocylides Holwarda）
基尔兰达约（Domenico Ghirlandaio）
吉奥（Guiot de Provins）
吉罗拉莫·卡尔达诺（Girolamo Cardano）

纪尧姆（Guillaume de Sainte-Croix）
加斯帕德·杜格（Gaspard Dughet）
加西亚·奥尔塔（Garcia de Orta）
加西亚·罗阿西（Garcia Jofre de Loaysa）
迦梨陀娑（Kalidasa）
贾比尔（Dschābir ibn Hayyān）
贾梅士（Luís Camões）
居鲁士大帝（Kyros der Große）
居维叶（Georges Cuvier）
君士坦丁大帝（Konstantin der Große）
卡伯特（Sebastian Cabot）
卡布拉尔（Alvarez Cabral）
卡布里略（Juan Cabrillo）
卡达莫斯托（Alvise Cadamosto）
卡德摩斯（Cadmus）
卡尔·拉芬（Carl Christian Rafn）
卡尔·穆勒（Karl Otfried Müller）
卡尔·席勒（Carl Wilhelm Scheele）
卡尔·雅可比（Carl Jacobi）
卡尔斯艾弗尼（Thorfinn Karlsefni）
卡拉布里亚的巴拉姆（Barlaam von Kalabrien）
卡拉诺斯（Kalanos）
卡拉奇（Annibale Carracci）
卡里安达的西拉克斯（Scylax von Caryanda）
卡里斯托（Kallisto）
卡利斯提尼（Callisthenes）
卡洛斯一世（Carlos I）
卡佩拉（Martianus Capella）
卡斯图（Antonius Castor）
卡塔琳娜（Catharina）

人名译名对照表

卡文迪许（Henry Cavendish）
卡西里（Miguel Casiri）
卡西尼（Giovanni Domenico Cassini）
开普勒（Kepler）
凯·卡武斯（Kei Kawus）
凯克洛普斯（Kekrops Ⅰ）
恺撒大帝（Gaius Julius Caesar）
坎蒂普雷的托马斯（Thomas von Cantimpré）
坎帕尼（Giuseppe Campani）
坎西（Quatremère de Quincy）
康拉德·格斯纳（Conrad Gesner）
康农（Conon von Samos）
康帕内拉（Tommaso Campanella）
考斯特（Lorenz Jansson Koster）
科尔布鲁克（Henry Colebrooke）
科尔米纳雷斯（Rodrigo de Colmenares）
科尼利斯·德雷尔（Cornelis Drebbel）
科西莫·美第奇（Cosimo der ältere）
克拉拉克伯爵（Charles Othon Clarac）
克拉普罗特（Julius Klaproth）
克莱奥斯（Kolaios）
克莱罗（Alexis Claude Clairault）
克莱门斯（Clemens von Alexandria）
克莱孟四世（Clemens Ⅳ）
克莱斯特（Ewald von Kleist）
克劳狄安（Claudius Claudianus）
克劳狄一世（Claudius）
克劳迪奥·贝里瓜迪（Claudio Beriguardi）
克雷莫纳的杰拉德（Gerhard von Cremona）
克里安西斯（Kleanthes）
克里斯蒂安·伊德勒（Christian Ludwig Ideler）
克里斯朵夫·沙伊纳（Christoph Scheiner）
克里斯托夫·罗斯曼（Christoph Rothmann）
克律西波斯（Chryssippus）
克洛德·洛兰（Claude Lorrain）
克洛普施托克（Friedrich Gottlieb Klopstock）
克特立茨（Heinrich von Kittlitz）
克特西比乌斯（Ktesibius）
克特西亚斯（Ktesias）
刻菲索斯（Cephisus）
库尔提斯（Quintus Curtius Rufus）
库伊普（Aelbert Cuyp）
拉斐尔（Rafael）
拉赫曼·雅米（Dschami）
拉克坦提乌斯（Lactantius）
拉玛农（Robert de Lamanon）
拉美西斯二世（Ramesses Ⅱ）
拉蒙·柳利（Raymundus Lullus）
拉米斯（Petrus Ramus）
拉普拉斯（Pierre-Simon Laplace）
拉普雷（Laprey）
拉齐（Razes）
拉森（Christian Lassen）
拉斯卡里斯（Constantin Lascaris）
拉斯克（Rasmus Christian Rask）
拉瓦锡（Antoine Laurent de Lavoisier）
莱昂（Luis de León）
莱布尼兹（Gottfried Wilhelm Leibniz）
莱夫·埃里克松（Leifr Eiríksson）
莱普修斯（Karl Richard Lepsius）
赖因霍尔德（Erasmus Reinhold）
朗戈蒙塔努斯（Christen Sørensen

附　录

Longomontanus）
朗格斯（Longus）
老普林尼（Gaius Plinius Secundus）
老塞内卡（Marcus Annaeus Seneca）
老扬·勃鲁盖尔（Jan Brueghel）
勒内·阿维（René Just Haüy）
勒特罗内（Jean-Antoine Letronne）
勒伊斯达尔（Jacob van Ruisdael）
雷蒂库斯（Georg Joachim Rheticus）
雷吉奥蒙塔努斯（Regiomontanus）
雷诺（Joseph Toussaint Reinaud）
理查德·伊登（Richard Eden）
利奥波德六世（Luitpold Ⅵ）
利巴菲乌斯（Andreas Libavius）
利维欧·萨努托（Livio Sanuto）
良十世（Leo Ⅹ）
列支敦士登（Ulrich von Liechtenstein）
林奈（Carl Linnaeus）
卢坎（Marcus Annaeus Lucanus）
卢克莱修（Lucretius）
卢梭（Jean-Jacques Rousseau）
吕特克（Lütke）
鲁本斯（Peter Paul Rubens）
鲁宾（Rubin）
鲁不鲁乞（Rubruquis）
鲁根达斯（Johann Moritz Rugendas）
鲁米（Dscheladeddin Rumi）
鲁莫汉弗（Carl Friedrich von Rumohr）
鲁伊·法莱罗（Ruy Falero）
路德维希·蒂克（Ludwig Tieck）
路易九世（Ludwig Ⅸ）
路易斯·托雷斯（Luís Vaz de Torres）

略恩罗特（Elias Lönnrot）
罗伯特·胡克（Robert Hooke）
罗伯特·诺曼（Robert Norman）
罗吉尔·培根（Roger Bacon）
马埃斯特罗（Maestro Jayme）
马丁·阿丰索（Martim Afonso de Sousa）
马丁·倍海姆（Martin Behaim）
马丁·科蒂斯（Martin Cortez）
马丁·利斯特（Martin Lister）
马丁·路德（Martin Luther）
马丁·平松（Martín Alonso Pinzón）
马多克（Madoc）
马格努森（Finnur Magnússon）
马果（Mago）
马可·奥勒留（Mark Aurel）
马可波罗（Marco Polo）
马克·皮克泰（Marc-Auguste Pictet）
马库斯·韦尔瑟（Marcus Welser）
马里迪尼（Masawaih al-Mardini）
马里努斯（Marinus von Tyrus）
马里乌斯（Simon Marius）
马吕斯（Étienne Louis Malus）
马蒙（Ma'mūn）
马齐乌斯（Carl von Martius）
马切多尼奥·梅洛尼（Macedonio Melloni）
马苏第（Abul Hasan Ali Al-Masu'di）
马泰奥·博亚尔多（Matteo Maria Boiardo）
玛丽亚（Maria）
迈克尔·马斯特林（Michael Maestlin）
迈克尔·斯科特斯（Michael Scotus）
迈斯特林（Michael Mästlin）
麦佛森（James Macpherson）

麦格努斯（Albertus Magnus）
麦加斯梯尼（Megasthenes）
麦哲伦（Ferdinand Magellan）
曼德罗克勒斯（Mandrocles）
曼德维尔（John Mandeville）
曼科·卡帕克（Manco Capac）
曼涅托（Manetho）
曼苏尔（Mansur）
梅根伯格的康拉德（Conrad Meygenberg）
梅利埃格（Meleager）
梅南窦（Menander Protektor）
梅内克穆斯（Menaechmus）
梅萨拉（Messala）
梅塞纳斯（Mecenatas）
梅西那（Antonello da Messina）
美第奇（Medici）
美刻尔（Melkart）
门达尼亚·内拉（Mendaña y Neira）
蒙哥汗（Möngke Khan）
蒙特菲尔特罗（Montefeltro）
蒙特莫（Jorge de Montemayor）
弥涅墨斯（Mimnermus）
米开朗基罗（Michelangelo）
米南德（Menander）
米努修（Minucius Felix）
米特里达梯六世（Mithridates VI）
米特里达梯一世（Mithridates I）
米夏尔·萨克斯（Michael Sachs）
米歇尔·沙勒（Michel Chasles）
明都斯的阿波罗尼奥斯（Apollonius von Myndos）
墨涅拉俄斯（Menelaos）

默罕默德（Mohammed）
默奇森爵士（Sir Roderick Murchison）
穆阿台绥姆（al-Mu'tasim）
穆罕默德·伊德里西（Muhammad al-Idrisi）
纳多德（Naddodd）
纳齐安（Gregor von Nazianz）
纳斯雷丁（Nassir Eddin）
奈瑟曼（Georg Nesselmann）
奈特哈特（Neidhart）
尼阿库斯（Nearchus）
尼古拉·库斯（Nikolaus von Kues）
尼古拉·普桑（Nicolas Poussin）
尼古拉三世（Nikolaus III）
尼古拉斯·阿斯塞林（Nicolas Ascelin）
尼古拉斯·勒梅里（Nicolas Lémery）
尼古拉斯·斯坦诺（Nicolaus Steno）
尼古拉四世（Nikolaus IV）
尼科二世（Necho II）
尼科劳·科埃略（Nicolao Coelho）
尼科洛·康提（Niccolò de'Conti）
尼留斯（Neleus）
尼禄（Nero）
尼努斯（Ninus）
尼撒的贵格利（Gregorius von Nyssa）
聂斯脱利（Nestorius）
牛顿（Isaac Newton）
农诺斯（Nonnus）
欧多克索斯（Eudoxus）
欧几里得（Euklid）
欧拉（Euler）
欧里庇得斯（Euripides）
欧罗巴（Europa）

附　录

欧纳斯克利图斯（Onesikritus）
帕拉塞尔苏斯（Paracelsus）
帕斯卡（Blaise Pascal）
庞波尼乌斯·莱图斯（Pomponius Laetus）
佩德罗·达维拉（Pedro Arias Davila）
佩德罗·基罗斯（Pedro Quirós）
佩罗·科维良（Pedro de Covilham）
佩特拉卡（Francesco Petrarca）
彭提乌斯（Heraclides Ponticus）
皮埃尔·博雷利（Pierre Borelli）
皮埃尔·戴伊（Pierre d'Ailly）
皮埃尔·罗伊（Pierre Le Roy）
皮埃尔·伽桑狄（Pierre Gassendi）
皮埃尔弗朗西斯科·美第奇（Pierfrancesco de'Medic）
皮加费塔（Antonio Pigafetta）
品达（Pindaros）
婆罗摩笈多（Brahmagupta）
普克勒-穆斯考（Hermann von Pückler-Muskau）
普雷费尔（William Playfair）
普雷沃斯特（Lucien Alphonse Prévost）
普利斯特里（Joseph Priestley）
普鲁塔克（Plutarch）
普罗旺斯的玛格丽特（Margarete von der Provence）
普萨美提克一世（Psammetich Ⅰ）
乔安（Juana de la Torre）
乔瓦尼·比安奇尼（Johann Bianchini）
乔万尼·薄伽丘（Giovanni Boccaccio）
乔万尼·美第奇（Cosimo der jüngere）
乔治·安森（George Anson）

乔治·哈德里（George Hadley）
乔治·派尔巴赫（Georg von Peuerbach）
乔治·斯当东（Sir George Staunton）
切萨尔皮诺（Andreas Cesalpinus）
切兹（Helmina von Chézy）
伽利略（Galileo Galile）
伽卢斯（Aelius Gallius）
让·雷伊（Jean Rey）
让·里希尔（Jean Richer）
让·诺莱特（Jean-Antoine Nollet）
让·皮卡尔（Jean Picard）
日耳曼尼库斯（Germanicus）
儒尼奥尔（Lucilius Junior）
若昂·巴罗斯（João de Barros）
若昂一世（Johann Ⅰ）
萨迪（Sa'di, Moshlefoddin Mosaleh）
萨洛蒙·格斯纳（Salomon Geßner）
萨努德（Marino Sanudo der Ältere）
萨图尔努斯（Saturnus）
萨维德拉（Álvaro de Saavedra）
塞波萨斯（Statius Sebosus）
塞迪洛（Louis-Pierre-Eugène Sédillot）
塞多留（Sertorius）
塞利奥（Sebastiano Serlio）
塞琉古一世（Seleukos Ⅰ）
塞琉西亚的塞琉古（Seleukos von Seleukia）
塞弥拉弥斯（Semiramis）
塞缪尔·莫利纽兹（Samuel Molyneux）
塞普蒂米乌斯·塞维鲁（Septimius Severus）
塞索斯特里斯（Sesostris）
塞提一世（Sethos Ⅰ）

人名译名对照表

塞万提斯（Cervantes）
塞维利亚的约翰（Johannes Hispalensis）
桑克托留斯（Sanctorius）
桑切斯（Sanchez）
瑟瓦尔德森（Erik Thorvaldsson）
商博（Jean-François Champollion）
圣伯铎（Petrus von Verona）
圣克鲁斯（Alonso de Santa Cruz）
圣瑙克拉底乌斯（Naucratius）
圣皮埃尔（Bernardin de Saint-Pierre）
施莱格尔（August Wilhelm Schlegel）
施勒格尔（Friedrich Schlegel）
史蒂芬·黑尔斯（Stephen Hales）
舒伯特（Friedrich von Schubert）
司考路斯（Scaurus）
斯蒂芬·格雷（Stephen Gray）
斯蒂芬·里戈（Stephen Peter Rigaud）
斯特拉波（Strabo）
斯特拉斯伯格（Gottfried von Straßburg）
斯瓦瓦尔森（Gardarr Svavarsson）
梭罗（Henry David Thoreau）
所罗门王（Solomon）
索尔兹伯里的约翰（Johann von Salisbury）
索福克勒斯（Sophokles）
琐罗亚斯德（Zoroaster）
塔迪乌斯（Spurius Tadius）
塔索（Torquato Tasso）
塔西陀（Gaius Cornelius Tacitus）
泰奥弗拉斯托斯（Theophrastus）
泰尔的马里努斯（Marinos von Tyros）
唐·费雷尔（Don Jayme Ferrer）
特里克·汉密尔顿（Terrick Hamilton）

特吕代纳（Philibert Trudaine）
提布鲁斯（Tibullus）
提图斯·李维（Titus Livius）
提图斯（Titus）
提香·韦切利奥（Tiziano Vecellio）
图拉真（Trajan）
忒奥克里托斯（Theocritus）
忒堤斯（Tethys）
托比亚斯·梅耶（Tobias Mayer）
托德西利亚斯（Antonio Tordesillas）
托尔夸托·塔索（Torquato Tasso）
托勒密（Claudius Ptolemaeus）
托里切利（Evangelista Torricelli）
托马斯·伯内特（Thomas Burnet）
托马斯·哈里奥特（Thomas Harriot）
托马斯·威利斯（Thomas Willis）
托马斯·杨（Thomas Young）
托斯卡内利（Paolo Toscanelli）
瓦岑罗德（Lucas Watzenrode）
瓦林（Varin）
瓦伦丁努斯（Basilius Valentinus）
瓦伦提尼安一世（Valentinian I）
瓦斯科·巴尔沃亚（Vasco Balboa）
威廉·巴芬（William Baffin）
威廉·布劳（Wilhelm Janszoon Blaeu）
威廉·格林（Wilhelm Grimm）
威廉·赫歇尔（Wilhelm Herschel）
威廉·洪堡（William von Humboldt）
威廉·惠斯顿（William Whiston）
威廉·霍奇斯（William Hodges）
威廉·吉尔伯特（William Gilbert）
威廉·罗伯森（William Robertson）

附 录

威廉·帕立（William Edward Parry）
威廉·斯考滕（Willem Schouten）
威廉·沃尔（William Wall）
威廉四世（Friedrich Wilhem Ⅳ）
韦尔斯泰德（James Raymond Wellsted）
维吉尔（Virgil）
维加（Garcilaso de la Vega）
维克拉玛蒂亚（Vikramaditya）
维特鲁威（Marcus Vitruvius Pollio）
维托丽娅·科隆纳（Vittoria Colonna）
文森特·平松（Vicente Pinzón）
沃伦·黑斯廷斯（Warren Hastings）
乌鲁伯格（Timuride Ulugh Beig）
乌姆鲁勒·盖斯（Imru' al-Qais）
西博尔德（Philipp von Siebold）
西塞罗（Cicero）
西斯蒙第（Sismondi）
希尔德布兰（Eduard Hildebrandt）
希拉姆一世（Hischam Ⅰ）
希罗多德（Herodotus）
希欧多尔（Perus Theodori）
希塞塔斯（Hicetas）
希斯塔斯佩斯（Hystaspes）
锡罗斯的斐瑞居德斯（Pherecydes von Syros）
锡诺普的第欧根尼（Diogenes von Sinope）
席恩（Theon）
席勒（J. C. F. von Schiller）
喜帕鲁斯（Hippalus）
喜帕恰斯（Hipparchos）
夏多布里昂（François-René de Chateaubriand）
小汉斯·霍尔拜因（Hans Holbein der Jüngere）
小普林尼（Gaius Plinius Caecilius Secundus）
小塞拉皮翁医生（Serapion der jüngere）
小塞内卡（Lucius Annaeus Seneca）
辛奈西斯（Synesius）
辛努塞尔特三世（Sesostris Ⅲ）
辛普利丘斯（Simplicius）
许贝特·范艾克（Hubert van Eyck）
薛西斯一世（Xerxes Ⅰ）
雅各布·伯努利（Jacob Bernoulli）
雅各布·格林（Jacob Grimm）
雅各布·梅修斯（Jacob Metius）
雅各布·桑纳扎罗（Jacopo Sannazzaro）
雅赫摩斯二世（Amasis Ⅱ）
雅克·德力尔（Jacques Delille）
雅克·维特里（Jacob von Vitry）
亚里士多德（Aristotle）
亚历山大六世（Alexander Ⅵ）
亚美利哥·韦斯普奇（Amerigo Vespucci）
扬·范艾克（Jan van Eyck）
伊本·贝塔尔（Ibn al-Baytar）
伊本·鲁世德（Ibn-Rushd）
伊本·荣尼斯（Ibn Junis）
伊本·西那（Avicenna）
伊俄（Io）
伊斯塔赫里（al-Istakhrī）
伊莎贝拉（Isabella）
伊莎贝拉一世（Isabella Ⅰ）
伊塔利库斯（Silius Italicus）
以弗所的鲁弗斯（Rufus von Ephesus）
以赛亚（Jesaja）
以斯拉（Esra）

印第科普鲁斯特斯（Cosmas Indicopleustes）
尤巴二世（Juba Ⅱ）
约道库斯·洪第乌斯（Jodocus Hondius）
约翰·拜耳（Johann Bayer）
约翰·法布里斯（Johann Fabricius）
约翰·佛兰斯蒂德（John Flamsteed）
约翰·赫维留斯（Johannes Hevelius）
约翰·赫歇尔（John Herschel）
约翰·加勒（Johann Galle）
约翰·罗斯（John Ross）
约翰·罗伊尔（John Forbes Royle）
约翰·曼德维尔（John Mandeville）
约翰·毛里茨（Johann Moritz）
约翰·梅约（John Mayow）
约翰·弥尔顿（John Milton）
约翰·缪勒（Regiomontanus）
约翰·舍纳（Johann Schoner）
约翰·斯图姆（Johann Christoph Sturm）
约翰·沃斯（Johann Heinrich Voss）
约翰·伍德沃德（John Woodward）
约翰·席尔特伯格（Johannes Schiltberger）
约翰内斯·穆勒（Johannes Peter Müller）
约翰尼斯·维尔纳（Johann Werner）
约翰尼斯一世（Johannes Chrysostomos Ⅰ）
约瑟（Josef）
约瑟夫·布拉克（Joseph Black）
扎卡里亚斯·詹森（Zacharias Janssen）
匝加利·亚-卡兹维尼（Zakariyya'al-Qazwini）
旃陀罗笈多（Sandrokottos）
詹姆斯·布拉德雷（James Bradley）
詹姆斯·霍尔（James Hall）
詹姆斯·库克（James Cook）
詹姆斯·伦内尔（James Rennell）
詹姆斯·罗斯（James Clark Ross）
詹姆斯·汤姆森（James Thomson）
朱巴一世（Juba Ⅰ）
祖卜拉尼（an-Nābighah adhu-Dhubyānī）

地名译名对照表

· Glossary ·

阿杜利斯古城（Adulis）
阿尔巴尼亚（Albania）
阿尔卑斯山（Alps）
阿尔皮诺（Arpinum）
阿尔泰山（The Altai Mountains）
阿富汗（Afghanistan）
阿拉霍西亚（Arachosien）
阿马尔菲（Amalfi）
阿姆菲波利斯（Amphipolis）
阿姆河（Amudarja）
阿纳波河（Anapus）
阿努拉德普勒（Anuradhapura）
阿斯图拉岛（Astura）
阿塔克（Attock）
阿特拉斯山（Atlas Mountains）
阿特罗帕特尼王国（Atropatene）
阿西尔（Asir）
阿约提亚城（Ayodhya）
埃奥利火山群岛（Isole Eolie）
埃德萨古城（Edessa）

埃尔埃斯科里亚尔高原（El Escorial）
埃尔比勒（Erbil）
埃拉特（Eilat）
埃皮达鲁斯（Epidaurus）
埃斯科里亚尔修道院（Real Sitio de San Lorenzo de El Escorial）
艾赫米姆（Achmim，也写作 Chemmis）
爱奥尼亚海（Ionisches Meer）
爱利脱利亚海（Erythräisches Meer）
爱希纳德群岛（Echinades）
安第斯山脉（The Andes）
安齐奥（Antium）
安条克古城（Antiochia）
奥尔霍迈诺斯（Orchomenos）
奥福德山（Orford）
奥里诺科河（Río Orinoco）
奥里萨邦（Odisha）
奥洛涅茨（Olonez）
奥斯蒂亚（Ostia）
巴贝里尼宫（Barberina）

地名译名对照表

巴布亚新几内亚（Papua-Neuguinea）
巴尔赫（Balkh）
巴尔米拉（Palmyra）
巴芬湾（Baffin Bay）
巴克特里亚（Baktrien）
巴勒斯坦（Palestine）
巴利阿里群岛（Balearic Islands）
巴连弗邑（Pataliputra）
巴米扬（Bamiyan）
巴西海岸（the Brazilian Coast）
巴亚（Baiae）
白令海峡（Beringstraße）
班加罗尔（Bangalore）
北卡罗来纳（North Carolina）
贝勒尼采（Berenike）
贝鲁西亚（Pelusium）
贝希斯敦山（Bagistan）
本都（Pontus）
比斯开湾（Biskaya）
比亚斯河（Beas）
波茨坦（Potsdam）
波河（Po River）
波斯（Persia）
波西塔诺（Positano）
波佐利（Puteoli）
伯蒂亚拉城（Patiala）
伯罗奔尼撒半岛（Peloponnes）
博哈多尔角（Kap Bojador）
博洛尼亚（Bologna）
布巴斯提斯古城（Bubastis）
布哈拉（Buchara）
布里斯托尔（Bristol）

布罗奇古城（Bargosa，旧称 Bharuch）
布斯拉（Bosra）
茨克罗皮群岛（Isole Ciclopi）
慈堡（Cibao）
Chremetes（利比亚的河流）
Chretes（今天的苏斯河）
达达尼尔海峡（Dardanelles Strait）
达尔马提亚（Dalmatien）
达连（Darien）
达姆甘（Damghan）
大马士革（Damascus）
德尔斐（Delphi）
狄奥斯库里亚（苏呼米）（Sochumi）
狄俄墨德斯（Diomedes）
迪耶普（Dieppe）
底比斯（Theben）
第勒尼安海（Tyrrhenian Sea）
第聂伯河（Dnepr）
蒂多雷岛（Tidore）
蒂沃利（Tivoli）
俄斐（Ophir）
法尔斯（Fars）
法罗群岛（Färöer）
非洲邦角（Cap Bon）
菲布雷努斯河畔（Fibrenus）
菲西斯（Phasis）
费迪南德火山岛（Ferdinandea）
费尔干纳（Fergana）
佛兰德（Flandre）
佛兰德斯（Flanders）
佛罗里达（Florida）
弗吉尼亚（Virginia）

附　录

弗拉芒（Flandern）
弗拉纳克（Franeker）
福西亚（Phocaea）
高卢（Gaul）
戈尔甘（Gorgan）
戈梅拉岛（La Gomera）
哥伦比亚圣玛尔塔（Santa Marta）
格德罗西亚（Gedrosia）
格尔哈（Gerrha）
格尔拉城（Gerrha）
格拉尼库斯河（Granikos）
格拉西亚斯 - 阿迪奥斯（Gracias a Dios）
格兰托拉角（Cap Grantola）
格雷罗州（Guerrero）
古吉拉特邦（Gujarat）
瓜达尔基维尔河（Guadalquivir）
果阿邦（Goa）
哈德拉毛（Hadramaut）
哈德森湾（Hudson Bay）
哈尔迪尼洛斯（Jardinillos）
哈拉和林（Karakorum）
哈勒姆（Haarlem）
哈利卡那苏斯（Halicarnassus）
哈马丹（Hamadan）
哈特勒斯角（Cape Hatteras）
海地（Haiti）
汉志地区（Hedschas，又称希贾兹地区）
合恩角（Cape Horn）
赫尔维蒂（République helvétique）
赫卡通皮洛斯（Hekatompylos）
赫库兰尼姆（Herculaneum）
赫拉特古城（Herat）

赫鲁兰（Helluland）
赫斯珀里得斯岛（Hesperiden）
洪达日比亚（Hondarribia）
胡齐斯坦（Chuzestan）
霍姆斯（Homs）
基多（Quito）
基西拉岛（Kythira）
加达（Gardar）
加达里（Gadara）
加的斯（Cádiz）
加里利亚诺河（Garigliano）
加利格里阿诺河（Garigliano River）
迦勒底（Chaldäer）
迦南（Kanaan）
迦太基（Karthago）
杰赫勒姆河（Jhelam）
居鲁波利斯古城（Cyropolis）
卡布拉（Kabura）
卡蒂加拉（Cattigara）
卡拉博加兹湾（Kara-Bogas-Gol）
卡奈罗岛（Carnello）
卡斯蒂利亚（Castille）
卡西特里德岛（Kassiteriden）
卡宴（Cayenne）
凯莱尔（Kelonä）
恺撒利亚（Cäsarea）
坎帕尔迪诺（Campaldino）
康涅狄格州（State of Connecticut）
柯里叙利亚（Cölesyrien）
科巴巴山脉（Koh-e Baba）
科迪勒拉山系（Cordilera）
科尔多瓦（Córdoba）

科尔基斯（Kolchis）
科尔沃岛（Corvo）
科罗（Coro）
科罗诺斯（Kolonos）
科洛封（Kolophon）
科摩林角（Kap Komorin）
科斯岛（Kos）
科泽科德（Kozhikode）
克尔讷岛（Kerne）
克拉科夫（Krakau）
克拉塞（Chiassi）
克里特岛（Kreta）
克罗克斯加达草甸（Kroksfjardar）
克罗托内（Crotone）
克普托斯（Coptos）
克什米尔（Kaschmir）
苦盏古城（Khodjent）
库马河（Кума）
库马纳（Cumaná）
库迈（Cumä）
库赛尔步道（Kosser Straße）
库瓦瓜岛（Isla de Cubagua）
库瓦瓜岛（Isla de Cubagua）
拉卡（ar-Raqqa）
拉科尼亚（Lakonien）
拉罗谢尔（La Rochelle）
拉文纳（Ravenna）
莱格尼察（Legnica）
莱茵河（Rhine）
兰开斯特海峡（Lancastersund）
兰普萨库斯（Lampsakos）
雷蒂亚（Raetia）

里奥德奥罗河（Río de Ouro）
里奥尼河（Rioni）
卢卡亚群岛（Lucayische Inseln）
绿山（al-Dschabal al-Achdar）
伦巴第（Lombardy）
罗得岛（Rhode）
罗得岛州（State of Rhode Island）
罗迪格斯（Loddiges）
洛岛（Low Islands）
洛雷斯坦（Luristan）
洛希亚城（Loheia）
马德拉群岛（Madeira）
马尔丁（Mardin）
马耳他岛（Malta）
马克兰（Markland）
马克萨斯群岛（Marquesas）
马拉巴尔地区（Malabar）
马里阿角（Malea）
马里亚纳群岛（Marianen）
马略卡岛（Mallorca）
马萨诸塞州（State of Massachusetts）
马赞达兰（Mazandaran）
玛格丽塔岛（Isla Margarita）
麦地那（Medina）
麦加（Mekkah）
麦西尼亚（Messenien）
曼德海峡（Bab al-Mandab）
蒙特雷（Monterrey）
米蒂利尼（Mytilini）
米兰（Milan）
米尤斯霍尔默斯（Myos Hormos）
密西纳姆（Misenum）

附 录

摩腊婆地区（Malwa）
摩鹿加群岛（Moluccas）
摩泽尔河（Moselle）
墨西哥（Mexico）
穆哈拉格岛（al-Muharraq）
穆济里斯（Muziris）
南卡纳达县（Dakshina Kannada）
瑙克拉提斯（Naukratis）
尼尼微（Ninive）
尼西亚（Nicaea）
努尔斯坦（Nuristan，也译作努里斯坦）
努米底亚（Numidien）
欧塞里斯港口（Ocelis）
帕拜岛（Pabay）
帕多瓦（Padova）
帕加马（Pergamon）
帕加西蒂科斯湾（Pagasitischer Golf）
帕里亚半岛（Paria）
帕罗帕米萨德山区（Paropamisadae）
帕米索斯河（Pamisos）
帕纳塞斯山（Parnassus）
帕皮利（Papyli）
派斯湖（Kopais）
派塔（Paita）
潘诺尼亚（Pannonia）
潘泰莱里亚（Pantellaria）
潘提卡彭（Pantikapaion）
庞贝（Pompeii）
旁遮普（Punjabis）
佩特拉城（Petra）
皮斯托亚（Pistoia）
苹丘山（Pincius）

普拉提亚岛（Platea）
奇里基湖（Laguna de Chiriqui）
奇纳布河（Chanab）
奇维塔韦基亚（Civitavecchia）
切萨皮克河湾（Chesapeake Bay）
撒马尔罕（Samarqand）
萨格里什（Sagres）
萨贡托（Sagunt）
萨拉斯瓦蒂河（Sarasvati）
萨摩斯岛（Samos Insel）
萨特莱杰河（Satluj）
塞琉西亚城（Seleucia）
塞斯普罗蒂亚（Thesprotia）
塞易斯（Sais）
桑卢卡尔-德巴拉梅达港（Sanlúcar de Barrameda）
桑威奇群岛（Sandwich Islands）
圣安娜德科罗（Santa Ana de Coro）
圣奥古斯丁（San Augustin）
圣巴巴拉（Santa Barbara）
圣迭戈（San Diego）
圣弗朗西斯科河（Rio San Francisco）
圣港岛（Porto Santo Island）
圣劳伦斯河（Saint Lawrence River）
圣灵岛（Whitsunday Island）
士麦那（Smyrna）
斯基提亚（Skythía）
斯卡都（Skardu）
斯塔比亚（Stabiae）
斯特劳姆弗约特（Straumfjörd）
斯特鲁马河（Struma）
斯特罗法德斯群岛（Strophaden）

地名译名对照表

苏尔（Tyrus）
苏尔特湾（即锡德拉湾，Große Syrte）
苏伊士地峡（Suezkanal）
宿务岛（Cebu）
索法拉（Sofala）
索法拉海港（Sofala）
索科特拉岛（Sokotra）
琐罗亚斯德（Zoroaster）
塔尔奎尼亚（Tarquinia）
塔弗亚岛（Taphos）
塔特苏斯（Tartessos）
塔特苏斯港（Tartessos）
塔特索斯（Tartessos）
塔希提（Tahiti）
塔伊夫（Ta'if）
泰格特斯山（Taygetos）
泰拉菲尔梅（Tierra Firme）
泰拉奇纳（Terracina）
坦佩峡谷（Tempe）
特洛艾森（Troizen）
特内里费岛（Teneriffa）
特诺奇蒂特兰（Tenochtitlan）
特斯科科（Tetzcoco）
天宁岛（Tianian）
帖哈麦平原（Tihama）
图尔（Tours）
图兰地区（Turan）
图斯库路姆（Tusculum）
托尔托萨（Tortosa）
托莱多（Toledo）
瓦迪·玛格哈雷（Wadi Maghareh）
瓦迪哈马马特（Wadi Hammamat）

瓦兹特佩克城（Huaxtepec）
万丹（Banten）
万圣湾（Bucht aller Heiligen）
旺加拉（Wangarah）
维奥蒂亚地区（Böotien）
维奥蒂亚州（Boiotien）
维拉瓜（Veragua）
维滕贝格（Wittenberg）
温迪亚山脉（Vindhya Range）
文兰（Vinland）
沃克吕兹（Vaucluse）
乌卡兹（Okadh）
乌拉巴（Ulaba）
乌拉尔山脉（The Urals）
乌佩纳维克（Upernavick）
乌提卡（Utica）
西伯利亚（Siberia）
西顿（Sidon）
"西方之角"（Hanno's Westhorne）
希尔卡尼亚（Hyrkanien）
希贾兹（Hedschas）
昔兰尼（Cyrene）
锡巴里斯（Sybaris）
锡德拉湾（Große Syrte）
锡尔河（Syrdarja）
锡诺普（Sinop）
喜马拉雅山脉（The Himalayas）
夏卡（Sciaca）
辛贾尔大平原（Sinjar）
新格拉纳达（Neu Granada）
新赫布里底群岛（Neue Hebriden）
新亚述帝国（Assyrisches Reich）

附 录

兴都库什山脉（Hindukusch）
许珀耳玻瑞亚（Hyperborea）
叙拉古（Syrakus）
叙利亚（Syrian）
雅法（Jaffa）
亚得里亚海（Adriatisches Meer）
亚丁（Aden）
亚喀巴湾（Golf von Akaba）
亚穆纳河（Yamuna）
亚齐（Aceh）
亚速海（Maeotian）
亚特兰蒂斯（Atlantis）
耶尔维斯（Yelves）

耶希勒马克河（Yeşilırmak，古称 Iris）
伊奥科斯（Iolcus）
伊比利亚半岛（Iberian Peninsula）
伊尔切斯特（Ilchester）
伊朗高原（Iranian Plateau）
伊利帕（Ilipa）
伊斯坦布尔海峡（Istanbul Strait）
伊苏斯（Issos）
以弗所（Ephesos）
以旬迦别（Ezion-Geber）
因斯布鲁克（Innsbruck）
札格罗斯山脉（Zagros）
至福乐土（Elysion）

科学元典丛书（红皮经典版）

1	天体运行论	［波兰］哥白尼
2	关于托勒密和哥白尼两大世界体系的对话	［意］伽利略
3	心血运动论	［英］威廉·哈维
4	薛定谔讲演录	［奥地利］薛定谔
5	自然哲学之数学原理	［英］牛顿
6	牛顿光学	［英］牛顿
7	惠更斯光论（附《惠更斯评传》）	［荷兰］惠更斯
8	怀疑的化学家	［英］波义耳
9	化学哲学新体系	［英］道尔顿
10	控制论	［美］维纳
11	海陆的起源	［德］魏格纳
12	物种起源（增订版）	［英］达尔文
13	热的解析理论	［法］傅立叶
14	化学基础论	［法］拉瓦锡
15	笛卡儿几何	［法］笛卡儿
16	狭义与广义相对论浅说	［美］爱因斯坦
17	人类在自然界的位置（全译本）	［英］赫胥黎
18	基因论	［美］摩尔根
19	进化论与伦理学(全译本)(附《天演论》)	［英］赫胥黎
20	从存在到演化	［比利时］普里戈金
21	地质学原理	［英］莱伊尔
22	人类的由来及性选择	［英］达尔文
23	希尔伯特几何基础	［德］希尔伯特
24	人类和动物的表情	［英］达尔文
25	条件反射：动物高级神经活动	［俄］巴甫洛夫
26	电磁通论	［英］麦克斯韦
27	居里夫人文选	［法］玛丽·居里
28	计算机与人脑	［美］冯·诺伊曼
29	人有人的用处——控制论与社会	［美］维纳
30	李比希文选	［德］李比希
31	世界的和谐	［德］开普勒
32	遗传学经典文选	［奥地利］孟德尔 等
33	德布罗意文选	［法］德布罗意
34	行为主义	［美］华生
35	人类与动物心理学讲义	［德］冯特

36	心理学原理	[美]詹姆斯
37	大脑两半球机能讲义	[俄]巴甫洛夫
38	相对论的意义：爱因斯坦在普林斯顿大学的演讲	[美]爱因斯坦
39	关于两门新科学的对谈	[意]伽利略
40	玻尔讲演录	[丹麦]玻尔
41	动物和植物在家养下的变异	[英]达尔文
42	攀援植物的运动和习性	[英]达尔文
43	食虫植物	[英]达尔文
44	宇宙发展史概论	[德]康德
45	兰科植物的受精	[英]达尔文
46	星云世界	[美]哈勃
47	费米讲演录	[美]费米
48	宇宙体系	[英]牛顿
49	对称	[德]外尔
50	植物的运动本领	[英]达尔文
51	博弈论与经济行为（60周年纪念版）	[美]冯·诺伊曼 摩根斯坦
52	生命是什么（附《我的世界观》）	[奥地利]薛定谔
53	同种植物的不同花型	[英]达尔文
54	生命的奇迹	[德]海克尔
55	阿基米德经典著作集	[古希腊]阿基米德
56	性心理学、性教育与性道德	[英]霭理士
57	宇宙之谜	[德]海克尔
58	植物界异花和自花受精的效果	[英]达尔文
59	盖伦经典著作选	[古罗马]盖伦
60	超穷数理论基础（茹尔丹 齐民友 注释）	[德]康托
61	宇宙（第一卷）	[德]亚历山大·洪堡
62	圆锥曲线论	[古希腊]阿波罗尼奥斯
63	几何原本	[古希腊]欧几里得
64	莱布尼兹微积分	[德]莱布尼兹
65	相对论原理（原始文献集）	[荷兰]洛伦兹 [美]爱因斯坦 等
66	玻尔兹曼气体理论讲义	[奥地利]玻尔兹曼
67	巴斯德发酵生理学	[法]巴斯德
68	化学键的本质	[美]鲍林
69	腐殖土的形成与蚯蚓的作用	[英]达尔文
70	宇宙（第二卷）	[德]亚历山大·洪堡
71	希波克拉底经典著作选	[古希腊]希波克拉底

科学元典丛书(彩图珍藏版)

自然哲学之数学原理(彩图珍藏版)   [英]牛顿
物种起源(彩图珍藏版)(附《进化论的十大猜想》)   [英]达尔文
狭义与广义相对论浅说(彩图珍藏版)   [美]爱因斯坦
关于两门新科学的对话(彩图珍藏版)   [意]伽利略
海陆的起源(彩图珍藏版)   [德]魏格纳

科学元典丛书(学生版)

1   天体运行论(学生版)   [波兰]哥白尼
2   关于两门新科学的对话(学生版)   [意]伽利略
3   笛卡儿几何(学生版)   [法]笛卡儿
4   自然哲学之数学原理(学生版)   [英]牛顿
5   化学基础论(学生版)   [法]拉瓦锡
6   物种起源(学生版)   [英]达尔文
7   基因论(学生版)   [美]摩尔根
8   居里夫人文选(学生版)   [法]玛丽·居里
9   狭义与广义相对论浅说(学生版)   [美]爱因斯坦
10   海陆的起源(学生版)   [德]魏格纳
11   生命是什么(学生版)   [奥地利]薛定谔
12   化学键的本质(学生版)   [美]鲍林
13   计算机与人脑(学生版)   [美]冯·诺伊曼
14   从存在到演化(学生版)   [比利时]普里戈金
15   九章算术(学生版)   〔汉〕张苍〔汉〕耿寿昌 删补
16   几何原本(学生版)   [古希腊]欧几里得

科学元典·数学系列

科学元典·物理学系列

科学元典·化学系列

科学元典·生命科学系列

科学元典·生命科学系列(达尔文专辑)

科学元典·天学与地学系列

科学元典·实验心理学系列

科学元典·交叉科学系列

全新改版·华美精装·大字彩图·书房必藏

科学元典丛书,销量超过 100 万册!

——你收藏的不仅仅是"纸"的艺术品,更是两千年人类文明史!

科学元典丛书(彩图珍藏版)除了沿袭丛书之前的优势和特色之外,还新增了三大亮点:
① 增加了数百幅插图。
② 增加了专家的"音频+视频+图文"导读。
③ 装帧设计全面升级,更典雅、更值得收藏。

名作名译·名家导读

《物种起源》由舒德干领衔翻译,他是中国科学院院士,国家自然科学奖一等奖获得者,西北大学早期生命研究所所长,西北大学博物馆馆长。2015年,舒德干教授重走达尔文航路,以高级科学顾问身份前往加拉帕戈斯群岛考察,幸运地目睹了达尔文在《物种起源》中描述的部分生物和进化证据。本书也由他亲自"音频+视频+图文"导读。

《自然哲学之数学原理》译者王克迪,系北京大学博士,中共中央党校教授、现代科学技术与科技哲学教研室主任。在英伦访学期间,曾多次寻访牛顿生活、学习和工作过的圣迹,对牛顿的思想有深入的研究。本书亦由他亲自"音频+视频+图文"导读。

《狭义与广义相对论浅说》译者杨润殷先生是著名学者、翻译家。校译者胡刚复(1892—1966)是中国近代物理学奠基人之一,著名的物理学家、教育家。本书由中国科学院李醒民教授撰写导读,中国科学院自然科学史研究所方在庆研究员"音频+视频"导读。

《关于两门新科学的对话》译者北京大学物理学武际可教授,曾任中国力学学会副理事长、计算力学专业委员会副主任、《力学与实践》期刊主编、《固体力学学报》编委、吉林大学兼职教授。本书亦由他亲自导读。

《海陆的起源》由中国著名地理学家和地理教育家,南京师范大学教授李旭旦翻译,北京大学教授孙元林,华中师范大学教授张祖林,中国地质科学院彭立红、刘平宇等导读。

第二届中国出版政府奖（提名奖）
第三届中华优秀出版物奖（提名奖）
第五届国家图书馆文津图书奖第一名
中国大学出版社图书奖第九届优秀畅销书奖一等奖
2009年度全行业优秀畅销品种
2009年影响教师的100本图书
2009年度最值得一读的30本好书
2009年度引进版科技类优秀图书奖
第二届（2010年）百种优秀青春读物
第六届吴大猷科学普及著作奖佳作奖（中国台湾）
第二届"中国科普作家协会优秀科普作品奖"优秀奖
2012年全国优秀科普作品
2013年度教师喜爱的100本书

科学的旅程
（珍藏版）

雷·斯潘根贝格　戴安娜·莫泽 著

郭奕玲　陈蓉霞　沈慧君 译

物理学之美
（插图珍藏版）

杨建邺 著

500幅珍贵历史图片；震撼宇宙的思想之美

著名物理学家杨振宁作序推荐；
获北京市科协科普创作基金资助。

九堂简短有趣的通识课，带你倾听科学与诗的对话，
重访物理学史上那些美丽的瞬间，接近最真实的科学史。

第六届吴大猷科学普及著作奖
2012年全国优秀科普作品奖
第六届北京市优秀科普作品奖

美妙的数学
（插图珍藏版）

吴振奎 著

引导学生欣赏数学之美

揭示数学思维的底层逻辑

凸显数学文化与日常生活的关系

200余幅插图，数十个趣味小贴士和大师语录，全面展现
数、形、曲线、抽象、无穷等知识之美；
古老的数学，有说不完的故事，也有解不开的谜题。

达尔文经典著作系列

已出版：

物种起源	〔英〕达尔文 著　舒德干 等译
人类的由来及性选择	〔英〕达尔文 著　叶笃庄 译
人类和动物的表情	〔英〕达尔文 著　周邦立 译
动物和植物在家养下的变异	〔英〕达尔文 著　叶笃庄、方宗熙 译
攀援植物的运动和习性	〔英〕达尔文 著　张肇骞 译
食虫植物	〔英〕达尔文 著　石声汉 译　祝宗岭 校
植物的运动本领	〔英〕达尔文 著　娄昌后、周邦立、祝宗岭 译　祝宗岭 校
兰科植物的受精	〔英〕达尔文 著　唐进、汪发缵、陈心启、胡昌序 译　叶笃庄 校，陈心启 重校
同种植物的不同花型	〔英〕达尔文 著　叶笃庄 译
植物界异花和自花受精的效果	〔英〕达尔文 著　萧辅、季道藩、刘祖洞 译　季道藩 一校，陈心启 二校
腐殖土的形成与蚯蚓的作用	〔英〕达尔文 著　舒立福 译

即将出版：

贝格尔舰环球航行记	〔英〕达尔文 著　周邦立 译